高等职业院校课程改革项目优秀教学成果
面向"十三五"高职高专教育精品规划教材

建筑施工技术

主　编　尹素花　常建立
副主编　王春梅　黄　渊　付国永
　　　　李　伟　褚连侠　崔凤彩
参　编　袁影辉　谷洪雁　伍　未
主　审　赵占军

北京理工大学出版社
BEIJING INSTITUTE OF TECHNOLOGY PRESS

内容提要

本书系由高等职业院校与建筑施工企业合作开发工学结合系列教材之一，是根据高职高专土建施工类专业建筑类专业的人才培养计划、课程教学要求和实际应用需要编写的。

全书共涉及四部分内容，第一部分：地基与基础工程施工，包括6个教学单元，分别是土方工程施工、基坑工程施工、地基处理技术、浅基础施工、桩基础施工、地下防水施工。第二部分：砌体结构工程施工，包括4个教学单元，分别是砌筑砂浆现场拌制、砖砌体工程施工、配筋砌体工程施工、填充墙工程施工。第三部分：现浇结构主体施工，包括5个教学单元，分别是模板工程施工、钢筋工程施工、混凝土工程施工、脚手架搭设与拆除、结构实体检验。第四部分：防水与装修工程施工，包括6个教学单元，分别是防水工程施工、门窗工程安装、抹灰工程施工、饰面砖（板）施工、地面工程施工、涂饰工程施工。选取教学内容均源于现场并高于现场，将真实的建筑施工过程转换为教学过程，真实的工作任务转换为学习性工作任务，经过优化的教学载体既对接生产现场，反映典型施工工艺，又细化了课程教学目标。

本书主要作为高等职业技术院校建筑工程技术、地下与隧道工程技术、土木工程检测技术、建设工程监理、建筑工程管理、工程造价等相关专业用书，也可作为建筑施工企业技术岗位培训教材。

版权专有　侵权必究

图书在版编目(CIP)数据

建筑施工技术 / 尹素花，常建立主编. —北京：北京理工大学出版社，2016.8（2019.7重印）

ISBN 978-7-5682-2193-1

Ⅰ.①建…　Ⅱ.①尹…　②常…　Ⅲ.①建筑工程－工程施工－高等学校－教材　Ⅳ.①TU74

中国版本图书馆CIP数据核字(2016)第081024号

出版发行 / 北京理工大学出版社有限责任公司

社　　址 / 北京市海淀区中关村南大街5号

邮　　编 / 100081

电　　话 /（010）68914775（总编室）

　　　　　（010）82562903（教材售后服务热线）

　　　　　（010）68948351（其他图书服务热线）

网　　址 / http://www.bitpress.com.cn

经　　销 / 全国各地新华书店

印　　刷 / 河北鸿祥信彩印刷有限公司

开　　本 / 787毫米×1092毫米　1/16

印　　张 / 20　　　　　　　　　　　　　　　　责任编辑 / 钟　博

字　　数 / 486千字　　　　　　　　　　　　　　文案编辑 / 钟　博

版　　次 / 2016年8月第1版　2019年7月第3次印刷　责任校对 / 周瑞红

定　　价 / 49.00元　　　　　　　　　　　　　　责任印制 / 边心超

图书出现印装质量问题，请拨打售后服务热线，本社负责调换

前 言

为贯彻落实《教育部关于全面提高高等职业教育教学质量的若干意见》等有关文件的精神，编者经常深入建筑企业调研，紧密追踪建筑工程施工发展动态，与企业专家一起共同分析归纳建筑技术领域和职业岗位（群）所需的知识、能力和素质要求。根据相关的国家规范和技术标准，并参照岗位职业资格标准，有针对性地选取教学内容，并且以河北工业职业技术学院为主导，与石家庄建工集团有限公司合作，共同开发了建筑工程施工系列教材，其适用于高职高专建筑工程技术专业和高职高专土建施工类其他相关专业。

《建筑施工技术》教学团队在专业建设与教学改革中，创新了建筑工程施工教材开发思路，即"按照建筑工程施工流程进行教材顶层设计，按照分部工程施工流程选取教学单元，按照典型任务工作流程组织项目教学"。本教材包括四部分内容，第一部分：地基与基础工程施工，包括6个教学单元，依据《建筑工程施工质量验收统一标准》（GB 50300—2013）、《建筑地基基础设计规范》（GB 50007—2011）、《土方与爆破工程施工及验收规范》（GB 50201—2012）、《建筑地基基础工程施工质量验收规范》（GB 50202）、《大体积混凝土施工规范》（GB 50496—2009）、《建筑地基处理技术规范》（JGJ 79—2012）、《建筑基坑支护技术规程》（JGJ 120—2012）、《高层建筑筏形与箱形基础技术规范》（JGJ 6—2011）、《建筑桩基技术规范》（JGJ 94—2008）、《地下工程防水技术规范》（GB 50108—2008）、《地下防水工程质量验收规范》（GB 50208—2011）等现行规范、标准进行编写；第二部分：砌体结构工程施工，包括4个教学单元，依据《建筑工程施工质量验收统一标准》（GB 50300—2013）、《砌体结构工程施工质量验收规范》（GB 50203—2011）、《砌体结构工程施工规范》（GB 50924—2014）、《混凝土结构工程施工质量验收规范》（GB 50204—2015）、《烧结普通砖》（GB 5101—2003）、《烧结多孔砖和多孔砌块》（GB 13544—2011）、《粉煤灰砖》（JC/T 239—2014）、《蒸压加气混凝土砌块》（GB 11968-2006）等现行规范、标准进行编写；第三部分：现浇结构主体施工，包括5个教学单元，依据《建筑工程施工质量验收统一标准》（GB 50300—2013）、《混凝土结构工程施工规范》（GB 50666—2011）、《混凝土结构工程施工质量验收规范》（GB 50204—2015）、《混凝土强度检验评定标准》（GB/T 50107—2010）、《钢筋机械连接技术规程》（JGJ 107—2010）、《钢筋焊接及验收规程》（JGJ 18—2012）、

《建筑施工扣件式钢管脚手架安全技术规范》（JGJ 130—2011）等现行规范、标准进行编写；第四部分：防水与装修工程施工，包括6个教学单元，依据《建筑工程施工质量验收统一标准》（GB 50300—2013）、《屋面工程技术规范》（GB 50345—2012）、《屋面工程施工质量验收规范》（GB 50207—2012）、《建筑地面工程施工质量验收规范》（GB 50209—2010）、《建筑装饰装修工程施工质量验收规范》（GB 50210—2001）等现行规范、标准进行编写。

本书建议根据不同的教学内容，有针对性地采取"任务驱动"和"课堂与工地一体化"等行动导向教学模式组织实施。在教学实施过程中，改变传统的以教师讲授为中心的教学观念，把学生放在学习主体地位，以学习性工作任务为载体，采用"资讯→计划→决策→实施→检查→评价"六步法组织教学，内业工作和外业实训交替实施，体现了"教、学、做"一体化的职教特色，使学生的职业能力不断提高，如右图所示。

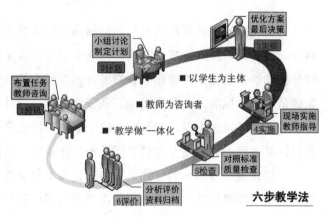

六步教学法

本书由河北工业职业技术学院尹素花、常建立担任主编，河北工业职业技术学院王春梅、黄渊、石家庄职业技术学院付国永、天津城市建设管理职业技术学院李伟、河北能源职业技术学院褚连侠、河北青年管理干部学院崔凤彩担任副主编，石家庄职业技术学院赵占军主审，并提出许多宝贵意见。其中，第一部分：单元1、3、4、5由常建立编写，单元2由尹素花编写，单元6由王春梅编写；第二部分：单元7、8由黄渊编写，单元9、10由付国永编写；第三部分：单元11、12、13由常建立编写，单元14由尹素花编写，单元15由王春梅编写；第四部分：单元16、17由李伟编写，单元18、19由褚连侠编写，单元20、21由崔凤彩编写。河北工业职业技术学院袁影辉、谷洪雁，石家庄建工集团有限公司伍未参与了本教材相关章节的编写工作。全书由常建立统稿。在编写过程中，得到了石家庄建工集团有限公司工程处、技术处、质检处的大力支持与帮助，在此表示感谢。

由于编者水平有限，书中难免有错误和不妥之处，敬请专家同行和广大读者批评指正。

编　者

目 录 CONTENTS

第一部分 地基与基础工程施工

单元1 土方工程施工 … 1

任务1.1 地基土现场鉴别 … 1
- 1.1.1 地基土分类 … 1
- 1.1.2 地基土的现场鉴别 … 4
- 1.1.3 岩土工程勘察报告阅读 … 4

任务1.2 基坑开挖 … 7
- 1.2.1 基坑开挖准备工作 … 7
- 1.2.2 人工挖土施工工艺 … 12
- 1.2.3 机械挖土施工工艺 … 13
- 1.2.4 地基钎探与验槽 … 14
- 1.2.5 土方开挖质量验收标准 … 16
- 1.2.6 土方开挖质量记录 … 17

任务1.3 土方回填与压实 … 17
- 1.3.1 填土压实的影响因素 … 17
- 1.3.2 回填土施工工艺 … 18
- 1.3.3 土方回填质量验收标准 … 21
- 1.3.4 土方回填质量记录 … 22

单元2 基坑工程施工 … 23

任务2.1 土钉墙支护工程施工 … 23
- 2.1.1 土钉墙的设计与构造 … 24
- 2.1.2 土钉墙支护工程施工工艺 … 27
- 2.1.3 土钉墙施工质量验收标准 … 29
- 2.1.4 土钉墙施工质量记录 … 30

任务2.2 轻型井点降水 … 30
- 2.2.1 轻型井点设备组成 … 31
- 2.2.2 轻型井点降水设计 … 32
- 2.2.3 轻型井点降水施工工艺 … 35
- 2.2.4 轻型井点施工质量验收标准 … 38
- 2.2.5 轻型井点降水施工质量记录 … 38

单元3 地基处理技术 … 39

任务3.1 灰土地基施工 … 39
- 3.1.1 换填垫层设计与构造 … 39
- 3.1.2 灰土地基施工工艺 … 41
- 3.1.3 灰土地基质量验收标准 … 43
- 3.1.4 灰土地基施工质量记录 … 44

任务3.2 夯实水泥土桩复合地基施工 … 44
- 3.2.1 夯实水泥土桩的设计与构造 … 44
- 3.2.2 夯实水泥土桩复合地基施工工艺 … 46
- 3.2.3 夯实水泥土桩质量验收标准 … 48
- 3.2.4 夯实水泥土桩施工质量记录 … 49

任务3.3 CFG桩复合地基施工 … 49
- 3.3.1 CFG桩的构造要求 … 49
- 3.3.2 CFG桩复合地基施工工艺 … 50
- 3.3.3 CFG桩施工质量验收标准 … 52
- 3.3.4 CFG桩施工质量记录 … 53

单元4 浅基础施工 … 54

任务4.1 混凝土独立基础施工 … 54
- 4.1.1 独立基础识图与构造 … 54
- 4.1.2 独立基础施工工艺 … 59

4.1.3　钢筋混凝土扩展基础质量验收
　　　　　 标准 …………………………… 64
　　　4.1.4　独立基础施工质量记录 ……… 66
　任务4.2　混凝土条形基础施工 …… 67
　　　4.2.1　条形基础识图与构造 ……… 67
　　　4.2.2　条形基础施工工艺 …………… 74
　　　4.2.3　钢筋混凝土扩展基础质量验收
　　　　　 标准 …………………………… 77
　　　4.2.4　条形基础施工质量记录 ……… 77
　任务4.3　混凝土筏形基础施工 …… 77
　　　4.3.1　筏形基础识图与构造 ……… 77
　　　4.3.2　筏形基础施工工艺 …………… 84
　　　4.3.3　大体积混凝土施工工艺 ……… 86
　　　4.3.4　筏形基础施工质量验收标准 … 89
　　　4.3.5　筏形基础施工质量记录 ……… 89

单元5　桩基础施工 …………………… 90
　任务5.1　混凝土预制桩施工 ……… 91
　　　5.1.1　桩的制作、运输和堆放 ……… 91
　　　5.1.2　锤击打桩施工工艺 …………… 93
　　　5.1.3　静力压桩施工工艺 …………… 98
　任务5.2　干作业成孔桩施工 …… 102
　　　5.2.1　钢筋笼制作 ………………… 102
　　　5.2.2　干成孔灌注桩施工工艺 …… 103
　　　5.2.3　人工挖孔灌注桩施工工艺 … 106
　　　5.2.4　干作业成孔桩质量检验
　　　　　 标准 ………………………… 108
　　　5.2.5　干作业成孔桩质量记录 …… 109
　任务5.3　泥浆护壁灌注桩施工 … 110
　　　5.3.1　泥浆护壁灌注桩施工工艺 … 110
　　　5.3.2　泥浆护壁灌注桩质量检验
　　　　　 标准 ………………………… 113
　　　5.3.3　泥浆护壁灌注桩质量记录 … 114

单元6　地下防水施工 ……………… 115
　任务6.1　防水混凝土施工 ……… 116
　　　6.1.1　防水混凝土施工工艺 ……… 116
　　　6.1.2　防水混凝土质量验收标准 … 120

　　　6.1.3　防水混凝土施工质量记录 … 120
　任务6.2　卷材防水层施工 ……… 121
　　　6.2.1　卷材防水层施工工艺 ……… 121
　　　6.2.2　卷材防水层质量验收标准 … 125
　　　6.2.3　卷材防水层施工质量记录 … 125

第二部分　砌体结构工程施工

单元7　砌筑砂浆现场拌制 ……… 126
　7.1　砌筑砂浆现场拌制工艺 ……… 126
　7.2　砌筑砂浆质量验收标准 ……… 128
　7.3　砌筑砂浆拌制质量记录 ……… 130

单元8　砖砌体工程施工 …………… 131
　8.1　砖的品种与检验 ……………… 131
　8.2　砖砌体施工工艺 ……………… 137
　8.3　砖基础施工工艺 ……………… 140
　8.4　砖砌体施工质量验收标准 …… 143
　8.5　砖砌体施工质量记录 ………… 145

单元9　配筋砌体工程施工 ……… 146
　9.1　构造柱钢筋绑扎施工 ………… 146
　9.2　构造柱模板支设施工 ………… 147
　9.3　配筋砌体工程施工质量验收
　　　标准 …………………………… 148
　9.4　配筋砌体施工质量记录 ……… 149

单元10　填充墙工程施工 ………… 150
　10.1　加气混凝土砌块进场检验 …… 150
　10.2　加气混凝土砌块砌筑工艺 …… 152
　10.3　填充墙砌体施工质量验收
　　　 标准 ………………………… 155
　10.4　加气混凝土砌块施工质量
　　　 记录 ………………………… 156

第三部分 现浇结构主体施工

单元11 模板工程施工 …………… 157

任务11.1 组合钢模板施工………… 157
- 11.1.1 组合钢模板的组成……… 157
- 11.1.2 组合钢模板施工工艺…… 161
- 11.1.3 模板安装质量验收标准… 167
- 11.1.4 模板工程施工质量记录… 169

任务11.2 胶合板模板施工………… 170
- 11.2.1 胶合板的物理参数……… 170
- 11.2.2 胶合板模板施工工艺…… 172
- 11.2.3 胶合板模板工程施工质量验收标准…………………… 177
- 11.2.4 胶合板模板工程施工质量记录……………………… 177

任务11.3 模板结构设计…………… 177
- 11.3.1 模板设计的内容与规定… 177
- 11.3.2 荷载及荷载组合………… 178
- 11.3.3 模板结构设计示例……… 182

单元12 钢筋工程施工 …………… 188

任务12.1 钢筋品种与检验………… 188
- 12.1.1 热轧光圆钢筋…………… 188
- 12.1.2 热轧带肋钢筋…………… 190
- 12.1.3 钢筋原材料质量验收标准… 193
- 12.1.4 钢筋原材料验收质量记录… 194

任务12.2 钢筋配料与代换………… 194
- 12.2.1 钢筋配料………………… 194
- 12.2.2 钢筋代换………………… 198

任务12.3 钢筋加工与检验………… 199
- 12.3.1 钢筋加工设备…………… 199
- 12.3.2 钢筋加工制作工艺……… 202
- 12.3.3 钢筋加工质量验收标准… 204
- 12.3.4 钢筋加工质量记录……… 205

任务12.4 钢筋焊接与检验………… 206
- 12.4.1 电弧焊焊接工艺与接头检验… 206
- 12.4.2 闪光对焊焊接工艺与接头检验………………………… 212
- 12.4.3 电渣压力焊焊接工艺与接头检验………………………… 217
- 12.4.4 气压焊焊接工艺与接头检验………………………… 220
- 12.4.5 钢筋焊接质量记录……… 223

任务12.5 钢筋机械连接与检验…… 224
- 12.5.1 套筒挤压连接工艺与接头检验………………………… 224
- 12.5.2 滚轧直螺纹连接工艺与接头检验………………………… 227

任务12.6 常见构件钢筋绑扎与检验………………………… 233
- 12.6.1 柱钢筋绑扎工艺………… 233
- 12.6.2 墙钢筋绑扎工艺………… 235
- 12.6.3 梁钢筋绑扎工艺………… 236
- 12.6.4 板钢筋绑扎工艺………… 237
- 12.6.5 钢筋工程质量验收标准… 238
- 12.6.6 钢筋工程施工质量记录… 240

单元13 混凝土工程施工 ………… 241

任务13.1 混凝土原材料与检验…… 241
- 13.1.1 通用硅酸盐水泥………… 241
- 13.1.2 普通混凝土用砂石……… 242
- 13.1.3 混凝土原材料质量验收标准………………………… 245
- 13.1.4 混凝土原材料验收质量记录……………………… 246

任务13.2 混凝土现场拌制………… 246
- 13.2.1 混凝土现场拌制工艺…… 246
- 13.2.2 混凝土拌合物质量验收标准………………………… 249
- 13.2.3 混凝土现场拌制质量记录… 250

任务13.3 混凝土浇筑与检验……… 250
- 13.3.1 混凝土浇筑……………… 250
- 13.3.2 混凝土试块留置与强度评定……………………… 253
- 13.3.3 现浇结构外观质量缺陷与处理……………………… 255
- 13.3.4 混凝土施工质量验收标准… 256

13.3.5 混凝土施工质量记录…… 259

单元14 脚手架搭设与拆除 …… 260

14.1.1 钢管落地脚手架的构造…… 260
14.1.2 钢管落地脚手架搭设工艺… 262
14.1.3 钢管脚手架检查与验收…… 264
14.1.4 钢管脚手架拆除…… 267
14.1.5 钢管落地脚手架计算实例… 268

单元15 结构实体检验 …… 274

15.1 混凝土强度检验…… 274
15.2 钢筋保护层厚度检验…… 275
15.3 结构位置与尺寸偏差检验…… 276

第四部分 防水与装修工程施工

单元16 防水工程施工 …… 277

任务16.1 屋面防水卷材施工…… 277
16.1.1 防水卷材施工工艺…… 277
16.1.2 卷材防水层施工质量验收标准…… 281
16.1.3 卷材防水层施工质量记录… 282

任务16.2 浴厕间涂膜防水施工…… 282
16.2.1 涂膜防水施工工艺…… 282
16.2.2 涂膜防水层施工质量验收标准…… 284
16.2.3 涂膜防水层施工质量记录… 285

单元17 门窗工程安装 …… 286

任务17.1 木门窗安装…… 286
17.1.1 木门窗安装施工工艺…… 286
17.1.2 木门窗安装质量验收标准… 287
17.1.3 木门窗安装施工质量记录… 289

任务17.2 塑钢门窗安装…… 289
17.2.1 塑钢门窗安装施工工艺…… 289
17.2.2 塑钢门窗安装质量验收标准…… 291

17.2.3 塑钢门窗安装施工质量记录…… 292

单元18 抹灰工程施工 …… 293

18.1 一般抹灰施工工艺…… 293
18.2 一般抹灰施工质量验收标准… 295
18.3 一般抹灰施工质量记录…… 296

单元19 饰面砖施工 …… 297

19.1 室内贴面砖施工工艺…… 297
19.2 饰面砖施工质量验收标准…… 299
19.3 室内贴面砖施工质量记录…… 300

单元20 地面工程施工 …… 301

任务20.1 细石混凝土地面…… 301
20.1.1 细石混凝土地面施工工艺… 301
20.1.2 水泥混凝土地面施工质量验收标准…… 302
20.1.3 细石混凝土地面施工质量记录…… 304

任务20.2 地板砖地面…… 304
20.2.1 地板砖地面施工工艺…… 304
20.2.2 地板砖地面施工质量验收标准…… 306
20.3.3 地板砖地面施工质量记录… 307

单元21 涂饰工程施工 …… 308

21.1 内墙涂料施工工艺…… 308
21.2 水性涂料涂饰施工质量验收标准…… 309
21.3 内墙涂料施工质量记录…… 310

参考文献 …… 311

第一部分 地基与基础工程施工

单元1 土方工程施工

土方工程是建筑地基与基础工程施工的重要工程之一，土方工程主要包括地基土现场鉴别、基坑开挖、土方回填等工作。

土方工程一般工程量较大，为了缩短工期、降低成本，应合理地选择土方机械，组织机械化施工。土方工程多为露天作业，受到气候、水文地质等条件影响较大，一般宜在春秋季节开工。雨期施工应采取必要的防洪排水措施，冬期施工应采取相应的防冻保温措施。

任务1.1 地基土现场鉴别

地球形成至今大约有60亿年以上。在这漫长的地质历史中，地壳经历了一系列的演变过程。在第四纪时期（距今60万年）曾发生多次冰川作用，地壳岩石在相互交替的地质作用下风化、破碎为散碎体，在风、水和重力等的作用下，被搬运到一个新的位置沉积下来形成"沉积土"。由于沉积的历史不长，尚未胶结岩化，通常是松散软弱的多孔体，与岩石的性质有很大的差别。因此，土是岩石经风化、剥蚀、破碎、搬运、沉积等过程，在复杂的自然环境中所形成的各类松散沉积物。

土是由固体颗粒、水和气体组成的三相分散体系。固体颗粒构成土的骨架，是三相体系中的主体，水和气体填充土骨架之间的空隙，土体三相组成中每一相的特性及三相比例关系对土的性质有显著影响。

1.1.1 地基土分类

自然界的土类众多，工程性质各异，根据土的性质差异将土划分成一定的类别，其目的在于通过一种通用的鉴别标准，在不同土类间作出比较、评价。

(一) 按岩土的主要特征分类

为了评价岩土的工程性质以及进行地基基础设计与施工，《建筑地基基础设计规范》(GB 50007—2011)根据岩土的主要特征，按工程性能近似的原则，把作为建筑地基的岩土分为岩石、碎石土、砂土、粉土、黏性土和人工填土六类。

(1) 岩石。岩石是指颗粒间牢固联结，呈整体或具有纹理裂隙的岩体。按其坚硬程度划分为坚硬岩、较硬岩、较软岩、软岩和极软岩；按其完整程度划分为完整、较完整、较破碎、破碎和极破碎。

(2) 碎石土。碎石土是指粒径大于2 mm的颗粒含量超过全重50%的土。按其颗粒形状及粒组含量可分为漂石、块石、卵石、碎石、圆砾、角砾，见表1-1；按重型圆锥动力触探

锤击数 $N_{63.5}$ 将碎石土的密实度分为松散、稍密、中密、密实，见表1-2。

表1-1 碎石土分类

土的名称	颗粒形状	粒组含量
漂石	圆形及亚圆形为主	粒径大于200 mm的颗粒含量超过全重50%
块石	棱角形为主	
卵石	圆形及亚圆形为主	粒径大于20 mm的颗粒含量超过全重50%
碎石	棱角形为主	
圆砾	圆形及亚圆形为主	粒径大于2 mm的颗粒含量超过全重50%
角砾	棱角形为主	
注：分类时应根据粒组含量栏从上到下以最先符合者确定。		

表1-2 碎石土的密实度

重型圆锥动力触探锤击数 $N_{63.5}$	密实度	重型圆锥动力触探锤击数 $N_{63.5}$	密实度
$N_{63.5} \leqslant 5$	松散	$10 < N_{63.5} \leqslant 20$	中密
$5 < N_{63.5} \leqslant 10$	稍密	$N_{63.5} > 20$	密实
注：1. 本表适用于平均粒径小于等于50 mm且最大粒径不超过100 mm的卵石、碎石、圆砾、角砾。 2. 表内 $N_{63.5}$ 为经综合修正后的平均值。			

(3)砂土。砂土是指粒径大于2 mm的颗粒含量不超过全重50%、粒径大于0.075 mm的颗粒含量超过全重50%的土。按粒组含量可分为砾砂、粗砂、中砂、细砂和粉砂，见表1-3；按标准贯入试验锤击数 N 将砂土的密实度分为松散、稍密、中密、密实，见表1-4。

表1-3 砂土分类表

土的名称	粒组含量	土的名称	粒组含量
砾砂	粒径大于2 mm的颗粒含量占全重25%~50%	细砂	粒径大于0.075 mm的颗粒含量超过全重85%
粗砂	粒径大于0.5 mm的颗粒含量超过全重50%	粉砂	粒径大于0.075 mm的颗粒含量超过全重50%
中砂	粒径大于0.25 mm的颗粒含量超过全重50%	—	
注：分类时应根据粒组含量由大到小以最先符合者确定。			

表1-4 砂土的密实度

松散	稍密	中密	密实
$N \leqslant 10$	$10 < N \leqslant 15$	$15 < N \leqslant 30$	$N > 30$
注：N 为标准贯入试验锤击数。			

(4)粉土。粉土是指塑性指数 $I_P \leqslant 10$ 且粒径大于0.075 mm的颗粒含量不超过全重50%的土。其性质介于砂土及黏性土之间。

(5)黏性土。黏性土是指塑性指数 $I_P > 10$ 的土。按其塑性指数可分为黏土和粉质黏土，见表1-5；黏性土的状态按液性指数可分为坚硬、硬塑、可塑、软塑、流塑五种状态，见表1-6。

表 1-5 黏性土按塑性指数 I_P 分类

黏性土的分类名称	黏土	粉质黏土
塑性指数 I_P	$I_P>17$	$10<I_P\leqslant17$

注：1. 塑性指数由相应 76g 圆锥体沉入土样中深度为 10 mm 时测定的液限计算而得。
    2. 液限与塑限的差值称为塑性指数，用符号 I_P 表示，即 $I_P=w_L-w_P$；塑限（w_P）：土由固态变到塑性状态时的分界含水量；液限（w_L）：土由塑性状态变到流动状态时的分界含水量。

表 1-6 黏性土的状态按液性指数 I_L 分类

状态	坚硬	硬塑	可塑	软塑	流塑
液性指数 I_L	$I_L\leqslant0$	$0<I_L\leqslant0.25$	$0.25<I_L\leqslant0.75$	$0.75<I_L\leqslant1$	$I_L>1$

注：土的天然含水量与塑限的差值除以塑性指数称为液性指数，用符号 I_L 表示，即：

$$I_L=\frac{w-w_P}{I_P}=\frac{w-w_P}{w_L-w_P}$$

(6) 人工填土。人工填土是指由于人类活动而堆填的土。其物质成分杂乱、均匀性差。按其组成和成因可分为素填土、压实填土、杂填土和冲填土。

除了上述六类土之外，还有一些特殊土，如淤泥和淤泥质土、湿陷性黄土、膨胀土等。

(二) 按岩土的坚硬程度分类

按岩土的坚硬程度和开挖方法及使用工具，将土分为八类，见表 1-7。

表 1-7 按岩土的坚硬程度分类

土的分类	土的级别	土的名称	坚实系数 f	密度 /(t·m^{-3})	开挖方法及工具
一类土（松软土）	Ⅰ	砂土、粉土、冲积砂土层、疏松的种植土、淤泥（泥炭）	0.5~0.6	0.6~1.5	用锹、锄头挖掘，少许用脚蹬
二类土（普通土）	Ⅱ	粉质黏土；潮湿的黄土；夹有碎石、卵石的砂；粉土混卵（碎）石；种植土、填土	0.6~0.8	1.1~1.6	用锹、锄头挖掘，少许用镐翻松
三类土（坚土）	Ⅲ	软及中等密实黏土；重粉质黏土、砾石土；干黄土、含有碎石卵石的黄土、粉质黏土；压实的填土	0.8~1.0	1.75~1.9	主要用镐，少许用锹、锄头挖掘，部分用撬棍
四类土（砂砾坚土）	Ⅳ	坚硬密实的黏性土或黄土；含碎石、卵石的中等密实的黏性土或黄土；粗卵石；天然级配砂石；软泥灰岩	1.0~1.5	1.9	整个先用镐、撬棍，后用锹挖掘，部分用楔子及大锤
五类土（软石）	Ⅴ~Ⅵ	硬质黏土；中密的页岩、泥灰岩、白垩土；胶结不紧的砾岩；软石灰及贝壳石灰石	1.5~4.0	1.1~2.7	用镐或撬棍、大锤挖掘，部分使用爆破方法
六类土（次坚石）	Ⅶ~Ⅸ	泥岩、砂岩、砾岩；坚实的页岩、泥灰岩、密实的石灰岩；风化花岗岩、片麻岩及正长岩	4.0~10.0	2.2~2.9	用爆破方法开挖，部分用风镐

续表

土的分类	土的级别	土的名称	坚实系数 f	密度/$(t \cdot m^{-3})$	开挖方法及工具
七类土（坚石）	Ⅹ～ⅩⅢ	大理石；辉绿岩；粉岩；粗、中粒花岗岩；坚实的白云岩、砂岩、砾岩、片麻岩、石灰岩；微风化安山岩；玄武岩	10.0～18.0	2.5～3.1	用爆破方法开挖
八类土（特坚石）	ⅩⅣ～ⅩⅥ	安山岩；玄武岩；花岗片麻岩；坚实的细粒花岗岩、闪长岩、石英岩、辉长岩、辉绿岩、粉岩、角闪岩	18.0～25.0	2.7～3.3	用爆破方法开挖

注：1. 土的级别相当于一般16级土石分类级别。
  2. 坚实系数 f 相当于普氏岩石强度系数。

1.1.2 地基土的现场鉴别

地基是指支承基础的土体或岩体。常见的地基土有黏土、粉质黏土、粉土和砂土，其现场鉴别方法见表1-8。

表1-8 地基土的现场鉴别方法

土的名称	湿润时用刀切	湿土用手捻摸时的感觉	土的状态		湿土搓条情况
			干土	湿土	
黏土	切面光滑，有黏刀阻力	有滑腻感，感觉不到有砂粒，水分较大，很黏手	土块坚硬，用锤才能打碎	易黏着物体，干燥后不易剥去	塑性大，能搓成直径小于0.5 mm的长条(长度不短于手掌)，手持一端不易断裂
粉质黏土	稍有光滑面，切面平整	稍有滑腻感，有黏滞感，感觉到有少量砂粒	土块用力可压碎	能黏着物体，干燥后较易剥去	有塑性，能搓成直径为2～3 mm的土条
粉土	无光滑面，切面稍粗糙	有轻微黏滞感或无黏滞感，感觉到有砂粒较多、粗糙	土块用手捏或抛扔时易碎	不易黏着物体，干燥后一碰就掉	塑性小，能搓成直径为2～3 mm的短条
砂土	无光滑面，切面粗糙	无黏滞感，感觉到全是砂粒、粗糙	松散	不能黏着物体	无塑性，不能搓成土条

1.1.3 岩土工程勘察报告阅读

(一)岩土工程勘察方法

岩土工程勘察中，需要借助各种勘探工具，查明地下岩土分布特征及工程特性。勘探方法很多，现将建筑工程常用的三种方法介绍如下。

1. 钻探法

钻探就是利用钻机在地层中钻孔，通过沿孔深取样，以鉴别和划分土层，并测定岩土层的物理力学性质。这是最广泛使用的传统方法。

按钻进方式不同，钻机一般常用回钻式、冲击式、振动式三种。其中，回钻式是最普及的一种方式。回钻式钻机是利用钻机的回钻器带动钻头旋转，磨削孔底地层向下钻进，通常使用管状钻头取柱状(原状)土样。目前，国内工程勘察常用的浅孔钻机型号有 30 型、50 型和 100 型等(数字表示最大钻进深度)，其中，SH-30 型钻机的结构如图 1-1 所示。

2. 触探法

触探法是间接的勘察方法，不取土样做试验，只是将一个特制探头装在触探杆底部，打入或压入地基土中，根据贯入阻力的大小探测土层的工程性质。

根据探头的结构和入土方法不同，触探法可分为动力触探和静力触探两大类，动力触探又分为圆锥动力触探和标准贯入试验。

(1) 圆锥动力触探。用标准质量的穿心锤提升至标准高度自由下落，将特制的圆锥探头贯入地基土层标准深度，用所需锤击数 N 的大小来判定土的工程性质的好坏。N 值越大，表明贯入阻力越大，土质越密实。

(2) 标准贯入试验。标准贯入试验简称为标贯。采用质量为 63.5 kg(140 磅)的穿心锤，自由落距 76 cm，将贯入器锤击打入土中 15 cm 后，开始记录每打入 10 cm 的锤击数，累计打入 30 cm 的锤击数，即为标准贯入锤击数 N。当锤击数已达 50 击，而贯入深度未达 30 cm 时，记录实际贯入深度并终止试验。

试验后拔出贯入器，绘制标准贯入锤击数 N 与深度的关系曲线。标准贯入试验适用于砂土、粉土和一般黏性土，不适用于软塑至流塑的软土。

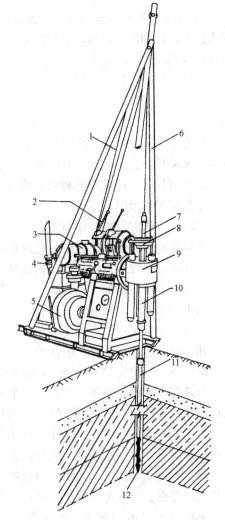

图 1-1 SH-30 型钻机结构示意图
1—钢丝绳；2—卷扬机；3—柴油机；4—操纵把；
5—转轮；6—钻架；7—钻杆；8—卡杆器；
9—回转器；10—立轴；11—钻孔；12—钻头

(3) 静力触探。静力触探试验是利用压力装置将触探头用静力压入试验土层，通过触探头中的传感器和量测仪表测试土层对触探头的贯入阻力，以此来判断、分析、确定地基土的物理力学性质。

静力触探适用于软土、一般黏性土、粉土、砂土、素填土和含少量碎石的土。

3. 掘探法

掘探法就是在建筑场地或地基内有代表性的地段用人工开挖探洞、探井或探槽，直接观察了解土层情况与性质。这种方法直观、明了，可直接观察土层的天然结构。

掘探法一般适用于钻探法难以进行勘察(如地基中含有大块漂石、块石等)或难以准确查明的土层(如土层很不均匀、颗粒大小相差悬殊、分布不规则等)、湿陷性黄土地区的勘察、事故处理质量检验等。

(二)岩土工程勘察报告

《岩土工程勘察规范(2009年版)》(GB 50021—2001)中强制性条文明确指出:"各项工程建设在设计和施工之前,必须按基本建设程序进行岩土工程勘察。岩土工程勘察应按工程建设各勘察阶段的要求,正确反映工程地质条件,查明不良地质作用和地质灾害,精心勘察、精心分析,提出资料完整、评价正确的勘察报告。"

(1)岩土工程勘察报告的主要内容。岩土工程勘察报告一般包括文字说明和图表两个部分。

1)文字说明。岩土工程勘察报告应根据任务要求、勘察阶段、工程特点和地质条件等具体情况编写,并应包括下列内容:

①勘察目的、任务要求和依据的技术标准;
②拟建工程概况;
③勘察方法和勘察工作布置;
④场地地形、地貌、地层、地质构造、岩土性质及其均匀性;
⑤各项岩土性质指标,岩土的强度参数、变形参数、地基承载力的建议值;
⑥地下水埋藏情况、类型、水位及其变化;
⑦土和水对建筑材料的腐蚀性;
⑧可能影响工程稳定的不良地质作用的描述和对工程危害程度的评价;
⑨场地稳定性和适宜性的评价。

2)图表。一份完整的报告书,通常附有以下图纸:

①勘探点平面布置图。在勘探点平面布置图上标有建筑物位置,勘探点的编号、坐标、孔口标高以及地质剖面图的连线,说明勘探孔用途的图例等。

②工程地质柱状图。每一张柱状图都表明一个勘探点所穿过的地层情况、各层岩土的名称、地质年代、层底深度、取样位置及地下水位等。

③工程地质剖面图。柱状图只说明一个点的情况,将相邻点的地层连接起来,就可以联想出点与点之间的地层特征,从而可以推论整个场地的情况。

④原位测试成果图表。触探和标贯及载荷试验和试桩的 P—S 曲线等原位测试成果图表。

⑤室内试验成果图表。

(2)岩土工程勘察报告的阅读与使用。岩土工程勘察报告是建筑物基础设计和基础施工的依据,因此对设计和施工人员来说,正确阅读、理解和使用勘察报告是非常重要的。应当全面熟悉勘察报告的文字和图表内容,了解勘察的结论建议和岩土参数的可靠程度,把拟建场地的工程地质条件与拟建建筑物的具体情况和要求联合起来进行综合分析。以下几个方面应当引起设计和施工人员的重视。

1)场地稳定性评价。正确阅读与使用勘察报告首先是分析评价场地的稳定性和适宜性,然后才是地基土的承载力和变形问题。场地稳定性评价主要涉及区域稳定性和场地稳定性两个方面。

①区域稳定性是指一个地区或区域的整体稳定,如有无构造断裂带。

②场地稳定性是指一个具体的工程建筑场地有无不良地质现象及其对场地稳定性的直接与潜在的危害。如泥石流、滑坡、崩塌、塌陷等,应查明其成因、类型、分布范围、发展趋势及危害程度,采取适当的整治措施。

2)持力层的选择。地基基础的设计必须满足地基承载力和基础沉降这两项基本要求。浅基础通过基础底面,把荷载扩散分布到浅层地基;深基础主要把所承受的荷载传递到地基深部。因此,基础深浅不同,持力层选择时侧重点就不同。

①浅基础。对浅基础而言,在满足地基稳定和变形要求的前提下,应采用天然地基,基础应尽量浅埋。如果持力层承载力不能满足设计要求,则可采取适当的地基处理措施,如换填垫层、夯实水泥土桩、CFG桩、强夯等人工处理地基,以满足设计要求。

②深基础。对深基础而言,主要是选择桩端持力层。桩端持力层一般宜选择稳定的硬塑—坚硬状态的黏土层和粉土层;中密以上的砂土和碎石层;中—微风化的基岩。

3)考虑环境影响。基础设计与施工不要仅局限于拟建场地范围内,它或多或少,或直接或间接要对场地周围的环境产生影响。如基坑开挖引起坑外土体的位移变形和坑底土的回弹;排水时地下水位要下降;打桩时产生挤土效应;灌注桩施工时泥浆排放对环境产生污染等。

4)解决现场具体问题。需要指出的是,由于地基土的复杂性和勘察手段的局限性,勘察报告不可能完全准确地反映场地的全部特征。因而在地基与基础施工过程中,对可能存在的问题应与建设单位、勘察单位和设计单位联系,到现场具体问题具体分析,采取有效的处理措施。

任务1.2 基坑开挖

建筑基坑,是为进行建筑物(包括构筑物)基础与地下室的施工所开挖的地面以下空间。

1.2.1 基坑开挖准备工作

(一)基坑与基槽土方量计算

1. 土的可松性

自然状态下的土,经开挖后,其体积因松散而增加,以后虽经回填压实,仍不能恢复成原来的体积,土的这种性质称为土的可松性。土的可松性程度一般以可松性系数表示,即:

$$K_P = \frac{V_2}{V_1} \qquad K'_P = \frac{V_3}{V_1}$$

式中 K_P——土的最初可松性系数;

K'_P——土的最终可松性系数;

V_1——开挖前土的自然体积;

V_2——开挖后土的松散体积;

V_3——运至填方处压实后的体积。

土的可松性是挖填土方时,计算土方机械生产率、回填土方量、运输机具数量、进行场地平整规划竖向设计、土方平衡调配的重要参数。各种土的可松性参考数值,详见表1-9。

表 1-9 各种土的可松性参考数值

土的类别	体积增加百分比/%		可松性系数	
	最初	最终	K_P	K'_P
一类(松软土):种植土除外	8～17	1～2.5	1.08～1.17	1.01～1.03
一类(松软土):植物性土、泥炭	20～30	3～4	1.20～1.30	1.03～1.04
二类(普通土)	14～28	1.5～5	1.14～1.28	1.02～1.05
三类(坚土)	24～30	4～7	1.24～1.30	1.04～1.07
四类(砂砾坚土):泥灰岩、蛋白石除外	26～32	6～9	1.26～1.32	1.06～1.09
四类(砂砾坚土):泥灰岩、蛋白石	33～37	11～15	1.33～1.37	1.11～1.15
五～七类(软石、次坚石、坚石)	30～45	10～20	1.30～1.45	1.10～1.20
八类(特坚石)	45～50	20～30	1.45～1.50	1.20～1.30

注:最初体积增加百分比计算公式为 $\frac{V_2-V_1}{V_1}\times 100\%$;最终体积增加百分比计算公式为 $\frac{V_3-V_1}{V_1}\times 100\%$。

2. 基坑与基槽土方量计算

基坑土方量可按立体几何中拟柱体(由两个平行的平面作底的一种多面体)体积公式计算(图 1-2)。即:

$$V = \frac{H}{6}(A_1 + 4A_0 + A_2)$$

式中　H——基坑深度(m);
　　　A_1、A_2——基坑上、下底的面积(m^2);
　　　A_0——基坑中截面的面积(m^2)。

基槽土方量计算可沿长度方向分段计算(图 1-3)。

$$V_1 = \frac{L_1}{6}(A_1 + 4A_0 + A_2)$$

式中　V_1——第一段的土方量(m^3);
　　　L_1——第一段的长度(m)。

将各段土方量相加即得总土方量:

$$V = V_1 + V_2 + V_3 + \cdots + V_n$$

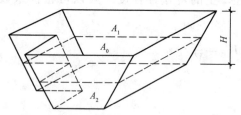

图 1-2　基坑土方量计算

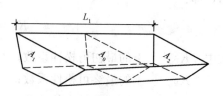

图 1-3　基槽土方量计算

【例 1】 某基坑坑底长度为 85 m,宽度为 60 m,深度为 8 m。根据设计要求基坑四边放坡,边坡坡度为 1∶0.5。已知土的最初可松性系数 $K_P=1.14$,最终可松性系数 $K'_P=1.05$。

(1)基坑挖土土方量为多少?

(2)若混凝土基础和地下室占有体积为 22 000 m^3,则需预留多少松散状态土用于回填?

(3)若多余土方需外运,则外运土方为多少?
(4)如果用 4.0 m³ 的汽车外运,则需运多少车?

【解】
(1)挖土土方量。

$$V = \frac{H}{6}(A_1 + 4A_0 + A_2)$$
$$= \frac{8}{6} \times [(85+4\times2)\times(60+4\times2) + 4\times(85+2\times2)\times(60+2\times2) + (85\times60)]$$
$$= 45\ 610(m^3)$$

(2)预留松散状态土。

$$因为\ K_P = \frac{V_2}{V_1},\ K'_P = \frac{V'_3}{V_1};\ 所以,\ V_2 = \frac{K_P}{K'_P}V_3$$

$$V_{预留} = \frac{1.14}{1.05} \times (45\ 610 - 22\ 000) = 25\ 634(m^3)$$

(3)外运土方量。

$$V_{外运} = V_{挖} \times K_P - V_{留}$$
$$= 45\ 610 \times 1.14 - 25\ 634$$
$$= 26\ 361(m^3)$$

(4)外运土方,需运汽车数。

$$n = \frac{V_{外运}}{a} = \frac{26\ 361}{4.0} = 6\ 591(车)$$

(二)技术准备

(1)收集有关工程资料。

1)地下管线资料。根据《建设工程施工合同(示范文本)》规定:建设单位应向承包人提供资料,对资料的真实准确性负责;施工单位做好施工场地地下管线和邻近建筑物、构筑物(包括文物保护建筑)、古树名木的保护工作。

2)岩土工程勘察报告。仔细阅读《岩土工程勘察报告》,尤其是各层土的分布情况以及土的特性。

3)图纸和图集。进一步熟悉设计施工图纸,尤其是图纸设计说明和基础施工图;收集与工程有关的图集资料。

4)技术规范。准备与工程有关的技术规范、施工质量验收规范和有关技术资料。
①《建筑工程施工质量验收统一标准》(GB 50300—2013);
②《土方与爆破工程施工及验收规范》(GB 50201—2012);
③《建筑地基基础工程施工质量验收规范》(GB 50202)。

(2)对建设单位提供的坐标点、水准点进行闭合复测。

(3)确定机械行驶坡道。分层开挖时应根据现场大小、地形、运输车辆的出口位置确定合理的机械行驶坡道。坡道有三种位置及形式,如图1-4所示。

(4)土方工程量计算。

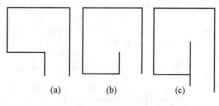

图1-4 坡道位置及形式
(a)外坡道;(b)内坡道;(c)内外坡道

1)基坑开挖前应进行挖、填土方工程量计算。

2)综合考虑预留回填土、弃土外运最短运距和运输车辆调配工作。

(5)编制专项施工方案。根据住房和城乡建设部建质〔2009〕87号文《危险性较大的分部分项工程安全管理办法》规定,"开挖深度超过3 m(含3 m)的土方开挖工程"需编制专项施工方案,"开挖深度超过5 m(含5 m)的基坑专项施工方案"应由施工单位组织专家进行论证。

专项施工方案应当包括以下内容:

1)工程概况:包括危险性较大的分部分项工程概况、施工平面布置、施工要求和技术保证条件。

2)编制依据:包括相关法律、法规、规范性文件、标准、规范及图纸(国标图集)、施工组织设计等。

3)施工计划:包括施工进度计划、材料与设备计划。

4)施工工艺技术:包括技术参数、工艺流程、施工方法、检查验收等。

5)施工安全保证措施:包括组织保障、技术措施、应急预案、监测监控等。

6)劳动力计划:包括专职安全生产管理人员、特种作业人员等。

7)计算书及相关图纸。

(6)填写开工报告并报送监理或建设单位批准,确定开工日期。

(三)物资准备

(1)定位用木桩、龙门板、线绳、20#铅丝、白灰等。

(2)基坑(槽)作简单支护时所用材料。

(3)雨期施工时应准备塑料布或其他防雨材料。

(4)冬期施工时应准备基底保温覆盖材料。

(四)人员劳力准备

(1)管理人员、技术人员、操作手已到施工现场,操作人员和机械配置合理。

(2)班组生产效率可参考人力土方工程综合施工定额,见表1-10。

表1-10 人力土方工程综合施工定额

项目		单位	时间定额			每工产量			备注
人工挖基槽	基槽上口宽(m以内)		0.8	1.5	3	0.8	1.5	3	1. 班组最小劳动组合:12人。 2. 基槽开挖深度在1.5 m以内。 3. 工作内容:挖土、抛土或装土、修底边,保持基槽两侧1m内不得有弃土
	一类土	m³	0.167	0.144	0.133	6	6.94	7.52	
	二类土	m³	0.238	0.205	0.192	4.2	4.88	5.21	
	三类土	m³	0.417	0.357	0.338	2.4	2.8	2.96	
	四类土	m³	0.629	0.538	0.5	1.59	1.86	2	
人工挖基坑	基坑上口面积(m²以内)		6	12	20	6	12	20	1. 班组最小劳动组合:12人。 2. 基槽开挖深度在1.5 m以内。 3. 工作内容:挖土、抛土或装土、修底边,保持基槽两侧1m内不得有弃土
	一类土	m³	0.168	0.164	0.16	5.95	6.1	6.25	
	二类土	m³	0.24	0.234	0.225	4.17	4.24	4.44	
	三类土	m³	0.42	0.41	0.398	2.38	2.44	2.51	
	四类土	m³	0.628	0.613	0.595	1.59	1.63	1.68	

续表

项目		单位	时间定额		每工产量		备注
机挖人工修整底边	平均厚度		10 cm 以内		10 cm 以内		1. 修整底边按面积计算。 2. 平均厚度超过 10 cm，相应项目乘以 1.25。 3. 工作内容：准备工具、清理杂物、修整底边、找平，将余土装入盛土器。 4. 施工方法：使用一般工具，人工操作
	一类土	10 m²	0.148		6.7		
	二类土	10 m²	0.213		4.6		
	三类土	10 m²	0.376		2.6		
	四类土	10 m²	0.55		1.8		
地基钎探	钎探深度		1.5 m 以内	2.1 m 以内	1.5 m 以内	2.1 m 以内	1. 班组最小劳动组合：3人。 2. 工作内容：定点、打钎、拔钎、灌砂、记录等全部操作过程
	基槽	10 眼	0.333	0.5	3	2	
	基坑	10 眼	0.4	0.667	2.5	1.5	

(五)机械设备

(1)测量设备。基坑开挖测量设备包括：全站仪、水准仪、塔尺、钢卷尺、坡度尺等。

(2)挖土机械。根据工程规模大小、难易程度、运距、工期、质量等要求配足施工所需的挖土机械、运输车辆。

1)基坑开挖土方机械包括：反铲挖掘机、自卸汽车等。

2)基坑开挖常用的工具包括：铁锹(尖、平头两种)、手推车、小白线或 20# 铅丝、钎探设施等。

(六)确定边坡坡度

(1)边坡直立开挖不加支护。当土质为天然湿度、构造均匀、水文地质条件良好，且无地下水时，开挖基坑亦可不必放坡，采取直立开挖不加支护，但挖方深度应符合表 1-11 的规定。

表 1-11 基坑(槽)和管沟不加支撑时的容许深度

项次	土的种类	容许深度/m
1	密实、中密的砂子和碎石类土(充填物为砂土)	1.00
2	硬塑、可塑的粉质黏土及粉土	1.25
3	硬塑、可塑的黏土和碎石类土(充填物为黏性土)	1.50
4	坚硬的黏土	2.00

(2)按规范规定放坡。按照《土方与爆破工程施工及验收规范》(GB 50201—2012)的规定，在坡体整体稳定的情况下，如地质条件良好、土(岩)质较均匀，高度在 3 m 以内的临时性挖方边坡坡度宜符合表 1-12 的规定。放坡后基坑上口宽度由基坑底面宽度及边坡坡度来决定，一般地，工作面留 15～30 cm(基础外边线到基坑底边的距离)，以便施工操作，如图 1-5 所示。

表 1-12 临时性挖方边坡坡度值

土的类别		边坡坡度(高：宽)
砂土	不包括细砂、粉砂	1∶1.25～1∶1.50
一般性黏土	坚硬	1∶0.75～1∶1.00
	硬塑	1∶1.00～1∶1.25
碎石类土	密实、中密	1∶0.50～1∶1.00
	稍密	1∶1.00～1∶1.50

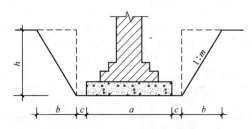

图 1-5 按规范放坡示意图

1.2.2 人工挖土施工工艺

人工挖土施工工艺适用于一般建筑工程、构筑物的基坑和管沟人工挖土施工。

1. 工艺流程

人工挖土施工工艺流程，如图 1-6 所示。

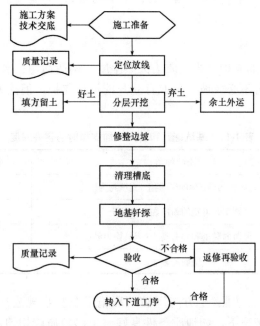

图 1-6 人工挖土施工工艺流程

2. 操作要求

(1) 人工挖土。

1)根据土质情况和现场存土、运土条件,合理确定开挖顺序,然后再分段分层开挖。土方开挖顺序应遵循"开槽支撑,先撑后挖,分层开挖,不得超挖"的原则。

2)开挖时应沿灰线切出基槽轮廓线,每层深度以 600 mm 为宜,每层应清底,然后逐步挖掘。

3)开挖大面积浅基坑,可沿坑三面同时开挖,挖出的土方装入手推车或翻斗车,由未开挖的一面运至弃土地点。

4)在有存土条件的场地,一定留足需要的回填土,多余土方运至弃土地点,避免二次搬运。

5)在槽边堆放土时,应保证边坡稳定。一般地,土方距槽边缘不小于 1.0 m 以外,高度不宜超过 1.5 m。

(2)修整边坡。开挖放坡的坑(槽)时,先按施工方案规定的坡度粗略开挖,再分层按坡度要求每隔 3 m 左右做出一条坡度线,边坡应随挖随修整。待挖至设计标高,由两端轴线引桩拉通线,检查距槽边尺寸,据此再统一修整一次边坡。

(3)清理槽底。在挖至坑槽底设计标高 50 cm 以内时,测量放线人员配合抄出距槽底 50 cm 水平线。自槽端部 20 cm 处每隔 2~3 m,在基槽侧壁上钉水平小木橛,随时以小木橛上平,用拉线尺量法校核槽底标高。

1.2.3 机械挖土施工工艺

机械挖土施工工艺适用于工业与民用建筑物、构筑物的大型基坑、管沟以及大面积平整场地等机械挖土。

1. 工艺流程

机械挖土施工工艺流程,如图 1-7 所示。

2. 操作要求

(1)开挖原则。机械挖土最常用的机械是反铲挖掘机,其特点是:"后退向下,强制切土"。土方开挖顺序应遵循"开槽支撑,先撑后挖,分层开挖,不得超挖"的原则。

(2)开挖方式。根据挖掘机的开挖方式与运输汽车的相对位置不同,一般有以下两种方式:

1)沟端开挖。反铲停于沟端,后退挖土,同时往沟一侧弃土或装汽车运走[图 1-8(a)]。

2)沟侧开挖。反铲停于沟侧,沿沟边开挖,汽车停在机旁装土或往沟一侧卸土[图 1-8(b)]。

(3)分层厚度。土方开挖宜分层分段依次进行,分层原则宜上层薄下层厚,分层厚度不超过机械一次挖掘深度,但分层厚度不宜相差太大,否则影响运输车辆重载爬坡效能。挖掘机沿挖方边缘移动时,机械距离边坡上缘的宽度不得小于基坑深度的1/2。

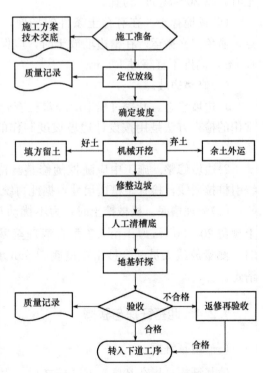

图 1-7 机械挖土施工工艺流程

(4)开挖路线。开挖路线宜采用纵向由里向外、先两侧后中间的方式开挖,如图1-9所示。

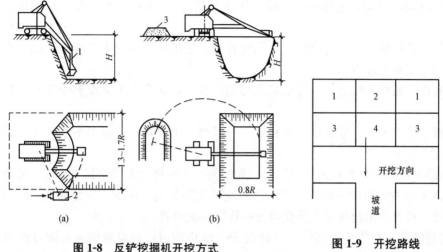

图1-8 反铲挖掘机开挖方式
(a)沟端开挖；(b)沟侧开挖
1—反铲挖掘机；2—运输汽车；3—堆土

图1-9 开挖路线

(5)严禁超挖。开挖基坑不得挖至设计标高以下。如不能准确地挖至设计基底标高时,可在设计标高以上暂留一层土不挖,以便在抄平后,由人工清理。

预留土层：一般铲运机、推土机挖土时,为15~20 cm；挖土机用反铲、正铲和拉铲挖土时,以20~30 cm为宜。

(6)场地存土。在有存土条件的场地,一定留足需要的回填土,多余土方运至弃土地点,避免二次搬运。在槽边堆放土时,应保证边坡稳定。一般来说,土方距槽边缘不小于1.0 m,高度不宜超过1.5 m。

(7)修整边坡。

1)边坡检查。开挖过程中应经常检查开挖的边坡坡度,随时校核。常用的检查方法是用按设计边坡坡度制作的三角靠尺检查,如图1-10所示。

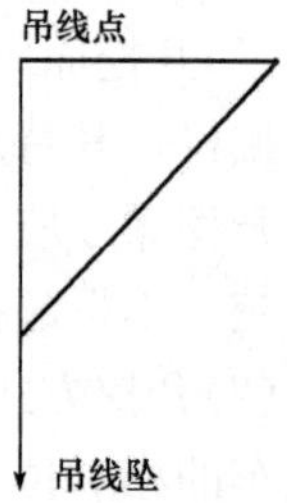

2)边坡修整。施工中应随挖随修整。待挖至设计标高,由两端轴线引桩拉通线,检查距槽边尺寸,据此再统一修整一次槽边。

(8)清理槽底。机械挖土时,为不扰动基底土的结构,在基底标高上预留20~30 cm厚土由人工配合清理至基底标高。在挖至坑槽底设计标高50 cm以内时,测量放线人员配合抄出距槽底50 cm水平线,钉上小木橛,用水准仪抄平,余土人工清走。

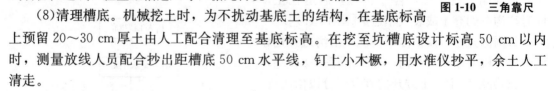

图1-10 三角靠尺

1.2.4 地基钎探与验槽

(一)地基钎探

地基钎探是指在基坑土方开挖之后,用重锤自由落体方式将钎探工具打入基坑底下一定深度的土层内,通过锤击次数探查判断地下有无异常情况或不良地基的一种方法。

(1)钎探目的。钎探是施工单位在开挖完基坑土方之后,必须进行的一项施工程序,其主要目的是:

1)查明基坑底是否有局部枯井、墓穴、空洞、防空洞等地下埋藏物。

2)探测基底土质是否有松土坑、局部软弱或显著不均匀现象以及平面范围及深度。

3)查明地下是否有局部坚硬物。

4)校核基坑底土质是否与勘察设计资料相一致。

5)为是否进行地基处理提供依据。

(2)钎探工具。在华北地区,钎探工具普遍采用轻便触探器,也叫穿心锤钎探器。轻便触探器由尖锥头、触探杆、穿心锤三部分组成,如图1-11所示。其主要技术参数,见表1-13。

(3)钎探工艺流程。放钎探点线→撒白灰点标志→就位打钎(分级记录锤击数)→拔钎→检查孔深→钎孔保护→移位打下一个钎探点→验槽后钎孔灌砂。

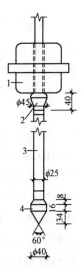

图1-11 轻便触探器
1—穿心锤;2—锤垫;
3—触探杆;4—探头

表1-13 轻便触探器主要技术参数

名　　称	参　　数	名　　称	参　　数
锤重	10 kg±10 g	贯入锥度	60°
落距	500 mm±1 mm	贯入锥直径	$\phi40$
最大贯入深度	2 100 mm		

(4)钎探方法。

1)绘制钎探平面布置图。一般按1∶100的比例绘制钎探平面布置图,确定钎探点的位置及顺序编号。钎探点间距及检验深度按《建筑地基基础工程施工质量验收规范》(GB 50202)规定执行,见表1-14。

表1-14 轻型动力触探检验深度及间距表　　　　　　　　　　　　　　　m

排列方式	基槽宽度	检验深度	检验间距
中心一排	<0.8	1.2	1.0~1.5 m,视地层复杂情况定
两排错开	0.8~2.0	1.5	
梅花型	>2.0	2.1	

2)在钎探过程中,钎探杆每打入30 cm记录一次锤击数,一直到规定深度为止。

3)将钎探锤击数及时填入《地基钎探记录》。

4)将各分级记录锤击数进行合计。

5)在钎探点平面图上,注明过硬或过软的探点位置,并用彩色笔分开,以便勘察设计人员验槽时分析处理。

(5)钎探的注意事项。钎探深度和布孔间距必须符合规定要求,否则视为不合格钎探。锤击数记录必须准确,数据真实可靠,不得弄虚作假。钎探点的位置应基本准确,钎探孔不得遗漏。

(二)地基验槽

《建筑地基基础工程施工质量验收规范》(GB 50202)规定：所有建(构)筑物均应进行施工验槽。基坑挖完后，由建设单位组织施工、设计、勘察、监理、质检等部门的项目技术负责人对地基土进行联合检查验收。地基验槽属于建筑工程隐蔽验收的重要内容之一。

(1)验槽的目的。

1)检验地质勘查报告结论、建议是否正确，与实际情况是否一致。

2)可以及时发现问题及存在的隐患，解决勘察报告中未解决的遗留问题，防患于未然。

(2)验槽的内容。基坑的验槽工作主要是以认真仔细地观察为主，并以地基钎探、钻探取样和原位测试等手段配合，其主要内容包括：

1)核对基坑的位置、平面尺寸、坑底标高。

2)核对基坑土质和地下水情况。

3)空穴、古墓、古井、防空掩体及地下埋设物的位置、深度、性状。

(3)地基验槽记录。经检查验收合格后，填写《地基验槽记录》和《基坑(槽)隐蔽验收记录》，各方签字盖章，并及时办理相关验收手续。如验收不合格，待处理和整改合格后，重新验收确认。

(4)验槽的注意事项。

1)天然地基验槽前必须完成钎探，并有详细的钎探记录。不合格的钎探不能作为验槽的依据。必要时对钎探孔深及间距进行抽样检查，核实其真实性。

2)基坑土方开挖完后，应立即组织验槽。

3)在特殊情况下，如雨期要做好排水措施，避免被雨水浸泡；冬期要防止基底土受冻，要及时用保温材料覆盖。

4)验槽时要认真仔细查看土质及其分布情况，是否有杂物、碎砖、瓦砾等杂填土，是否已挖到老土等，从而判断是否需要做地基处理。

1.2.5 土方开挖质量验收标准

按照《建筑地基基础工程施工质量验收规范》(GB 50202)的规定，土方工程检验批质量验收合格应符合下列规定：

(1)主控项目质量符合规范的规定。

(2)一般项目中的实测(允许偏差)项目抽样检验的合格率应不低于80%，且超差点的最大偏差值不得大于允许偏差限值的1.5倍。

(3)检验批质量符合工程设计文件要求和合同约定。

(4)隐蔽工程施工质量记录完整；施工方案和质量验收记录完整。

1. 主控项目

柱基、基坑、基槽土方开挖的标高、长度、宽度、边坡的允许偏差应符合表1-15的规定。

2. 一般项目

柱基、基坑、基槽土方开挖的表面平整度、基底土特性应符合表1-15的规定。

表 1-15　柱基、基坑、基槽土方开挖工程的质量检验标准

项	序	项目	允许值		允许偏差		检验方法
			单位	数值	单位	数值	
主控项目	1	标高	设计要求		mm	−50	水准仪
	2	长度、宽度（由设计中心线向两边量）	设计要求		mm	+200 −50	经纬仪，用钢尺量
	3	边坡	设计要求		设计要求		观察或用坡度尺检查
一般项目	1	表面平整度	—		mm	20	用 2m 靠尺和楔形塞尺检查
	2	基底土性	设计要求		—		观察或土样分析

1.2.6　土方开挖质量记录

土方开挖应形成以下质量记录：
(1) 表 C2-4　技术交底记录；
(2) 表 C1-5　施工日志；
(3) 表 C5-2-6　地基钎探记录；
(4) 表 C5-2-5　地基验槽记录；
(5) 表 C5-1-1　隐蔽工程验收记录；
(6) 表 G1-23　土方开挖工程质量验收记录。
注：以上表式采用《河北省建筑工程资料管理规程》[DB13(J)/T 145—2012] 所规定的表式。

任务 1.3　土方回填与压实

1.3.1　填土压实的影响因素

影响填土压实质量的因素有很多，其中主要影响因素有压实功、含水量和铺土厚度。

1. 压实功的影响

当压(夯)实机具性能一定，压实遍数越多，机具对回填土所施加的功就越多。试验数据表明，土的密度与压实功的关系，如图 1-12 所示。从图中可看出二者的关系：当土的含水量一定，在开始压实时，土的密度急剧增加，直到接近土的最大密度时，压实功虽然增加许多，但土的密度几乎没有变化。由此可知，当达到土的最大密度时，若对填土再进行多次压实，则无实际意义。土方回填压实遍数对重要工程均应做现场试验后确定，或由设计提供。如无试验依据，应符合表 1-16 的规定。

表 1-16　填土施工时的分层厚度及压实遍数

压实机具	分层厚度/mm	每层压实遍数
平碾	250～300	6～8
振动压实机	250～350	3～4
蛙式打夯机、柴油打夯机	200～250	3～4
人工打夯	<200	3～4

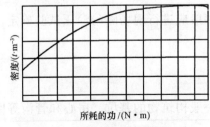

图 1-12　土的密度与压实功的关系

2. 含水量的影响

填土土料含水量的大小,直接影响到夯实(碾压)质量,如图 1-13 所示。含水量过小,夯压(碾压)不实;含水量过大,则易成橡皮土。在同样压实功的条件下,当达到最大干土密度 $\rho_{d,max}$ 时,所对应的含水量称为最优含水量,用 w_{op} 表示。最优含水量是通过标准的击实方法确定的。各种土的最优含水量和最大密实度参考数值见表 1-17。

表 1-17 土的最优含水量和最大干密度参考表

项次	土的种类	变动范围	
		最优含水量(重量比)/%	最大干密度/(t·m^{-3})
1	砂土	8~12	1.80~1.88
2	黏土	19~23	1.58~1.70
3	粉质黏土	12~15	1.85~1.95
4	粉土	16~22	1.61~1.80

注:1. 表中土的最大干密度应以现场实际达到的数字为准;
  2. 一般性的回填,可不作此项测定。

现场检查土料含水量一般以"手握成团,落地开花"为适宜。当土的含水量过大时,可采取翻松、晾晒、换土回填、掺入干土或其他吸水材料等措施;如遇回填土的含水量偏低,则应预先洒水润湿。

3. 铺土厚度的影响

土在压实功的作用下,其应力随深度增加而逐渐减少,但超过一定深度后,虽然仍反复碾压,土的密实度增加却很小,如图 1-14 所示。因此,填土厚度过大,只增加机械的夯实遍数。虽然夯压很多遍,可能还是出现"表实底疏"的情况。

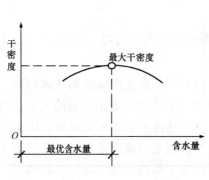

图 1-13 土的干密度与含水量的关系

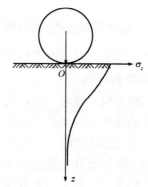

图 1-14 压实作用沿深度的变化

填土每层铺土厚度与压(夯)实机具性能有关,一般应进行现场碾(夯)压试验确定。如无试验数据,可参考表 1-16 确定。

1.3.2 回填土施工工艺

回填土施工工艺适用于工业与民用建筑工程、一般构筑物的基坑、房心和管沟等回填土施工。

(1)最优含水量。与土的最大干密度(土在最紧密状态下的干密度)相对应的含水量,通过标准的击实方法确定。

(2)压实系数。土在施工时实际达到的干密度与最大干土密度的比值。土的最大干密度 $\rho_{d,max}$(g/cm³)宜采用击实试验确定。通常用压实系数来表示填方的密实度要求和质量指标。压实系数用 λ 表示,即:

$$\lambda = \frac{\rho_d}{\rho_{d,max}}$$

(一)施工准备

1. 技术准备

(1)施工前应根据工程特点、填料土质、设计要求的压实系数、施工条件,进行必要的压实试验,确定填料含水量控制范围、铺土厚度、夯实遍数等参数,根据现场条件确定施工方法。

(2)向施工人员进行技术、质量、环保、文明施工交底。

2. 材料准备

土方填料宜优先选用基槽(坑)中挖出的原土,并清除其中的有机杂质。使用前应过筛,其粒径不大于 50 mm。不同土类应分别经过击实试验测定填料的最大干密度和最优含水量,填料含水量与最优含水量的偏差控制在±2%范围内。

3. 人员劳力

(1)管理人员、技术人员、操作手已到施工现场,操作人员和机械配置合理。

(2)班组生产效率可参考回填土综合施工定额,见表1-18。

表1-18 回填土综合施工定额

项目		单位	时间定额		每工产量		备注
			机械	人工	机械	人工	
素土	施工方法						1. 班组最小劳动组合:12人。 2. 素土回填:包括碎土、平土、找平、泼水、打夯。 3. 灰土回填:包括焖灰、筛灰、过斗、拌和、泼水、找平、打夯
	素土回填	m³	0.116	0.289	8.59	3.46	
灰土	施工方法		机械	人工	机械	人工	
	基础	m³	0.5	1.1	2	0.91	
	地坪	m³	0.4	0.883	2.5	1.2	
原土打夯	施工方法		机械	人工	机械	人工	
	基础	10 m²	0.081 3	0.143	12.3	7	
	地坪	10 m²	0.066 7	0.118	15	8.5	

4. 施工机具准备

(1)施工机械。土方回填机械有:蛙式打夯机、柴油打夯机、翻斗车等。

常用的有蛙式打夯机、柴油打夯机、振动打夯机等,其技术性能见表1-19,适用于黏性较低的土(砂土、粉土、粉质黏土)基坑(槽)、管沟及各种零星边角部位回填夯实,以及配合压路机对边角碾压不到之处的夯实。

表 1-19　蛙式打夯机、振动夯实机、内燃打夯机技术性能与规格

项目	型号				
	蛙式打夯机 HW-70	蛙式打夯机 HW-201	振动压实机 Hz-280	振动压实机 Hz-400	柴油打夯机 ZH_7-120
夯板面积/cm^2	—	450	2 800	2 800	550
夯击次数/(次·min^{-1})	140～165	140～150	1 100～1 200(Hz)	1 100～1 200(Hz)	60～70
行走速度/(m·min^{-1})	—	8	10～16	10～16	—
夯实起落高度/mm	—	145	300(影响深度)	300(影响深度)	300～500
生产率/(m^3·h^{-1})	5～10	12.5	33.6	336(m^2/min)	18～27
外形尺寸(长×宽×高)/mm	1 180×450×905	1 006×500×900	1 300×560×700	1 205×566×889	434×265×1 180
质量/kg	140	125	400	400	120

(2)工具用具。如：木夯、手推车、筛子、木耙、铁锹、喷壶、小线等。

(3)检测设备。如：水准仪、钢尺、2 m靠尺等定位测量设备；取土环刀、小铲、烘箱、天平等现场土工试验设备。

5. 作业条件准备

(1)施工前应根据工程特点、填料种类、设计对压实系数的要求、施工机具设备条件等，通过试验确定土料含水量控制范围、每层铺土厚度及打夯遍数等施工参数。

(2)回填前应清除基底上的草皮、杂物、树根和淤泥，排除积水，并在四周设排水沟或截水沟，防止地面水流入填方区或基槽(坑)，浸泡地基。

(3)施工完地面以下基础、地下防水、保护层等，应填写好隐蔽工程验收记录，并经质量检查验收。

(二)工艺流程

回填土施工工艺流程，如图1-15所示。

(三)操作要求

(1)清理基层。土方回填前应清除基底的垃圾、树根等杂物，抽除坑穴积水、淤泥，验收基底标高。

(2)分层铺回填土。每层铺土厚度根据土质和使用的夯(压)实机具性能而定。一般铺土厚度应小于压实机械压实的作用深度，应能使土方压实而机械的功耗最少。常用夯(压)实机械每层铺土厚度和所需的夯(压)实遍数，可参考表1-20确定。

(3)夯打密实。

1)打夯前应将填土初步整平，打夯机由四周向中间依次夯打，一夯压半夯，夯夯相接，行行相连，两遍纵横交叉，分层夯打。

2)深浅两基坑相连时，应先填夯深基础；

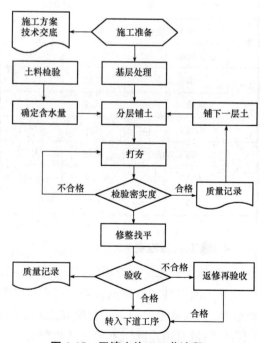

图 1-15　回填土施工工艺流程

与浅基坑标高填平时,再一起填夯。

3)回填房心回填土时,应在基础墙体两侧同时进行回填与夯实。回填高差不可相差太多,以免将墙挤歪。

4)回填管沟时,应用人工先在管道周围填土夯实,并应从管道两边同时进行,待填至管顶 0.5 m 以上,方可采用打夯机夯实。

5)非同时进行的回填段之间的搭接处,不得形成陡坎,应将夯实层留成阶梯状,阶梯的高宽比一般为 1:2。上下层错缝距离不小于 1.0 m。

(4)修整找平。填土全部完成后,应进行表面拉线找平,凡超过标准高程的地方,及时依线铲平;凡低于标准高程的地方,应补土夯实。经检查合格,填写地基验收、隐蔽工程记录,及时办理交接手续。经检查质量不符合要求时应进行返修,并重新验收。

(四)检验密实度

土方回填应填筑压实,且压实系数应满足设计要求。当采用分层回填时,下层的压实系数经试验合格后,才能进行上层施工。在施工现场一般采用环刀取样检测回填土的干密度,常用取土环刀规格,见表 1-20。取土环刀,如图 1-16 所示。

表 1-20 常用取土环刀规格

品名	规格	容积
取土环刀	$\phi 50.46 \times 50$ mm	100 cm^3
取土环刀	$\phi 64 \times 20$ mm	64.4 cm^3
取土环刀	$\phi 70 \times 52$ mm	200 cm^3
取土环刀	$\phi 79.8 \times 20$ mm	100 cm^3
取土环刀	$\phi 61.8 \times 40$ mm	120 cm^3
取土环刀	$\phi 40 \times 39.9$ mm	50 cm^3
取土环刀	$\phi 61.8 \times 20$ mm	50 cm^3

(1)环刀取样规则。

1)基槽或管沟回填每层按长度 20~50 m 取样 1 组,每层不少于 1 组。

2)柱基回填每层抽样为柱基总数的 10%,且不少于 5 组。

3)基坑和室内回填每层按 100~500 m² 取样 1 组,每层不少于 1 组。

4)场地平整回填每层按 400~900 m² 取样 1 组,每层不少于 1 组。

5)取样部位应在每层压实后的下半部。

图 1-16 取土环刀

(2)合格标准。填土压实后的干密度应有 90% 以上符合设计要求,其余 10% 的最低值与设计值之差不得大于 0.08 g/cm³,且不应集中。

1.3.3 土方回填质量验收标准

按照《建筑地基基础工程施工质量验收规范》(GB 50202)的规定,土方工程检验批质量验收合格应符合下列规定：

(1)主控项目质量符合规范的规定。

(2)一般项目中的实测(允许偏差)项目抽样检验的合格率应不低于80%，且超差点的最大偏差值不得大于允许偏差限值的1.5倍。

(3)检验批质量符合工程设计文件要求和合同约定。

(4)隐蔽工程施工质量记录完整，施工方案和质量验收记录完整。

1. 主控项目

土方回填的标高、分层压实系数的允许偏差应符合表1-21的规定。

2. 一般项目

土方回填的回填土料、分层厚度及含水量、表面平整度、有机质含量、辗迹重叠长度的允许偏差应符合表1-21的规定。

表1-21 柱基、基坑、基槽、管沟、地(路)面基础层填方工程质量检验标准

项	序	项目	允许值		允许偏差		检验方法
			单位	数值	单位	数值	
主控项目	1	标高	设计值		mm	−50	水准仪
	2	分层压实系数	设计值		—		按规定方法
一般项目	1	回填土料	设计要求		—		取样检查或直接鉴别
	2	分层厚度及含水量	设计值		—		水准仪及抽样检查
	3	表面平整度	—		mm	20	用2m靠尺和楔形塞尺检查
	4	有机质含量	设计值		%	≤5	按规定方法
	5	辗迹重叠长度	mm	500～1 000	—		用钢尺量

1.3.4 土方回填质量记录

土方回填应形成以下质量记录：

(1)表C2-4 技术交底记录；

(2)表C1-5 施工日志；

(3)表C4-17 土壤击实检测报告；

(4)表C4-16 土壤检测报告；

(5)表C5-1-1 隐蔽工程验收记录；

(6)表G1-24 填土工程质量验收记录。

注：以上表式采用《河北省建筑工程资料管理规程》[DB13(J)/T 145—2012]所规定的表式。

单元 2 基坑工程施工

近年来，随着我国经济建设和城市建设的快速发展，地下工程越来越多。高层建筑、地铁车站、地下车库、地下商场、地下仓库和地下人防工程等施工时都需开挖较深的基坑。大量深基坑工程的出现，促进了设计计算理论的提高和施工工艺发展，通过大量的工程实践和科学研究，逐步形成了基坑工程这一新的学科。基坑工程是土木工程领域内目前发展最迅速的学科之一，也是工程实践要求最迫切的学科之一。对基坑工程进行正确的设计和施工，能带来巨大的经济和社会效益。

基坑工程主要涉及两部分内容：一是在支护体系保护下开挖基坑。基坑支护工程包括排桩墙支护工程；水泥土桩墙支护工程；锚杆及土钉墙支护工程施工；钢及混凝土支撑系统；地下连续墙；沉井与沉箱。二是在地下水位较高地区降低地下水位。降低地下水位包括降水与排水。

考虑到我国绝大部分地区通用性和常用性做法，重点学习锚杆及土钉墙支护工程设计与施工和轻型井点降水等分项工程施工工艺。

任务 2.1 土钉墙支护工程施工

土钉墙由密集的土钉群、被加固的原位土体、喷射的混凝土面层等组成，如图 2-1 所示。土钉是用来加固或同时锚固现场原位土体的细长杆件。通常采用钢筋外裹水泥砂浆或水泥净浆浆体，通长与周围土体接触，并形成一个结合体。采用土钉加固的基坑侧壁土体与护面等组成的支护结构称为土钉墙。

锚杆又称土层锚杆，一般由锚头、锚头垫座、钻孔、防护套管、拉杆(拉索)、锚固体等组成，如图 2-2 所示。通常锚杆以外拉方式与排桩墙组成"桩墙-锚杆"支护体系。

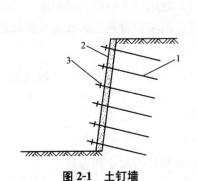

图 2-1 土钉墙
1—土钉；2—喷射细石混凝土面层；3—垫板

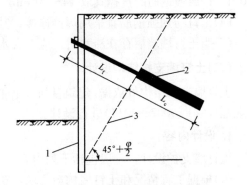

图 2-2 桩墙-锚杆支护结构
1—排桩墙；2—土层锚杆；3—主动滑动面；
L_f—自由段长度；L_c—锚固段长度

土钉墙支护工程设计与施工应遵循的规范规程：
(1)《建筑地基基础设计规范》(GB 50007—2011)。
(2)《建筑工程施工质量验收统一标准》(GB 50300—2013)。
(3)《土方与爆破工程施工及验收规范》(GB 50201—2012)。
(4)《建筑地基基础工程施工质量验收规范》(GB 50202)。
(5)《建筑基坑支护技术规程》(JGJ 120—2012)。

2.1.1　土钉墙的设计与构造

土钉墙支护结构设计、施工与监测宜由一家有专业承包企业资质的地基与基础工程施工单位负责，以便于及时根据现场测试与监控结果进行反馈设计。

(一)土钉墙的构造要求

(1)土钉墙、预应力锚杆复合土钉墙的坡度不宜大于1∶0.2；当基坑较深、土的抗剪强度较低时，宜取较小坡度。

(2)土钉墙宜采用洛阳铲成孔的钢筋土钉。成孔注浆型钢筋土钉的构造应符合下列要求：

1)成孔直径宜取70~120 mm；土钉水平间距和竖向间距宜为1~2 m；土钉倾角宜为5°~20°，其夹角应根据土性和施工条件确定。

2)土钉钢筋宜采用HRB400、HRB500级钢筋，钢筋直径应根据土钉抗拔承载力设计要求确定，且宜取16~32 mm。

3)应沿土钉全长设置对中定位支架，其间距宜取1.5~2.5 m，土钉钢筋保护层厚度不宜小于20 mm。

4)土钉孔注浆材料可采用水泥浆或水泥砂浆，其强度不宜低于20 MPa。

(3)喷射混凝土面层的构造要求应符合下列规定：

1)喷射混凝土面层厚度宜取80~100 mm。

2)喷射混凝土设计强度等级不宜低于C20。

3)喷射混凝土面层中应配置钢筋网和通长的加强钢筋，钢筋网宜采用HPB300级钢筋，钢筋直径宜取6~10 mm，钢筋网间距宜取150~250 mm；钢筋网间的搭接长度应大于300 mm；加强钢筋的直径宜取14~20 mm。

(4)土钉与加强钢筋宜采用焊接连接，其连接应满足承受土钉拉力的要求。

(5)当土钉墙墙后存在滞水时，应在含水土层部位的墙面设置泄水孔或其他疏水措施。

(二)土钉墙支护结构设计

土钉墙支护结构可依据《建筑基坑支护技术规程》(JGJ 120—2012)、《建筑地基基础设计规范》(GB 50007—2011)进行设计。

1. 设计内容

土钉墙支护设计，一般包括下列内容：

(1)根据工程情况和土钉墙构造要求，初选支护各部件的尺寸和参数。

(2)分析计算，主要计算内容有以下几个方面：

1)土钉抗拉承载力计算；

2)土钉墙稳定性验算；

3)喷射混凝土面层的设计计算,以及土钉与面层的连接计算。

通过上述计算,对各部件初选尺寸和参数进行修改和调整,绘出施工图。对重要的工程宜采用有限元法对支护的内力和变形进行分析。

(3)根据施工过程中获得的量测和监控数据以及发现的问题,进行反馈设计。

2. 土钉抗拉承载力计算

(1)单根土钉抗拉承载力应满足下式要求:

$$\frac{R_{k,j}}{N_{k,j}} \geqslant K_t \tag{2-1}$$

式中 K_t——土钉抗拔安全系数;安全等级为二级、三级的土钉墙,K_t 分别不应小于 1.6、1.4;

$N_{k,j}$——第 j 层土钉的轴向拉力标准值(kN),按式(2-2)计算;

$R_{k,j}$——第 j 层土钉的极限抗拔承载力标准值(kN),按式(2-3)计算。

(2)单根土钉受拉荷载标准值,按下式计算:

$$N_{k,j} = \frac{1}{\cos\alpha_j} \zeta \eta_j p_{ak,j} s_{x,j} s_{z,j} \tag{2-2}$$

式中 $N_{k,j}$——第 j 层土钉的轴向拉力标准值(kN);

α_j——第 j 层土钉的倾角(°);

η_j——第 j 层土钉轴向拉力调整系数;

$p_{ak,j}$——第 j 层土钉处的主动土压力强度标准值(kPa);

$s_{x,j}$、$s_{z,j}$——第 j 根土钉与相邻土钉的水平间距、垂直间距;

ζ——荷载折减系数,按下式计算:

$$\zeta = \tan\frac{\beta - \varphi_m}{2} \left[\frac{1}{\tan\frac{\beta + \varphi_m}{2}} - \frac{1}{\tan\beta} \right] \Big/ \tan^2\left(45° - \frac{\varphi_m}{2}\right)$$

式中 β——土钉墙坡面与水平面的夹角(°);

φ_m——基坑底面以上各土层按土层厚度加权的内摩擦角平均值(°)。

(3)土钉的极限抗拔承载力标准值。单根土钉的极限抗拔承载力标准值 $R_{k,j}$ 可按下式估算,应通过试验进行验证,如图 2-3 所示。

$$R_{k,j} = \pi d_j \sum q_{sk,i} l_i \tag{2-3}$$

式中 $R_{k,j}$——第 j 层土钉的极限抗拔承载力标准值(kN);

d_j——第 j 层土钉的锚固体直径(m);

$q_{sk,i}$——第 j 层土钉在第 i 层土的极限粘结强度标准值(kPa)。应由土钉抗拔试验确定,如无试验资料,可查表确定;

l_i——第 j 层土钉在滑动面外第 i 土层中的长度(m),直线滑动面与水平面的夹角取 $\frac{\beta + \varphi_m}{2}$。

3. 土钉墙整体稳定性验算

土钉计算除满足设计抗拉承载力的要求外,还应满足土钉墙内部整体稳定性的需要,即土钉墙整体稳定性验算。土钉墙整体稳定性验算是指边坡土体中可能出现的破坏面发生在支护内部并穿过全部或部分土钉。

土钉墙应根据施工期间不同开挖深度及基坑底面以下可能滑动面，整体滑动稳定性可采用圆弧滑动条分法进行验算，如图2-4所示。

$$\min\{K_{s,1}, K_{s,2}\cdots, K_{s,i}, \cdots\} \geqslant K_s \tag{2-4}$$

$$K_{s,i} = \frac{\sum[c_j l_j + (q_j b_j + \Delta G_j)\cos\theta_j \tan\varphi_j] + \sum R'_{k,k}[\cos(\theta_k + \alpha_k) + \psi_v]/s_{x,k}}{\sum(q_j l_j + \Delta G_j)\sin\theta_j} \tag{2-5}$$

式中 K_s——圆弧滑动整体稳定安全系数；安全等级为二级、三级的土钉墙，K_s 分别不应小于1.3、1.25；

$K_{s,i}$——第 i 个滑动圆弧的抗滑力矩与滑动力矩的比值；抗滑力矩与滑动力矩之比的最小值宜通过搜索不同圆心及半径的所有潜在滑动圆弧确定；

c_j、φ_j——第 j 土条滑弧面处土的粘聚力(kPa)、内摩擦角(°)；

b_j——第 j 土条的宽度(m)；

q_j——作用在第 j 土条上的附加分布荷载标准值(kPa)；

ΔG_j——第 j 土条的自重(kN)，按天然重度计算；

θ_j——第 j 土条滑弧面中点处的法线与垂直面的夹角(°)；

$R'_{k,k}$——第 k 层土钉对圆弧滑动体的极限拉力值(kN)；

α_k——第 k 层土钉或锚杆的倾角(°)；

θ_k——滑弧面在第 k 层土钉处的法线与垂直面的夹角(°)；

$s_{x,k}$——第 k 层土钉或锚杆的水平间距(m)；

ψ_v——计算系数。

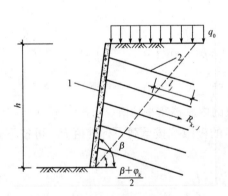

图2-3 土钉抗拉承载力计算简图
1—喷射混凝土面层；2—土钉

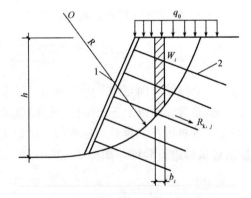

图2-4 土钉墙内部整体稳定性验算简图
1—喷射混凝土面层；2—土钉

4. 土钉墙外部整体稳定性分析

土钉支护的外部整体稳定性分析，可将由土钉加固的整个土体视作重力式挡土墙，参照《建筑地基基础设计规范》(GB 50007—2011)中的计算公式分别验算。

(1) 整个支护沿底面水平滑动[图2-5(a)]。

(2) 整个支护绕基坑底角倾覆，并验算此时支护底面的地基承载力[图2-5(b)]。

(3) 整个支护连同外部土体沿深部的圆弧破坏面失稳[图2-5(c)]。

5. 喷射混凝土面层计算

喷射混凝土面层按以土钉为支座的连续板进行强度验算，作用于面层上的侧压力，在

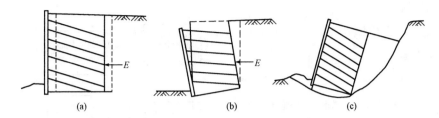

图 2-5　土钉墙外部整体稳定性分析
(a)沿底面水平滑动；(b)绕基坑底角倾覆；(c)沿深部的圆弧破坏面失稳

同一间距内可按均布考虑，其反力作为土钉的端部拉力。验算内容包括板跨中弯矩、支座负弯矩、支座剪力等。

2.1.2　土钉墙支护工程施工工艺

土钉墙支护工程施工工艺适用于地下水位以上或经人工降低地下水位后的人工填土、黏性土、粉质黏土、粉土的基坑支护。

(一)施工准备

1. 技术准备

(1)熟悉土钉墙的设计文件，了解设计做法和构造要求。

(2)研究岩土工程勘察报告，了解土层构造及各土层的物理力学性能指标。

(3)了解地下水位及其变化情况，确定降水措施。

(4)查明施工区域地下构筑物及地下管线情况，考虑施工对邻近建筑物或地域的影响。

(5)编制土钉墙支护工程施工方案，进行技术交底。

2. 物资准备

(1)用作土钉的钢筋和钢筋网片必须符合设计要求，并有出厂合格证和现场复试的试验报告。

(2)土钉所用的钢材需要焊接连接时，其接头必须经过试验，合格后方可使用。

(3)水泥用强度等级为 42.5 级的普通硅酸盐水泥，并有出厂合格证和现场复试的试验报告；所用的速凝剂必须有出厂合格证和现场复试的试验报告。

(4)砂用中砂；石子用 5～10 mm 碎石。

(5)各种材料应按计划逐步进场。

3. 施工机械

(1)成孔机具：螺旋钻机、洛阳铲等成孔工具。

(2)注浆机械：注浆泵和灰浆搅拌机等。

(3)混凝土喷射机应密封良好，输料连续均匀，输送水平距离不宜小于 100 m、垂直距离不宜小于 30 m。空压机应满足喷射机所需的工作风压和风量要求。

(4)混凝土搅拌机：宜采用强制式搅拌机。

(5)其他工具：挖土、运土工具；扎丝钩、铁锹、平铲、手推车等工具。

(6)监测装置：经纬仪、水准仪等定位测量工具。

(二)工艺流程

土钉墙施工工艺流程,如图2-6所示。

(三)操作要求

1. 土方开挖

(1)土钉墙应按每层土钉及混凝土面层分层设置、分层开挖基坑的顺序施工。一是为土钉墙提供作业面;二是防止边坡塌方。

(2)在完成上一作业面土钉与喷射混凝土面层达到设计强度的70%以前,不得进行下一层土层的开挖。

2. 修坡成孔

(1)在机械开挖后,应辅以人工修整坡面,坡面平整度的允许偏差宜为±20 mm。

(2)成孔前按设计要求定出孔位,做出标记和编号。

(3)根据土层特点,选用洛阳铲或专用钻孔设备成孔,在进钻和抽出过程不能引起塌孔;成孔直径宜为80~120 mm,成孔时注意保持孔中心线与水平夹角符合设计要求。

(4)检查成孔质量,将检查结果填写到《土钉墙土钉成孔施工记录》。

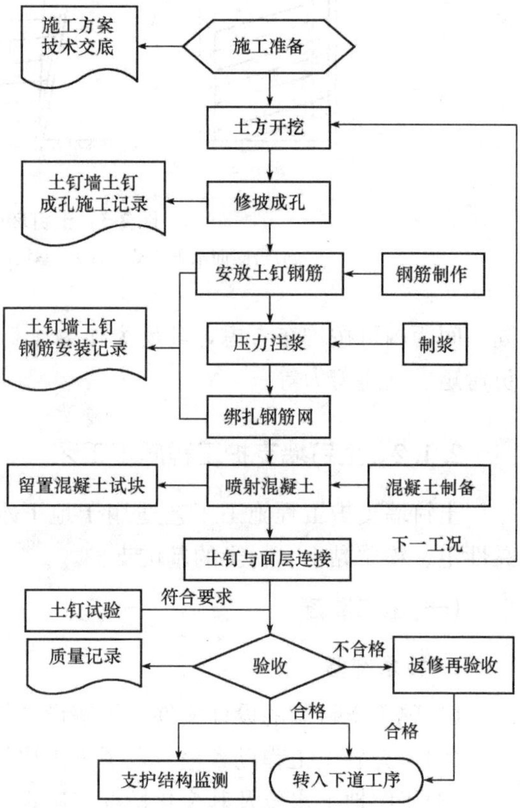

图 2-6 土钉墙施工工艺流程

3. 安放土钉钢筋

(1)插入土钉钢筋前要进行清孔检查。若孔中出现局部渗水、塌孔或掉落松土应立即处理。

(2)土钉钢筋一般采用HRB400热轧钢筋。钢筋入孔前先焊接定位支架,使钢筋位于钻孔中心位置,支架沿钢筋长向间距约为1.5~2.5 m。

(3)检查土钉钢筋安装质量,将检查结果填写《土钉墙土钉钢筋安装记录》。

4. 压力注浆

(1)注浆前应将孔内残留的虚土清除干净,注浆管应随土钉钢筋同时插入孔内。

(2)注浆材料可选用水泥浆或水泥砂浆。水泥浆的水胶比宜取0.5~0.55;水泥砂浆的水胶比宜取0.40~0.45;同时,灰砂比宜取0.5~1.0,拌和用砂宜选用中粗砂,按重量计的含泥量不得大于3%。

(3)采用重力注浆法,水泥浆或水泥砂浆应拌和均匀,一次拌和的水泥浆或水泥砂浆应在初凝前注入孔内。注浆及拔管时,注浆管口应始终埋入注浆液面内,当新鲜浆液从孔口溢出后停止注浆。当浆液液面下降时,应进行补浆。注浆结束后,填写《注浆及护坡混凝土施工记录》。

5. 绑扎钢筋网

钢筋网可采用绑扎固定。钢筋网宜采用HPB300级钢筋,钢筋直径宜取6~10 mm,钢筋网间距宜取 150～250 mm，钢筋网间距的允许偏差为±30 mm；钢筋网间的搭接长度应大于 300 mm。

6. 喷射混凝土

(1)喷射混凝土强度等级不宜低于 C20，配合比应通过试验确定。粗骨料最大粒径不宜大于 12 mm；水胶比不宜大于 0.45。

(2)喷射混凝土前，埋好控制喷射混凝土厚度的标志，面层厚度不宜小于 80 mm。喷射作业应分段依次进行，同一分段内喷射顺序应自下而上均匀喷射，一次喷射厚度宜为 30～80 mm，喷射厚度超过 100 mm 时要分两层喷射。钢筋与坡面的间隙应大于 20 mm。

(3)喷射时喷头与受喷面应垂直，宜保持 0.6～1.0 m 的距离，在钢筋部位应先填充钢筋后方，然后再喷钢筋前方，防止钢筋背面出现空隙。

(4)喷射混凝土终凝 2 h 后，采用喷水方法养护，养护时间不少于 3～7 d。

(5)制作试块，每批至少留取 3 组(每组 3 块)试件。

(6)护坡混凝土施工结束后，填写《注浆及护坡混凝土施工记录》。

注：另一种面层做法：绑扎钢筋网后，再挂一道钢板网，然后采用 40 厚 1:3 水泥砂浆分遍抹灰，表面压光。待水泥砂浆凝结硬化后，浇水养护不少于 3～7 d。

7. 土钉与面层连接

土钉必须和面层有效连接成整体，以下两种方法任选其一。

方法一：喷射混凝土面层中配置通长的加强钢筋，土钉与加强钢筋采用焊接连接，其连接应满足承受土钉拉力的要求；当在土钉拉力作用下喷射混凝土面层的局部受冲切承载力不足时，应采用设置承压钢板等加强措施。

方法二：将端头螺丝杆件套丝，并与土钉对焊，喷射混凝土前将螺杆用塑料布包好，面层混凝土有一定强度后，套入混凝土承压板及螺母，拧紧螺母，可以起预加应力作用。

8. 土钉墙质量检测

(1)土钉采用抗拔试验检测承载力，检测数量不少于土钉总数的 1%，且同一土层中的土钉检测数量不应少于 3 根。检测土钉应按随机抽样的原则选取，并应在土钉固结体强度达到设计强度的 70%后进行试验。试验最大荷载不应小于土钉轴向拉力标准值的 1.1 倍。

(2)土钉墙面层喷射混凝土应进行现场试块强度试验，每 500 m² 喷射混凝土面积试验数量不应少于一组，每组试块不应少于 3 个。

(3)喷射混凝土面层厚度可采用钻孔检测，每 500 m² 喷射混凝土面积检测数量不应少于一组，每组的检测点不应少于 3 个；全部检测点的面层厚度平均值不应小于厚度设计值，最小厚度不应小于厚度设计值的 80%。

2.1.3 土钉墙施工质量验收标准

1. 主控项目

土钉抗拔承载力、土钉长度、分层开挖厚度应符合表 2-1 的规定。

土钉抗拔承载力检测数量，不少于土钉总数的 1%，且同一土层中的土钉检测数量不应小于 3 根。

2. 一般项目

土钉位置、土钉直径、土钉孔倾斜度、水胶比、注浆量、注浆压力、浆体强度、钢筋网间距、土钉面层厚度、预留土墩尺寸及间距、微型桩桩位、微型桩垂直度应符合表 2-1 的规定。

表 2-1 土钉墙支护工程质量检验标准

项	序	检查项目	允许值		允许偏差		检查方法
			单位	数值	单位	数值	
主控项目	1	土钉抗拔承载力	设计值		—		现场实测
	2	土钉长度	设计值		—		用钢尺量
	3	分层开挖厚度	设计值		mm	±100	用钢尺量或用水准仪量
一般项目	1	土钉位置	—		mm	±100	用钢尺量
	2	土钉直径	设计值		—		用钢尺量
	3	土钉孔倾斜度	—		°	±3	测倾角
	4	水胶比	设计值		—		按规定方法
	5	注浆量	大于理论计算浆量		—		检查计量数据
	6	注浆压力	设计值		—		检查计量数据
	7	浆体强度	设计值		—		试样送检
	8	钢筋网间距	设计值		mm	±30	用钢尺量
	9	土钉面层厚度	设计值		mm	±10	用钢尺量
	10	预留土墩尺寸及间距	设计值		mm	±500	用钢尺量
	11	微型桩桩位	—		mm	±50	用钢尺量
	12	微型桩垂直度	%	≤0.5	—		用经纬仪测钻杆

注：第 11 项和第 12 项的检测仅适用于微型桩结合土钉的复合土钉墙。

2.1.4 土钉墙施工质量记录

土钉墙支护工程施工应形成以下质量记录：
(1)表 C2-4 技术交底记录；
(2)表 C1-5 施工日志；
(3)表 C5-3-19 注浆及护坡混凝土施工记录；
(4)表 C5-3-20 土钉墙土钉成孔施工记录；
(5)表 C5-3-21 土钉墙土钉钢筋安装记录；
(6)表 C5-1-1 隐蔽工程验收记录；
(7)表 G1-28 土钉墙支护质量验收记录。

注：以上表式采用《河北省建筑工程资料管理规程》[DB13(J)/T 145—2012]所规定的表式。

任务 2.2 轻型井点降水

在基坑开挖过程中，当基底低于地下水位时，由于土的含水层被切断，地下水会不断地渗入坑内。因此，为了保证基坑正常开挖和施工安全，在基坑开挖前必须采取措施，控制地下水位。

基坑降水可采用管井、真空井点、喷射井点等方法，并宜按表2-2的适用条件选用。

表2-2 地下水控制方法适用条件

方法	土类	渗透系数/(m·d^{-1})	降水深度/m
管井	粉土、砂土、碎石土	0.1～200.0	不限
真空井点	黏性土、粉土、砂土	0.005～20.0	单级井点<6，多级井点<20
喷射井点	黏性土、粉土、砂土	0.005～20.0	<20

轻型井点(也称为真空井点)降水即在基坑土方开挖之前，井点管深入含水层内，用不断抽水方式使地下水位下降至坑底以下，同时使土体产生固结以方便土方开挖。各种降水方法中轻型井点降水应用最为广泛，下面重点学习轻型井点降水。

2.2.1 轻型井点设备组成

轻型井点设备由管路系统和抽水设备组成，如图2-7所示。管路系统包括滤管、井点管、弯联管及总管。

(1)滤管。滤管为进水设备，通常可采用直径38～110 mm的金属管，渗水段长度大于1.0 m，管壁上渗水孔按梅花状布置，渗水孔直径宜取12～18 mm，渗水孔的孔隙率应大于15%。管壁外包两层孔径不同的金属网或尼龙网。为使流水畅通，管壁与滤网间应采用金属丝绕成螺旋形隔开，滤网外面应再绕一层粗金属丝，如图2-8所示。滤管下端装一个锥形铸铁头。滤管上端与井点管连接。

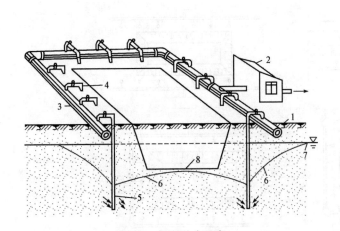

图2-7 轻型井点设备

1—地面；2—水泵；3—总管；4—井点管；5—滤管；
6—降落后的水位；7—原地下水位；8—基坑底

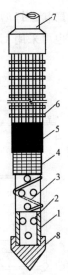

图2-8 滤管构造

1—钢管；2—管壁上的孔；3—塑料管；
4—细滤网；5—粗滤网；6—粗铁丝保护网；
7—井点管；8—铸铁头

(2)井点管。井点管为φ48或φ51的无缝钢管。井点管的上端用弯联管与总管相连。集水总管为φ75～φ110的无缝钢管，其上端有与井点管联结的短接头，间距宜取0.8～2.0 m。

(3)抽水设备。常用的抽水设备为干式真空泵。干式真空泵是由真空泵、离心泵和水汽分离器(又叫集水箱)等组成,其工作原理如图 2-9 所示。一套抽水设备的负荷长度(即集水总管长度)为 100 m 左右。常用的 W5、W6 型干式真空泵,其最大负荷长度分别为 80 m 和 100 m,有效负荷长度为 60 m 和 80 m。

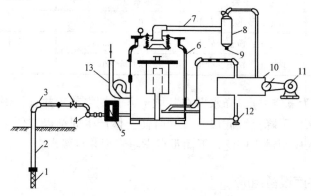

图 2-9 干式真空泵工作原理

1—滤管;2—井点管;3—弯联管;4—集水总管;5—过滤室;
6—水汽分离器;7—进水管;8—副水汽分离器;9—放水口;
10—真空泵;11—电动机;12—循环水泵;13—离心水泵

2.2.2 轻型井点降水设计

(一)平面布置

根据基坑形状,轻型井点可采用单排布置、双排布置、环形布置,当土方施工机械需进出基坑时,也可采用 U 形布置,如图 2-10 所示。

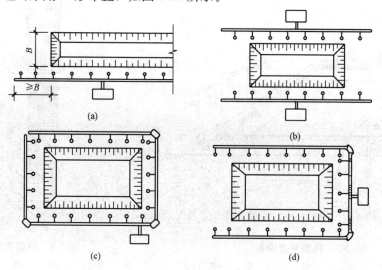

图 2-10 井点的平面布置

(a)单排布置;(b)双排布置;(c)环形布置;(d)U 形布置

(1)单排布置。单排布置适用于基坑、槽宽度小于 6 m,且降水深度不超过 5 m 的情况,井点管应布置在地下水的上游一侧,两端的延伸长度不宜小于坑槽的宽度。

(2)双排布置。双排布置适用于基坑宽度大于 6 m 或土质不良的情况。

(3)环形布置。环形布置适用于大面积基坑,如采用U形布置,则井点管不封闭的一段应在地下水的下游方向。

(二)高程布置

高程布置就是确定井点管埋深,即滤管上口至总管埋设面的距离,主要考虑降低后的水位应控制在基坑底面标高以下,保证坑底干燥,如图2-11所示。

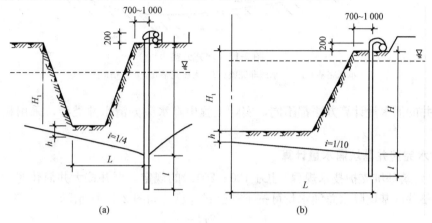

图 2-11 井点高程布置

(a)单排布置;(b)环形布置

井点管埋深(不包括滤管)按下式计算:

$$H \geqslant H_1 + h + iL \tag{2-6}$$

式中 H——井点管埋深(m);

H_1——总管埋设面至基底的距离(m);

h——基底至降低后的地下水位线的距离(m),一般取 0.5~1.0 m;

i——水力坡度。对单排井点取 1/4;对环形井点取 1/10;

L——井点管至基坑中心的水平距离,当井点管为单排布置时,L 为井点管至对边坡角的水平距离(m)。

当真空井点的井口至设计降水水位的深度大于 6 m 时,可采用多级井点降水。多级井点上下级的高差宜取 4~5 m,如图2-12所示。

(三)涌水量计算

1. 水井分类

根据地下水有无压力,水井可分为无压井和承压井。当水井布置在具有潜水自由面的含水层中时,称为无压井;当水井布置在承压含水层中时,称为承压井。根据水井底部是否达到不透水层,水井分为完整井和非完整井。当水井底部达到不透水层时称为完整井,否则称为非完整井。因此,水井分为无压完整井、无压非完整井、承压完整井、承压非完整井四大类,如图2-13所示。

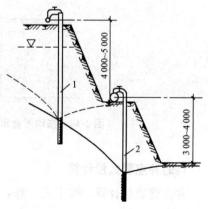

图 2-12 二级井点示意图

1—第一级井点;2—第二级井点

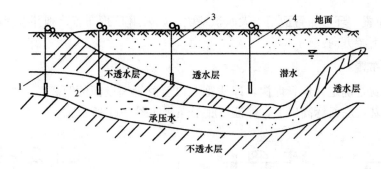

图 2-13 水井分类

1—承压完整井；2—承压非完整；3—无压完整井；4—无压非完整井

各类井的涌水量计算方法都不同，实际工程中降水应分清水井类型，采用相应的计算方法。

2. 潜水完整井基坑涌水量计算

根据《建筑基坑支护技术规程》(JGJ 120—2012)的规定，群井按大井简化时，均质含水层潜水完整井的基坑降水总涌水量可按下列公式计算，如图 2-14 所示。

$$Q = \pi k \times \frac{(2H - s_d)s_0}{\ln\left(1 + \dfrac{R}{r_0}\right)} \tag{2-7}$$

式中　Q——基坑降水的总涌水量(m^3/d)；

　　　k——渗透系数(m/d)；

　　　H——潜水含水层厚度(m)；

　　　s_d——基坑水位降深(m)；

　　　R——降水影响半径(m)，应按现场抽水试验确定；缺少试验时，也可按 $R = 2s_w\sqrt{kH_0}$ 计算，此处，s_w 为井水位降深当井水位降深小于 10 m 时，取 $s_w = 10$ m；

　　　r_0——沿基坑周边均匀布置的降水井群所围面积等效圆的半径(m)，可按 $r_0 = \sqrt{A/\pi}$ 计算，此处 A 为降水井群连线所围的面积。

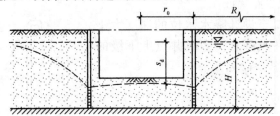

图 2-14 按均质含水层潜水完整井简化的基坑涌水量计算简图

(四)井点管数量计算

井点管数量计算，按下式计算：

$$n = 1.1\frac{Q}{q} \tag{2-8}$$

式中　Q——基坑总涌水量；

　　　q——设计单井出水量；轻型井点出水量可按 $36 \sim 60 (m^3/d)$ 确定；

当无经验数据时，设计单井出水量也可按经验公式确定：

$$q = 120\pi \times r_s \times l \times \sqrt[3]{k}$$

式中　r_s——过滤器半径(m)；
　　　l——过滤器进水部分长度(m)；
　　　k——含水层的渗透系数(m/d)。

(五)井点管间距计算

井点管间距根据布置的井点总管长度及井点管数量按下式计算：

$$D = \frac{L}{n} \tag{2-9}$$

式中　L——总管长度(m)。

井点管实际间距应当与总管上接头尺寸相适应，即 0.8 m、1.2 m、1.6 m、2.0 m。

2.2.3　轻型井点降水施工工艺

(一)施工准备

1. 技术准备

(1)编制降水施工组织设计或降水专项施工方案。包括工程概况、编制依据(规范、标准、图纸)、施工计划(进度计划、设备计划、材料计划)、施工工艺技术(技术参数、工艺流程、施工方法、检查验收)、施工安全保证措施(组织保障、技术措施、应急预案、监测监控)、劳动力计划(项目组织、特种作业人员)、计算书及相关图纸。

(2)进行技术交底。降水施工作业前应进行技术质量和安全交底，交底要有交底人、被交底人的签字。

2. 施工机械

(1)井点降水设备。离心泵、真空泵按计划进场，须配置备用泵，最少一台。降水运行应独立配电。连续降水的工程项目还应配置双路以上独立供电电源或备有发电机。

(2)施工机械。包括冲孔机械、铁锹、撬棍、手推车、钢丝绳、扳手、电缆、闸箱等。

3. 材料准备

(1)井点管及设备已购置，材料已备齐，并已加工和配套完成。

(2)填孔用的粗砂、碎石、封口黏土已准备。

4. 作业条件准备

(1)地质勘探资料齐全，根据地下水位深度、土的渗透系数和土质分布已确定降水方案。

(2)基础施工图纸齐全，以便根据基层标高确定降水深度。

(3)已编制施工组织设计，确定井点布置、数量、观测井点位置、泵房位置等，并已测量放线定位。

(4)现场三通一平工作已完成，并设置排水沟。

(二)施工工艺流程

轻型井点降水施工工艺流程，如图 2-15 所示。

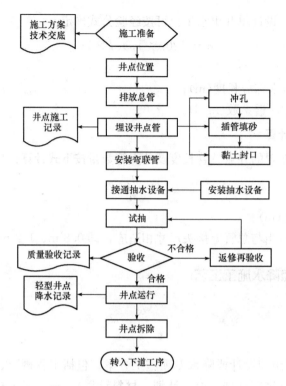

图 2-15 轻型井点降水施工工艺流程

(三)操作要点

1. 排放总管

按设计要求挖设总管沟槽,安装总管。

2. 埋设井点管

井点管的埋设一般用水冲法进行,并分为冲孔与埋管两个过程,如图 2-16 所示。

(1)冲孔。冲孔时,先用起重机设备将冲管吊起并插在井点的位置上,然后开动高压水泵,将土冲松,冲管则边冲边沉。冲孔直径一般为 300 mm,以保证井管四周有一定厚度的砂滤层,冲孔深度宜比滤管底深 0.5~1.0 m,以防冲管拔出时,部分土颗粒沉于底部而触及滤管底部。

(2)插管填砂。井孔冲成后,立即拔出冲管,插入井点管。井管下入后,立即倒入粒径 5~30 mm 石子,使管底有 50 cm 高,并在井点管与孔壁之间迅速填灌砂滤层,以防孔壁塌土。砂滤层的填灌质量是保证轻型井点顺利抽水的关键。一般宜选用干净粗砂,填灌均匀,并填至滤管顶部 1~1.5 m,以保证水流畅通。

(3)黏土封口。井点填砂后,上部 1~1.5 m 深度内,改用黏土封口,以防漏气。

3. 地面抽水系统安装

用弯联管将井点管与总管接通,将集水总管与抽水设备相连接,接通电源,即可进行试抽水,以检查有无漏气现象。

4. 试抽验收

井点系统安装完毕,应及时进行试抽水,核验水位降深、抽水量、管路连接质量、井

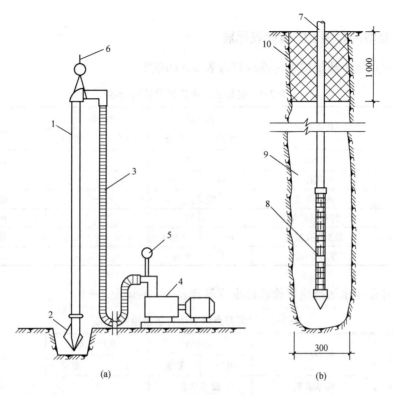

图 2-16 井点管的埋设
(a)冲孔；(b)埋管
1—冲管；2—冲嘴；3—胶管；4—高压水泵；5—压力表；6—起重机吊钩；
7—井点管；8—滤管；9—填砂；10—黏土封口

点出水和水泵真空度等情况。试抽后如无异常，即可组织现场验收。当发现出水浑浊时，应查明原因及时处理，严禁长期抽吸浑水，验收合格后应观测静止水位高程作为起算水位降深的依据。

5. 井点运行

井点运行后要求连续工作，应准备双电源以保证连续抽水。真空度是判断井点系统良好与否的尺度，应通过真空表经常观察，一般真空度应不低于 60 kPa。如真空度不够，通常是因为管路漏气，应及时修复。除测定真空度外，还可通过听、摸、看等方法来检查，如通过检查发现井点管淤塞太多，严重影响降水效果时，应逐个用高压水反冲洗井点管或拔除重新埋设。

听——有上水声是好井点，无声则井点可能已被堵塞；
摸——手摸管壁感到震动，另外冬天热、夏天凉为好井点，反之则为坏井点；
看——夏天湿、冬天干的井点是好井点。

6. 井点拆除

(1)井点拆除。地下结构物竣工并将基坑进行回填土后，方可拆除井点系统。多借助于倒链、起重机等拔出井点，起拔时吊钩应保持在井管的延长线上顺势进行，以免将井管强行拉断。所留孔洞用砂或土填塞。

(2)井点管保养。井点管在工地指定的场所冲洗、油漆保养，堆放整齐以备再用。

2.2.4 轻型井点施工质量验收标准

(1)轻型井点施工质量检验标准应符合表2-3的规定。

表2-3 轻型井点施工质量检验标准

项	序	检查项目	允许值		允许偏差		检查方法
			单位	数值	单位	数值	
主控项目	1	出水量	设计值		—		计量流量
一般项目	1	成孔孔径	mm	300	mm	±20	尺量
	2	成孔深度	设计值		—		测绳测量
	3	滤料回填量	设计值		—		体积累加
	4	黏土封孔高度	mm	1 000	mm	≥0	体积累加
	5	井点管间距	0.8~1.6 m		—		尺量

(2)轻型井点降水运行质量检验标准应符合表2-4的规定。

表2-4 轻型井点降水运行质量检验标准

项	序	检查项目	允许值		允许偏差		检查方法
			单位	数值	单位	数值	
一般项目	1	降水效果	设计要求		—		量测水位
	2	真空负压	kPa	>60	kPa	±20	读真空表
	3	有效井点数	≥90%		—		尺量

2.2.5 轻型井点降水施工质量记录

轻型井点降水施工应形成以下质量记录：
(1)表C2-4 技术交底记录；
(2)表C1-5 施工日志；
(3)表C5-3-7 井点施工记录(通用)；
(4)表C5-3-8 轻型井点降水记录；
(5)表G1-32 轻型井点降水施工质量验收记录。
注：以上表式采用《河北省建筑工程资料管理规程》[DB13(J)/T 145—2012]所规定的表式。

单元3 地基处理技术

地基是作为支承基础的土体或岩体。当天然地基不能满足建筑物基础传递来的荷载或地基在荷载作用下的变形不能满足设计要求时,应当对天然地基进行人工处理。地基处理是为提高地基承载力,改善其变形性质或渗透性质而采取的人工处理方法。

(1)常用的地基处理方法。

1)换填垫层法。挖去地表浅层软弱土层或不均匀土层,回填坚硬、较粗粒径的材料,并夯压密实形成垫层的地基处理方法,如灰土地基、砂和砂石地基。

2)强夯置换法。将重锤提到高处使其自由落下形成夯坑,并不断夯击坑内回填的砂石、钢渣等硬料,使其形成密实的墩体的地基处理方法。

3)成孔挤密桩法。采用挤土成孔工艺(沉管、冲击、水冲)或非挤土成孔工艺(洛阳铲、螺旋钻冲击)成孔,再将填充材料挤压入孔中或在孔中夯实形成密实桩体,并与原桩间土组成复合地基的地基处理方法,如土挤密桩、灰土挤密桩、石灰桩、砂石桩、夯实水泥土桩。

4)水泥粉煤灰碎石桩法。由水泥、粉煤灰、碎石、石屑或砂等混合料加水拌和形成高粘结强度桩,并由桩、桩间土和褥垫层一起组成复合地基的地基处理方法。此法简称CFG桩。

(2)地基处理设计与施工应遵循的规范规程。

1)《建筑地基基础设计规范》(GB 50007—2011);

2)《建筑工程施工质量验收统一标准》(GB 50300—2013);

3)《建筑地基基础工程施工质量验收规范》(GB 50202);

4)《建筑地基处理技术规范》(JGJ 79—2012)。

任务3.1 灰土地基施工

在地基基础设计与施工中,浅层软弱土的处理常采用换土垫层法。灰土地基属于换填垫层法,灰土是我国传统的一种建筑用料,具有工艺简单、取材方便、费用较低等特点。灰土地基是将基础底面下的软弱土层挖去,用一定比例的石灰与土,在最优含水量情况下充分拌和,分层回填夯实或压实而成。适用于浅层软弱地基及不均匀地基的处理。换填垫层的厚度不宜小于0.5 m,也不宜大于3.0 m。

3.1.1 换填垫层设计与构造

1. 垫层的厚度

垫层的厚度应根据需置换软弱土的深度或下卧土层的承载力确定,即作用在垫层底面处土的自重压力(标准值)与附加压力(设计值)之和不大于软弱土层经深度修正后的地基承载力设计值,按下式确定,如图3-1所示。

$$p_z + p_{cz} \leqslant f_z \tag{3-1}$$

式中 f_z——垫层底面处经深度修正后的地基承载力特征值(kPa);

p_{cz}——垫层底面处土的自重压力值(kPa);

p_z——相应于荷载效应标准组合时,垫层底面处的附加压力值(kPa)。

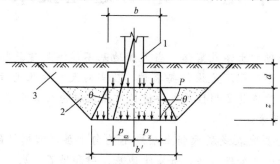

图 3-1 换填垫层构造示意图
1—基础；2—砂垫层；3—回填土

垫层底面处的附加压力值,按下式确定。

条形基础：
$$p_z = \frac{b(p_k - p_c)}{b + 2z \times \tan\theta} \tag{3-2}$$

矩形基础：
$$p_z = \frac{bl(p_k - p_c)}{(b + 2z \times \tan\theta)(l + 2z \times \tan\theta)} \tag{3-3}$$

式中 b——矩形基础或条形基础底面的宽度(m);

l——矩形基础底面的长度(m);

p_k——相应于荷载效应标准组合时,基础底面处的平均压力值(kPa);

p_c——基础底面处土的自重压力值(kPa);

z——基础底面下垫层的厚度(m);

θ——垫层的压力扩散角(°),宜通过试验确定,当无试验资料时,可按表 3-1 采用。

表 3-1 压力扩散角 θ (°)

换填材料 z/b	中砂、粗砂、砾砂、圆砾、 角砾、石屑、卵石、碎石、矿渣	粉质黏土、粉煤土	灰土
0.25	20	6	28
≥0.50	30	23	

注：1. 当 $z/b<0.25$ 时,除灰土取 $\theta=28°$ 外,其余材料均取 $\theta=0°$,必要时,宜由试验确定。
　　2. 当 $0.25<z/b<0.5$ 时, θ 值可内插求得。

换填垫层的厚度不宜小于 0.5 m,也不宜大于 3 m。垫层厚度过大,造成施工困难,也不经济；垫层厚度过小,则垫层的作用不明显。

2. 垫层的宽度

(1)垫层底面宽度。垫层底面的宽度应满足基础底面应力扩散的要求,按下式确定(图 3-1)：

$$b' \geqslant b + 2z \times \tan\theta \tag{3-4}$$

式中 b'——垫层底面宽度(m);

θ——压力扩散角,可按表 3-1 采用;当 $z/b<0.25$ 时,仍按表中 $z/b=0.25$ 取值。

(2)垫层顶面宽度。垫层顶面宽度可从垫层底面两侧向上,按基坑开挖放坡确定。每边超出基础底边不宜小于 300 mm。

3. 垫层的压实标准

垫层的压实标准可按表 3-2 选用。

表 3-2 各种垫层的压实标准

施工方法	换填材料类别	压实系数 λ_c
碾压振密或夯实	碎石、卵石	≥0.97
	砂夹石(其中碎石、卵石占全重的 30%~50%)	
	土夹石(其中碎石、卵石占全重的 30%~50%)	
	中砂、粗砂、砾砂、角砾、圆砾、石屑	
	粉质黏土	≥0.97
	灰土	≥0.95
	粉煤灰	≥0.95

3.1.2 灰土地基施工工艺

(一)施工准备

1. 技术准备

(1)施工前应根据工程特点、设计要求的压实系数、土料种类、施工条件等进行必要的压实试验,确定土料含水量控制范围、铺灰土的厚度和夯实或碾压遍数等参数。根据现场条件确定施工方法。

(2)编制技术交底,并向施工人员进行技术、质量、环保、文明施工交底。

2. 材料准备

灰土体积配合比宜为 2∶8 或 3∶7。

(1)土料。灰土的土料宜用黏土、粉质黏土。使用前应先过筛,其粒径不大于 15 mm。

(2)石灰。用新鲜的块灰,使用前 1~2 d 消解并过筛,其颗粒不得大于 5 mm,且不应夹有未熟化的生石灰块粒及其他杂质,也不得含有过多的水分。

3. 施工机具准备

(1)施工机械。包括装载机、翻斗车、筛土机、灰土拌合机、压路机、平碾、振动碾、蛙式或柴油打夯机。

(2)工具用具。包括木夯、手推车、筛子(孔径 6~10 mm 与 16~20 mm 两种)、耙子、平头铁锹、胶皮管、小线等。

(3)检测设备。包括水准仪、钢尺、标准斗、靠尺、土工试验设备等。

4. 作业条件准备

(1)基坑在铺灰土前应先进行钎探,局部软弱土层或古墓(井)、洞穴等已按设计要求进行处理,并办理完隐蔽验收手续和地基验槽记录。

(2)当有地下水时,已采取排水或降低地下水位措施,使地下水位低于灰土垫层底面 0.5 m 以下。

(二)施工工艺流程

灰土地基施工工艺流程,如图 3-2 所示。

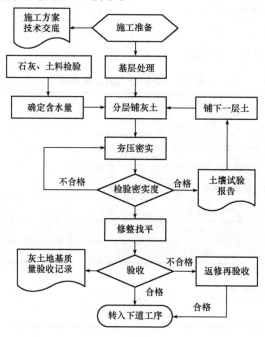

图 3-2 灰土地基施工工艺流程

(三)操作要求

1. 基层处理

(1)清除松散土并打两遍底夯,要求平整干净。如有积水、淤泥应清除或晾干。

(2)局部有软弱土层或古墓(井)、洞穴等,应按设计要求进行处理,并办理隐蔽验收手续和地基验槽记录。

2. 分层铺灰土

(1)灰土的配合比应符合设计要求,一般为 2∶8 或 3∶7(石灰∶土,体积比)。

(2)垫层应分层铺设,分层夯实或压实,基坑内预先安好 5 m×5 m 网格标桩,控制每层灰土垫层的铺设厚度。每层的灰土虚铺厚度,可根据不同的施工方法,按表 3-3 选用。

表 3-3 灰土最大虚铺厚度和夯(压)遍数

项次	夯具的种类	重量	虚铺厚度/mm	夯(压)遍数	备注
1	石夯、木夯	40~80 kg	200~250	3~4	人力送夯,落距 400~500 mm,一夯压半夯
2	轻型夯实工具	—	200~250	3~4	蛙式打夯机 200 kg、柴油打夯机等
3	压路机	机重 6~10 t	200~300	6~8	双轮静作用或振动压路机

(3)灰土拌和采用人工翻拌时,应通过标准斗计量,严格控制配合比。拌和时土料、石

灰边掺边用铁锹翻拌，一般翻拌不少于三遍。采用机械拌和时，应注意灰、土的比例控制。灰土拌合料应拌和均匀，颜色一致。

(4)土料最优含水量经击实试验确定，现场以"用手握成团，落地开花"为宜。如土料水分过大或不足时，应晾干或洒水润湿。

3. 夯压密实

(1)夯(压)的遍数应根据设计要求的干土质量密度或现场试验确定，一般不少于三遍。人工打夯应一夯压半夯，夯夯相接，行行相接，纵横交叉。

(2)碾压机械压实回填时，严格控制行驶速度，平碾和振动碾不宜超过 2 km/h，羊角碾不宜超过 3 km/h。每次碾压，机具应从两侧向中央进行，主轮应重叠 150 mm 以上。碾压不到之处，应用人工夯配合夯实。

(3)灰土分段施工时，不得在墙角、柱基及承重窗间墙下接缝。上下两层灰土的接缝距离不得小于 500 mm。接缝处应切成直槎，并夯压密实。

(4)当灰土地基标高不同时，基坑底土面应挖成阶梯或斜坡搭接，并按先深后浅的顺序进行垫层施工，搭接处应夯压密实。

(5)灰土应随铺填随夯压密实，铺填完的灰土不得隔日夯压。夯实后的灰土，3 d 内不得受水浸泡。

4. 分层检验压实系数

灰土垫层的压实系数必须分层检验，符合设计要求后方能铺填下层土。压实系数采用环刀法检验，取样点应位于每层厚度的 2/3 深处。

检验数量：对大基坑每 50～100 m² 应不少于 1 个检验点；对基槽每 10～20 m 应不少于 1 个点；每个独立基础应不少于 1 个点。

5. 修整找平

灰土最后一层完成后，应拉线或用靠尺检查标高和平整度，超高处用铁锹铲平，低洼处应补打灰土。

3.1.3 灰土地基质量验收标准

1. 事前控制

施工前应检查素土、灰土土料、石灰或水泥等材料性能和配合比及灰土的拌和均匀性。

2. 事中控制

施工过程中应检查分层铺设的厚度、分段施工时上下两层的搭接长度、夯实时的加水量、夯压遍数、压实系数。

3. 事后控制

(1)施工结束后，应检验灰土地基的承载力。

检验方法：按《建筑地基处理技术规范》(JGJ 79—2012)的规定：灰土地基施工结束后，宜采用载荷试验检验垫层质量，地基检测单位应具有相应的工程检测资质。

检验数量：每 300 m² 不应少于 1 点，超过 3 000 m² 以上部分每 500 m² 不应少于 1 点，每单位工程不应少于 3 点。

(2)灰土地基的质量验收标准应符合表 3-4 的规定。

表 3-4 灰土地基质量检验标准

项	序	检查项目	允许值 单位	允许值 数值	允许偏差 单位	允许偏差 数值	检查方法
主控项目	1	地基承载力	设计值		—		按规定方法
	2	配合比	设计值		—		按拌和时的体积比
	3	压实系数	设计值		—		现场实测
一般项目	1	石灰粒径	mm	≤5			筛分法
	2	土料有机质含量	%	≤5			试验室焙烧法
	3	土颗粒粒径	mm	≤15			筛分法
	4	含水量	最优含水量		%	±2	烘干法
	5	分层厚度偏差	设计值		mm	±50	水准仪

注：除本表规定的地基承载力主控项目外，其他主控项目及一般项目可随意抽查。

3.1.4 灰土地基施工质量记录

灰土地基施工应形成以下质量记录：

(1)表 C2-4　技术交底记录；

(2)表 C1-5　施工日志；

(3)表 C4-17　土壤击实检测报告；

(4)表 C4-16　土壤检测报告；

(5)表 C5-1-1　隐蔽工程验收记录；

(6)表 G1-1　灰土地基质量验收记录。

注：以上表式采用《河北省建筑工程资料管理规程》[DB13(J)/T 145—2012]所规定的表式。

任务 3.2　夯实水泥土桩复合地基施工

夯实水泥土桩复合地基是将水泥和土按设计的比例拌和均匀，在孔内夯实至设计要求的密实度而形成的加固体，并与桩间土组成的复合地基，具有工艺简单、施工方便、工效高、费用低等优点。适用于加固地下水位以上的新填土、杂填土、湿陷性黄土以及含水率较大的软弱土地基。处理深度不宜超过 15 m。

3.2.1 夯实水泥土桩的设计与构造

夯实水泥土桩复合地基设计、施工一般由具有专业承包企业资质的地基与基础工程施工单位负责。复合地基处理结束后，经地基承载力检验，以确认夯实水泥土桩复合地基设计、施工质量。

(一)桩的构造要求

(1)确定桩长。当相对硬层的埋藏深度不大时，应按相对硬层埋藏深度确定，桩端进入持力层应不小于 1～2 倍桩径；当相对硬层埋藏深度较大时，应按建筑物地基的变形允许值确定。

桩顶设计标高以上的预留覆盖土层厚度不宜小于 0.3 m。桩长最短不宜小于 3.0 m，最长不宜超过 15 m。当采用洛阳铲成孔工艺时，深度不宜超过 6 m。

(2)桩孔直径。桩孔直径宜为300~600 mm。洛阳铲成孔直径一般为250~400 mm；长螺旋钻机孔径可达600 mm。

(3)桩的布置。

1)布桩形式。夯实水泥土桩一般采用正方形、正三角形两种布桩形式，可只在基础范围内布置。

2)面积置换率。夯实水泥土桩面积置换率一般为5%~15%。

3)桩间距。桩间距宜为桩径的2~4倍。根据面积置换率确定桩间距，按下式计算。

正方形：
$$S_d = \sqrt{\frac{A_p}{m}} \tag{3-5}$$

正三角形：
$$S_d = \sqrt{\frac{A_p}{m \times \sin 60°}} \tag{3-6}$$

式中 S_d——桩间距(m)；

A_p——桩体截面积(m^2)；

m——面积置换率。

(4)配合比。水泥土混合料配合比的设计应根据工程对桩体强度的要求、土料性质、水泥品种强度确定，一般取水泥与土的体积比 $S_n=1:5\sim1:8$。当对地基承载力要求不高时，通常取 $S_n=1:7$ 即可。孔内填料应分层回填夯实，填料的平均压实系数不应低于0.97，最小值不应低于0.93。

(5)褥垫层。褥垫层是复合地基的一部分，复合地基的设计思想是建筑荷载由桩和桩间土共同承担，褥垫层是实现这一设想的技术保证。通过改变垫层材料的厚度，调整桩与桩间土分担荷载比例，当桩体承担较多荷载时，褥垫层厚度取小值；反之，取大值。由于褥垫层的设置，使复合地基中桩传递垂直荷载的特性与桩基础显著不同。

夯实水泥土桩复合地基，必须在桩顶面铺设100~300 mm厚的褥垫层，褥垫层材料可采用中砂、粗砂、石屑或灰土等。

(二)桩的设计

1. 确定单桩竖向承载力特征值

当初步设计时，单桩竖向承载力特征值可按下式估算：

$$R_a = u_p \sum_{i=1}^{n} q_{si} l_{pi} + \alpha_p q_p A_p \tag{3-7}$$

式中 u_p——桩的周长(m)；

q_{si}——桩周第 i 层土的侧阻力特征值(kPa)，可按地区经验确定；

l_{pi}——桩长范围内第 i 层土的厚度(m)；

α_p——桩端端阻力发挥系数，应按地区经验确定；

q_p——桩端端阻力特征值(kPa)，可按地区经验确定。

2. 计算面积置换率

以 R_a、f_{spk} 为已知参数，按下式计算面积置换率 m。

$$f_{spk} = \lambda m \frac{R_a}{A_p} + \beta(1-m) f_{sk} \tag{3-8}$$

式中 λ——单桩承载力发挥系数，可按地区经验取值；

R_a——单桩竖向承载力特征值(kN)；

A_p——桩的截面积(m^2);

β——桩间土承载力发挥系数,可按地区经验取值。

3. 计算桩间距

以面积置换率(m)为已知参数,按"桩的构造要求"中的公式计算出桩间距(S_d),完成设计。

3.2.2 夯实水泥土桩复合地基施工工艺

(一)施工准备

1. 技术准备

(1)应有建筑场地的岩土工程勘察报告、场地勘察资料及地基土和桩孔填料的土工击实试验报告等。

(2)建筑物的平面定位图,桩位布置图并注明桩位编号,以及设计要求。

(3)建筑场地的水准控制及建筑物位置控制坐标等资料。

(4)编制夯实水泥土桩专项施工方案和技术交底,并对施工人员进行技术交底。

2. 材料准备

水泥土体积配合比应符合设计要求。当对地基承载力要求不高时,通常取水泥:土=1:7即可。

(1)土料。水泥土桩的土料宜用黏土、粉质黏土。使用前应先过筛,其粒径不大于15 mm。

(2)水泥。水泥一般采用不低于32.5级普通硅酸盐水泥或矿渣水泥,并经现场抽样复试合格。

3. 施工机具准备

(1)施工机械。常用施工机械有长螺旋钻机、机械洛阳铲、吊锤式夯实机、翻斗车等。

(2)工具用具。人工洛阳铲、吊锤(60~100 kg)、钢制三脚支架、手推车、筛土筛子、铁锹、胶皮管等。

(3)检测设备。水准仪、钢尺、标准斗、土工试验设备、轻型动力触探器等。

4. 作业条件准备

(1)基坑在铺灰土前应先进行钎探,局部软弱土层或古墓(井)、洞穴等已按设计要求进行了处理,并办理完隐蔽验收手续和地基验槽记录。

(2)现场达到"三通一平"要求。

(二)施工工艺流程

夯实水泥土桩复合地基施工工艺流程,如图3-3所示。

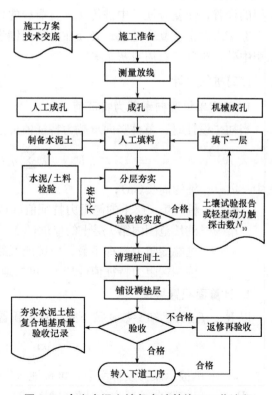

图3-3 夯实水泥土桩复合地基施工工艺流程

(三)操作要求

1. 基坑开挖

基坑开挖时,距离基底标高必须预留 300 mm 土层,待截桩头时连同桩间土一并清理。一是防止夯实水泥土桩施工时扰动地基土;二是保证夯实水泥土桩顶部的夯实质量。

2. 测量放线

按设计桩距定位放线,严格布置桩孔,并记录布桩的根数,以防止遗漏。

3. 人工成孔

人工成孔一般用洛阳铲成孔。其特点是工具简单,操作方便,不需要任何能源,无振动、无噪声,可靠近旧建筑物成孔,工作面可以根据工程的需要扩展,特别适合中小型工程成孔。

(1)人工洛阳铲可成 4.0 m 以内的孔。如果在洛阳铲铲柄上加长可以成 6.0 m 以内的孔。

(2)成孔时,将洛阳铲刃口切入土中,然后摇动并用力拧转铲柄,将土剪断,拔出洛阳铲,铲内土体被带出;当遇到薄砂层时,可向孔内松填少量黏性土,用洛阳铲反复铲插捣混合后,用洛阳铲将土体带出。

(3)洛阳铲成孔直径一般为 250~400 mm,洛阳铲的尺寸可变。对于软土宜用直径较大者,对于素填土及硬土宜用直径较小者。

(4)成孔后测量孔径、孔深,并保护好孔口。

4. 机械成孔

机械成孔常用螺旋钻、机械洛阳铲等设备成孔。其特点是能连续出土,效率高,成孔质量好,成孔深度深。

(1)成孔设备就位,钻尖与桩心对正,钻杆应保持垂直方向,就位后设备必须平整稳固。

(2)开始钻孔或穿过软硬土层交界处时,应低速慢钻,保持钻杆垂直。

(3)钻孔至设计深度后,应在原位深度处空钻清土,提升钻杆孔外卸土。机械洛阳铲时,直接上提至孔外卸土。

(4)成孔后测量孔径、孔深,并保护好孔口。

5. 制备水泥土

(1)水泥土的配合比应符合设计要求,一般为水泥:土=1:7(体积比)。

(2)水泥土一般采用人工翻拌,通过标准斗计量,严格控制配合比。拌和时土料、水泥边掺边用铁锹翻拌,一般翻拌不少于 3 遍。水泥土应拌和均匀,颜色一致。

(3)水泥一般采用不低于 32.5 级的普通硅酸盐水泥或矿渣水泥,土料可就地取材,基坑(槽)挖出的黏性土、粉质黏土均可,土料有机物含量不得超过 5%,使用时土料应过筛。

(4)水泥土最优含水量经击实试验确定,现场以"用手握成团,落地开花"为宜。如土料水分过大或不足时,应晾干或洒水润湿。

(5)拌和好的水泥土要及时用完,放置时间超过 2 h 不宜使用。

6. 分层夯实

(1)桩孔填料前,应清底并夯实,桩孔夯填可用机械夯实,也可用人工夯实。

(2)夯填时,夯锤的落距和填料厚度应根据现场试验确定,混合料的压实系数不应小于 0.93。

(3)机械夯实时夯锤质量宜大于 100 kg,填料厚度不超过 300 mm,夯锤落距不小于

700 mm，夯击次数5～6击。

(4)人工夯实时夯锤质量一般为60 kg，填料厚度不超过300 mm，夯锤落距不小于700 mm，夯击次数6～8击。

(5)桩顶夯填高度应大于设计桩顶标高200～300 mm。

7. 桩体干密度的检验

检验方法：可在24 h内采用取土样测定桩体干密度，压实系数不应小于0.93；也可采用轻型动力触探击数N_{10}与现场试验确定的干密度进行对比，以判断桩身质量。轻型动力触探要求成桩1 h后，击数不小于30击。

检验数量：不应少于总桩数的2%。

8. 清理桩间土

夯实水泥土桩施工结束后，即可清理桩间土和截桩头。清土时，不得扰动桩间土；截桩时，将多余桩体凿除，桩顶面应水平，不得造成桩顶标高以下桩身断裂。

9. 褥垫层施工

(1)褥垫层材料应符合设计要求，一般可采用中砂、粗砂、级配砂石或灰土等；对较干的砂石材料，虚铺后可适当洒水再进行夯实。

(2)褥垫层厚度由设计确定，宜为100～300 mm。

(3)虚铺完成后采用平板振捣器夯实至设计厚度；夯填度不得大于0.9；施工时严禁扰动基底土层。

3.2.3 夯实水泥土桩质量验收标准

1. 事前控制

施工前应检查水泥及夯实用土料的质量符合设计要求。

2. 事中控制

施工过程中应检查孔位、孔深、孔径、水泥和土的配合比、混合料含水量、桩体干密度等。

3. 事后控制

(1)施工结束后，应对桩体质量及复合地基承载力做检验，褥垫层应检查其夯填度。

(2)复合地基承载力检验。

检验方法：按《建筑地基处理技术规范》(JGJ 79—2012)的规定：夯实水泥土桩地基竣工验收时，应采用单桩复合地基载荷试验；对重要或大型工程，尚应进行多桩复合地基载荷试验。地基检测单位应具有相应的工程检测资质。

检验数量：检验数量不应少于总桩数的0.5%，且不应少于3点。

(3)夯实水泥土桩的质量检验标准应符合表3-5的规定。

表3-5 夯实水泥土桩复合地基质量检验标准

项	序	检查项目	允许值		允许偏差		检查方法
			单位	数值	单位	数值	
主控项目	1	复合地基承载力	设计值		—		按规定的方法
	2	桩体填料平均压实系数	—	≥0.97	—		现场取样检查
	3	桩长	设计值		mm	+500	测桩孔深度

续表

项	序	检查项目	允许值		允许偏差		检查方法
			单位	数值	单位	数值	
一般项目	1	土料有机质含量	%	≤5	—		焙烧法
	2	含水量(与最优含水量比)	—		%	±2	烘干法
	3	土料粒径	mm	≤20	—		筛分法
	4	桩位	—		条基边桩沿轴线±1/4D，垂直轴线±1/6D。其他情况0.4D		用钢尺量，D 为桩径
	5	桩径	设计值		mm	0，+50	用钢尺量
	6	施工桩顶标高	设计桩顶标高+500 mm		mm	±200	用水准仪量
	7	桩孔垂直度	%	≤1.0	—		用经纬仪测桩管
	8	褥垫层夯填度		≤0.9	—		用钢尺量

注：1. 夯填度指夯实后的褥垫层厚度与虚体厚度的比值。
2. 桩径允许偏差负值是指个别断面。
3. 除本表规定的地基承载力主控项目外，其他主控项目及一般项目至少应抽查20%。

3.2.4 夯实水泥土桩施工质量记录

夯实水泥土桩复合地基应形成以下质量记录：
(1)表 C2-4　技术交底记录；
(2)表 C1-5　施工日志；
(3)表 C4-17　土壤击实检测报告；
(4)表 C4-16　土壤检测报告；
(5)表 C5-1-1　隐蔽工程验收记录；
(6)表 G1-13　夯实水泥土桩复合地基质量验收记录。

注：以上表式采用《河北省建筑工程资料管理规程》[DB13(J)/T 145—2012]所规定的表式。

任务 3.3　CFG 桩复合地基施工

水泥粉煤灰碎石桩(Cement Fly-ash Gravel Pile)，简称 CFG 桩，由水泥、粉煤灰、碎石、石屑或砂等混合料加水拌和形成高粘结强度桩，并由桩、桩间土和褥垫层一起组成复合地基，具有承载力大，地基变形小，适用范围广等优点。CFG 桩适用于多层和高层建筑地基，如砂土、粉土、松散填土、粉质黏土、黏土、淤泥质黏土等的处理。

3.3.1 CFG 桩的构造要求

CFG 桩复合地基设计、施工一般由具有专业承包企业资质的地基与基础工程施工单位负责。复合地基处理结束后，经地基承载力检验，以确认CFG桩复合地基设计、施工质量。

CFG桩复合地基的设计方法与夯实水泥土桩复合地基设计方法基本相同，这里不再详述。下面重点学习CFG桩的构造要求。

(1)确定桩长。CFG桩应选择承载力相对较高的土层作为桩端持力层，通常桩端进入持力层应不小于1~2倍桩径；一般有效桩长超过10 m。桩顶标高宜高出设计桩顶标不少于0.5 m，截桩时，将多余桩体凿除，桩顶面应水平。

(2)桩孔直径。根据长螺旋钻机的钻杆直径或振动沉桩机的管径大小而定，一般桩径宜取350~600 mm。

(3)桩的布置。CFG桩一般采用正方形、正三角形两种布桩形式，可只在基础范围内布置。桩距根据土质、布桩形式、场地情况，可按表3-6选用。

表3-6 桩距选用表

土质 桩距 布桩形式	挤密性好的土，如砂土、粉土、松散填土等	可挤密性土，如粉质黏土、非饱和黏土等	不可挤密性土，如饱和黏土、淤泥质土等
单、双排布桩的条基	(3~5)d	(3.5~5)d	(4~5)d
含9根以下的独立基础	(3~6)d	(3.5~6)d	(4~6)d
满堂布桩(正方形、正三角形)	(4~6)d	(4~6)d	(4.5~7)d

注：d——桩径，以成桩后桩的实际桩径为准。

(4)强度等级。CFG桩混合料强度等级通常取C15或C20。其配合比由实验室试配确定。

(5)褥垫层。桩顶和基础之间应设置褥垫层，褥垫层厚度宜取150~300 mm，当桩径大或桩距大时褥垫层厚度宜取高值；褥垫层材料宜用中砂、粗砂、级配砂石或碎石等，最大粒径不宜大于30 mm。

3.3.2 CFG桩复合地基施工工艺

(一)施工准备

1. 技术准备

(1)熟悉建筑场地的岩土工程勘察报告和必要的水文资料。
(2)在CFG桩布桩图上注明桩位编号，以及设计要求。
(3)建筑场地的水准控制及建筑物位置控制坐标等资料。
(4)确定施打顺序及桩机行走路线，做好施工设备的进尺标志。
(5)编制《CFG桩复合地基专项施工方案》和《技术交底》，并对施工人员进行技术交底。

2. 材料准备

(1)水泥。水泥一般采用不低于32.5级的普通硅酸盐水泥或矿渣水泥，并经现场抽样复试合格。
(2)粉煤灰。粉煤灰应选用Ⅲ级或Ⅲ级以上等级粉煤灰。
(3)碎石。粒径10~30 mm的碎石；粒径5~10 mm的石屑。

(4)褥垫层材料。褥垫层材料宜用中砂、粗砂、级配砂石或碎石等，最大粒径不宜大于30 mm。

3. 施工机具准备

(1)施工机械。常用施工机械有长螺旋钻机、振动沉管机、搅拌机、混凝土输送泵、翻斗车等。

(2)工具用具。比如：集料斗、铁锹、手推车、铁皮等。

(3)检测设备。比如：经纬仪、水准仪、塔尺、钢尺等。

4. 作业条件准备

(1)基坑在铺灰土前应先进行钎探，局部软弱土层或古墓(井)、洞穴等已按设计要求进行了处理，并办理完隐蔽验收手续和地基验槽记录。

(2)现场达到"三通一平"要求。

(二)施工工艺流程

CFG桩复合地基施工，应根据现场条件选用下列施工工艺：

(1)长螺旋钻孔灌注成桩。适用于地下水位以上的黏性土、粉土、素填土、中等密实以上的砂土。

(2)长螺旋钻孔、管内泵压混合料灌注成桩。适用于黏性土、粉土、砂土以及对噪声污染要求严格的场地。

(3)振动沉管灌注成桩。适用于粉土、黏性土及素填土地基。

其中，最常用的施工工艺是长螺旋钻孔、管内泵压混合料灌注成桩，其工艺流程如图3-4所示。

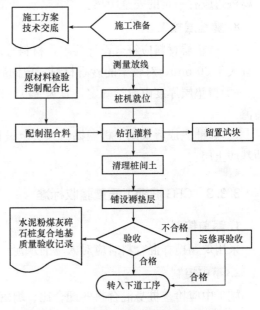

图3-4 长螺旋钻孔、管内泵压混合料灌注成桩施工工艺流程

(三)操作要求

1. 基坑开挖

当采用长螺旋钻孔、管内泵压混合料灌注成桩施工工艺时，基坑开挖槽底必须预留200～300 mm土层，待截桩头时连同桩间土一并清理。一是防止长螺旋钻机扰动地基土；二是保证CFG桩顶部的灌注质量。

2. 测量放线

按设计桩距定位放线，严格布置桩孔，并记录布桩的根数，以防止遗漏。

3. 配制混合料

施工前应按设计要求由实验室进行配合比试验，施工时按配合比配制混合料；长螺旋钻孔、管内泵压混合料成桩施工的坍落度宜为160～220 mm。

4. 桩机就位

调整长螺旋钻机使桩架与水平面垂直，同时使钻头对准桩位。垂直偏差不大于1.5%。桩位偏差：条基边桩沿轴线±1/4D；垂直轴线±1/6D；其他情况0.4D(D为桩径)。

5. 钻孔灌料

长螺旋钻机钻至设计深度后，应准确掌握提钻杆时间，混合料泵送量应与拔管速度相配合，在砂性土、砂质黏土、黏土中提拔的速度为 1.2～1.5 m/min，在淤泥质土中应当放慢，否则容易产生缩颈或断桩。遇到饱和砂土或饱和粉土层，不得停泵待料。

根据长螺旋钻机的进尺标志，控制施工桩顶标高，施工桩顶标高宜高出设计桩顶标高不少于 0.5 m。

6. 留置试块

成桩过程中，抽样做混合料试块，每台机械一天应做一组（3块）试块（边长为150 mm的立方体），采用标准养护，测定其立方体 28 d 抗压强度。

7. 清理桩间土

CFG 桩施工结束后，即可清理桩间土和截桩头。清土时，不得扰动桩间土；截桩头时，将多余桩体凿除，桩顶面应水平，不得造成桩顶标高以下桩身断裂。

清理桩间土工程量较大时，可采用小型机械和人工联合开挖，应有专人指挥，保证铲斗离桩边应有一定的安全距离。

8. 褥垫层施工

(1) 褥垫层材料应符合设计要求，材料宜用中砂、粗砂、级配砂石或碎石等，最大粒径不宜大于 30 mm；对较干的砂石材料，虚铺后可适当洒水再进行夯实。

(2) 褥垫层厚度由设计确定，宜为 150～300 mm，当桩径大或桩距大时褥垫层厚度宜取高值。

(3) 虚铺完成后采用平板振捣器夯实至设计厚度；夯填度不得大于 0.9；施工时严禁扰动基底土层。

3.3.3　CFG 桩施工质量验收标准

1. 事前控制

采用现场搅拌混合料时应对入场的水泥、粉煤灰、砂及碎石等原材料进行检验。

2. 事中控制

施工中应检查桩身混合料的配合比、坍落度和成孔深度、混合料充盈系数等。

3. 事后控制

(1) 施工结束后，应对桩体质量、单桩及复合地基承载力进行检验。

(2) 复合地基承载力检验。

检验方法：按《建筑地基处理技术规范》（JGJ 79—2012）的规定，CFG 桩宜在施工结束 28 d 后，进行单桩复合地基载荷试验。地基检测单位应具有相应的工程检测资质。

检验数量：检验数量不应少于总桩数的 0.5%，且不应少于 3 点。

(3) 桩身完整性检测。当受检桩混凝土强度达到设计强度 70%，且不小于 15 MPa 时，进行低应变动力检测，以检验桩身完整性，判定桩身缺陷的程度及位置。

检验方法：按《建筑基桩检测技术规范》（JGJ 106—2014）执行。

检验数量：抽取不少于总桩数的 10%。

(4) 水泥粉煤灰碎石桩复合地基的质量检验标准应符合表 3-7 的规定。

表 3-7 水泥粉煤灰碎石桩复合地基质量检验标准

项	序	检查项目	允许值		允许偏差		检查方法
			单位	数值	单位	数值	
主控项目	1	复合地基承载力	设计值		—		按规定方法
	2	单桩承载力	设计值		—		按规定方法
	3	桩长	设计值		mm	0，+500	测桩管长度或垂球测孔深
	4	桩径	设计值		mm	0，+50	用钢尺量
一般项目	1	桩身完整性	—		规范要求		按规定方法
	2	桩身强度	不小于设计要求		—		28 d 试块强度
	3	桩位	—		条基边桩沿轴线 ±1/4D，垂直轴线 ±1/6D。其他情况 0.4D		用钢尺量，D 为桩径
	4	施工桩顶标高	设计桩顶标高 +500 mm		mm	±200	用水准仪量
	5	桩垂直度	%	≤1.0	—		用经纬仪测桩管
	6	混合料坍落度	mm	160～220	—		用坍落仪量测
	7	混合料充盈系数	—	>1	—		检查灌注量
	8	褥垫层夯填度	—	≤0.9	—		用钢尺量

注：1. 夯填度指夯实后的褥垫层厚度与虚体厚度的比值。
   2. 桩径允许偏差负值是指个别断面。
   3. 除本表规定的地基承载力主控项目外，其他主控项目及一般项目至少应抽查 20%。

3.3.4 CFG 桩施工质量记录

CFG 桩复合地基应形成以下质量记录：

(1)表 C2-4　技术交底记录；
(2)表 C1-5　施工日志；
(3)表 C5-3-34　CFG 桩施工记录；
(4)表 G1-12　水泥粉煤灰碎石桩复合地基质量验收记录。

注：以上表式采用《河北省建筑工程资料管理规程》[DB13(J)/T 145—2012]所规定的表式。

单元 4　浅基础施工

在工程实践中,通常将基础分为浅基础和深基础两大类,但尚无准确的区分界限,一般埋置深度在 5 m 以内,且能用一般方法和设备施工的基础属于浅基础;当基础埋深度超过 5 m 埋置在较深的土层上,采用特殊方法和设备施工的基础则属于深基础,如桩基础等。按使用的材料可分为砖基础、钢筋混凝土基础;按结构形式可分为独立基础、条形基础、筏形基础。

钢筋混凝土施工应遵循的规范规程:
(1)《建筑工程施工质量验收统一标准》(GB 50300—2013);
(2)《混凝土结构工程施工规范》(GB 50666—2011);
(3)《混凝土结构工程施工质量验收规范》(GB 50204—2015);
(4)《建筑地基基础工程施工质量验收规范》(GB 50202)。

任务 4.1　混凝土独立基础施工

4.1.1　独立基础识图与构造

《混凝土结构施工图平面整体表示方法制图规则和构造详图(独立基础、条形基础、筏形基础及桩基承台)》(11G101—3)包括制图规则和标准构造详图两大部分内容,既是设计者完成现浇混凝土独立基础平法施工图的依据,也是施工、监理等人员准确理解和实施独立基础平法施工图的依据。

(一)独立基础平面注写方式

独立基础的平面注写方式,分为集中标注和原位标注两部分内容。

1. 独立基础集中标注

独立基础集中标注,是在基础平面图上集中引注基础编号、截面竖向尺寸、配筋三项必注内容,以及当基础底面标高与基础底面基准标高不同时的相对标高高差和必要的文字注解两项选注内容。

(1)独立基础编号。独立基础底板的截面形状通常有两种,见表 4-1。
1)阶形截面编号加下标"J",如 $DJ_J\times\times$;
2)坡形截面编号加下标"P",如 $DJ_P\times\times$。
(2)截面竖向尺寸。
1)阶形截面基础。当基础为单阶时,其竖向尺寸仅为一个,且为基础总厚度。注写为 $DJ_J\times\times,h_1$;当基础为多阶时,各阶尺寸自下而上用"/"分隔顺写。注写为 $DJ_J\times\times,h_1/h_2/h_3\cdots\cdots$,如图 4-1 所示。

2)坡形截面基础。注写为 $DJ_P \times \times$，h_1/h_2，如图 4-2 所示。

表 4-1 独立基础编号

类型	基础底板截面形状	代号	序号	说明
普通独立基础	阶形	DJ_J	××	1. 单阶截面即为平板独立基础。
	坡形	DJ_P	××	2. 坡形截面基础底板可为四坡、
杯口独立基础	阶形	BJ_J	××	三坡、双坡及单坡
	坡形	BJ_P	××	

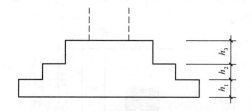

图 4-1 阶形截面独立基础竖向

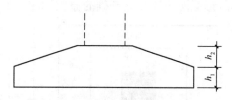

图 4-2 坡形截面独立基础竖向

(3)独立基础配筋。

1)独立基础底板配筋。以 B 代表各种独立基础底板的底部配筋。X 向配筋以 X 打头、Y 向配筋以 Y 打头注写；当两向配筋相同时，则以 X&Y 打头注写。

例如，当矩形独立基础底板配筋标注为：B：$X\Phi16@150$，$Y\Phi16@200$；表示基础底板底部配置 HRB335 级钢筋，X 向直径为 $\Phi16$，分布间距 150 mm；Y 向直径为 $\Phi16$，分布间距 200 mm，如图 4-3 所示。

2)双柱独立基础底板顶部配筋。双柱独立基础的顶部配筋，通常对称分布在双柱中心线两侧，注写为"双柱间纵向受力钢筋/分布钢筋"。当纵向受力钢筋在基础底板顶面非满布时，应注明其总根数。

例如，T：$11\Phi18@100/\phi10@200$；表示独立基础顶部配置纵向受力钢筋 HRB400 级，直径为 $\Phi18$ 设置 11 根，间距 100 mm；分布筋 HPB300 级，直径为 $\phi10$，分布间距 200 mm，如图 4-4 所示。

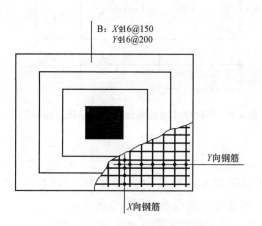

图 4-3 底板底部双向配筋示意

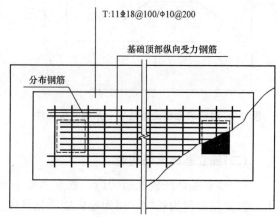

图 4-4 双柱独立基础底板顶部配筋

3)独立基础底板配筋长度减短 10% 的规定。当独立基础底板的 X 向或 Y 向宽度≥2.5 m时，除基础边缘的第一根钢筋外，X向或Y向的钢筋长度可减短10%，即按底板长度的0.9倍下料，并交错绑扎设置。但对偏心基础的某边自柱中心至基础边缘尺寸＜1.25 m时，沿该方向的钢筋长度不应减短。

2. 独立基础原位标注

混凝土独立基础的原位标注，是在基础平面布置图上标注独立基础的平面尺寸。对相同编号的基础，可选择一个进行原位标注；当平面图形较小时，可将所选定进行原位标注的基础，按双比例适当放大；其他相同编号者仅注编号。

(1)阶形截面独立基础。对称阶形截面普通独立基础的原位标注，如图4-5所示；非对称阶形截面普通独立基础的原位标注，如图4-6所示。

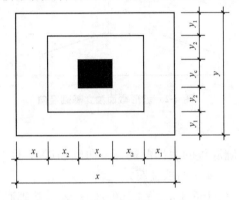

图4-5 对称阶形截面普通独立基础原位标注　　图4-6 非对称阶形截面普通独立基础原位标注

(2)坡形截面独立基础。对称坡形截面普通独立基础的原位标注，如图4-7所示；非对称坡形截面普通独立基础的原位标注，如图4-8所示。

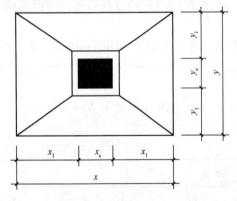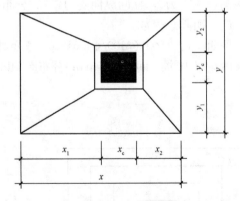

图4-7 对称坡形截面普通独立基础原位标注　　图4-8 非对称坡形截面普通独立基础原位标注

(二)独立基础配筋构造

(1)独立基础底板配筋构造。独立基础底部双向交叉钢筋长向设置在下，短向设置在上。独立基础何为长向、何为短向应详见具体工程设计。其构造如图4-9所示。

(2)双柱独立基础底部与顶部配筋构造，如图4-10所示。

1)双柱普通独立基础底板的截面形状，可为阶形截面DJ_J或坡形截面DJ_P。

2)双柱普通独立基础底部双向交叉钢筋，根据基础两个方向从柱外缘至基础外缘的延

伸长度 ex 和 ex' 的大小，较大者方向的钢筋设置在下，较小者方向的钢筋设置在上。

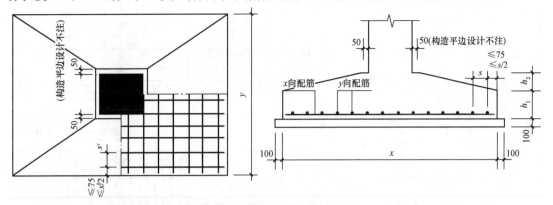

图 4-9　独立基础底板配筋构造

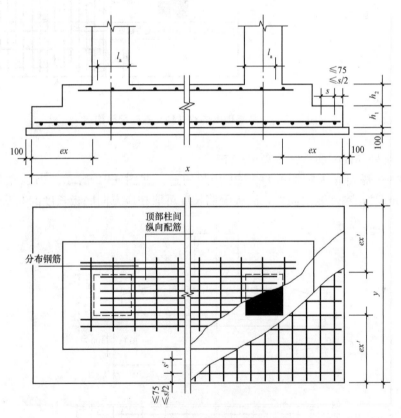

图 4-10　双柱普通独立基础配筋构造

3) 当矩形双柱普通独立基础的顶部设置纵向受力钢筋时，宜设置其在下，分布钢筋宜设置在上，这样既施工方便又能提高混凝土对受力钢筋的粘结强度，有利于减小裂缝宽度。

(3) 设置基础梁的双柱独立基础配筋构造，如图 4-11 所示。

1) 双柱独立基础底部短向受力钢筋设置在基础梁纵筋之下，与基础梁箍筋的下水平段位于同一层面。

2) 双柱独立基础所设置的基础梁宽度，宜比柱截面宽度≥100 mm（每边≥50 mm），当具体设计的基础梁宽度小于柱截面宽度时，施工应按构造规定增设梁包柱侧腋。

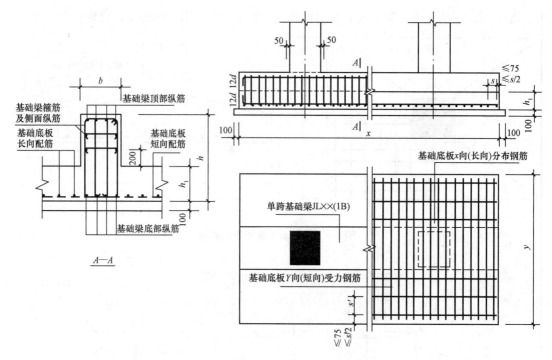

图 4-11 设置基础梁的双柱独立基础配筋构造

(4)独立基础底板配筋长度减短10%构造。

1)对称独立基础底板配筋长度减短10%构造,如图 4-12 所示。当独立基础底板长度≥2 500 mm 时,除外侧钢筋外,底板配筋长度可取相应方向底板长度的 0.9 倍。

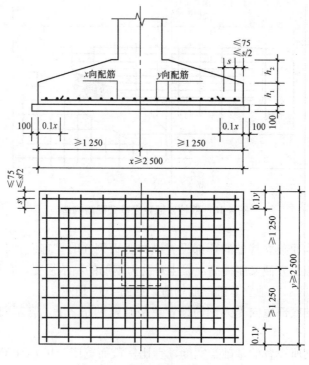

图 4-12 对称独立基础

2)非对称独立基础底板配筋长度减短10%构造,如图4-13所示。

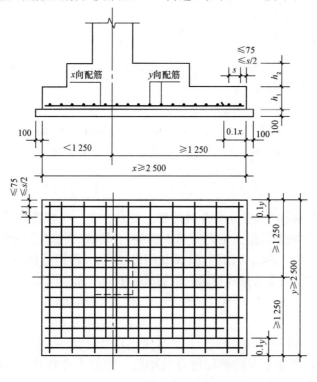

图4-13 非对称独立基础

(5)柱插筋在独立基础中的锚固构造(柱外侧插筋保护层厚度>5d)。

1)当基础高度 $h_j > l_{aE}(l_a)$ 时,柱插筋应插至基础底部支在底板钢筋网上,柱插筋下部做90°弯钩,弯钩直段长度≥6d 且≥150 mm。基础内柱箍筋为封闭箍筋(非复合箍),间距≤500 mm且不少于2道,如图4-14所示。

2)当基础高度 $h_j \leqslant l_{aE}(l_a)$ 时,柱插筋应插至基础底部支在底板钢筋网上,柱插筋下部做90°弯钩,竖向直锚深度≥$0.6l_{abE}(0.6l_{ab})$,弯钩直段长度≥15d。基础内柱箍筋为封闭箍筋(非复合箍),间距≤500 mm且不少于2道,如图4-15所示。

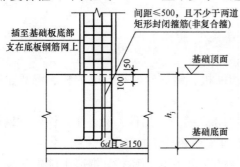

图4-14 柱插筋在基础中的锚固构造(一)

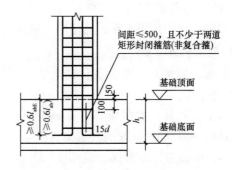

图4-15 柱插筋在基础中的锚固构造(二)

4.1.2 独立基础施工工艺

独立基础施工工艺适用于一般工业与民用建筑框架结构、框架-剪力墙结构柱下普通独立基础工程。独立基础工程涉及基础模板、基础钢筋、基础混凝土三个分项工程施工。

(一)施工准备

1. 技术准备

(1)熟悉基础施工图纸,掌握独立基础构造要求,基础轴线的关系,基础剖面的形状、尺寸和标高;垫层的标高和尺寸。

(2)编制工程材料、机具、劳动力的需求计划。

(3)完成进场钢筋、混凝土原材料的见证取样复检及混凝土试配工作。

(4)编制基础模板、基础钢筋、基础混凝土施工技术交底,并对施工人员进行技术交底。

2. 材料准备

(1)钢筋。钢筋进场时,应分批查对标牌、外观检查、机械性能试验,合格后方可使用。机械性能试验按《钢筋混凝土用钢 第1部分:光圆钢筋》(GB 1499.1—2008)、《钢筋混凝土用钢 第2部分:热轧带肋钢筋》(GB 1499.2—2007)进行检验,屈服强度、抗拉强度、伸长率和冷弯性能须符合规范要求。钢筋验收批同厂家、同牌号、同炉罐号、同规格,不大于60 t组成一验收批,超过60 t的部分,每增加40 t,增加一个拉伸试样和一个弯曲试样。

钢筋必须有出厂合格证和试验报告单。如无出厂合格证原件,有抄件或原件复印件亦可,但抄件或原件复印件上要注明原件存放单位,抄件人和抄件、复印件单位签名并盖公章。

(2)水泥。一般采用42.5级或以上普通硅酸盐水泥或矿渣硅酸盐水泥;水泥进场后分批按《通用硅酸盐水泥》(GB 175—2007)检验其强度、安定性及其他必要的性能指标,检验合格后方可使用;钢筋验收批按同一生产厂家、同一等级、同一品种、同一批号且连续进场的水泥,袋装不超过200 t为一批,散装不超过500 t为一批,每批抽样不少于一次。

如果在使用中对水泥质量有怀疑或水泥出厂超过三个月,应复查试验,并按其结果使用。

(3)砂。一般采用中砂或中粗砂,含泥量不超过5%。

(4)石。一般采用20~40 mm碎石,最大颗粒粒径不得超过构件截面最小尺寸的1/4,且不得超过钢筋最小净间距的3/4。

(5)水。宜用自来水或天然洁净可供饮用的水。

3. 施工机具准备

(1)施工机械。主要设备包括电锯、钢筋切断机、钢筋弯曲机、电焊机、混凝土搅拌机、振捣棒等。

(2)工具用具。木模板、组合钢模板、$\phi 48 \times 3.5$钢管、扣件、8#~12#铁丝、钢筋钩子、撬棍、绑扎架、钢丝刷、石笔、墨斗、手推车、铁锹、木抹子等。

(3)检测设备。水准仪、经纬仪、钢卷尺、卷尺、温度计、磅秤、混凝土试模等。

4. 作业条件准备

(1)基础垫层均已完成并验收,办理了隐蔽手续。

(2)设置轴线桩,标出建筑物或构筑物的主要轴线,标出基础、墙身及柱身轴线和标高。

(3)混凝土配合比试验根据实际材料确定。
(4)基槽安全防护已完成,并通过了安全员的验收。
(5)运输通道通畅,各类机具应准备就绪。

5. 施工组织及人员准备

(1)健全现场各项管理制度,专业技术人员持证上岗。
(2)班组已进场到位并进行了技术、安全交底。
(3)班组工人一般中、高级工不少于60%,并应具有同类工程的施工经验。
(4)班组生产效率可参考独立基础综合施工定额,见表4-2。

表4-2 独立基础综合施工定额

项目		单位	时间定额			每工产量			备注
			2以内	5以内	5以外	2以内	5以内	5以外	
模板	体积/m³								1. 班组最小劳动组合:14人。 2. 模板工程包括安装和拆除
	木模板	10 m²	2.7	1.98	1.79	0.37	0.505	0.559	
	钢模板	10 m²	2.56	1.78	1.54	0.391	0.562	0.649	
钢筋	钢筋直径/mm		12以内	16以内	16以外	12以内	16以内	16以外	1. 班组最小劳动组合:15人。 2. 钢筋加工为部分机械,部分人工
	加工	t	3.56	3.36	2.81	0.28	0.298	0.356	
	绑扎	t	2.5	2.08	1.72	0.4	0.48	0.58	
混凝土	体积/m³		2以内	5以内	5以外	2以内	5以内	5以外	1. 班组最小劳动组合:20人。 2. 混凝土机械搅拌,机械振捣
	双轮车	m³	0.804	0.665	0.638	1.24	1.5	1.57	
	小翻斗	m³	0.562	0.453	0.426	1.78	2.21	2.35	

(二)独立基础施工工艺流程

基础放线→钢筋绑扎→支基础模板→隐蔽验收→混凝土浇筑、振捣、养护→拆除模板。

(三)独立基础施工操作要求

1. 基础放线

根据轴线桩及图纸上标注的基础尺寸,在混凝土垫层上用墨线弹出轴线和基础边线;绑筋支模前,应校核放线尺寸,允许偏差应符合表4-3的规定。

表4-3 放线尺寸的允许偏差

长度L、宽度B/m	允许偏差/mm	长度L、宽度B/m	允许偏差/mm
L(或B)≤30	±5	60<L(或B)≤90	±15
30<L(或B)≤60	±10	L(或B)>90	±20

2. 钢筋绑扎

独立基础钢筋绑扎施工工艺流程,如图4-16所示。

(1)将基础垫层清扫干净,用石笔和墨斗在上面弹放钢筋位置线,按钢筋位置线布放基础钢筋。
(2)钢筋混凝土底板钢筋绑扎时,按底板钢筋受力情况确定主受力筋方向。独立基础底部双向交叉钢筋长向设置在下,短向设置在上。
(3)绑扎钢筋方法。四周两行钢筋交叉点应每点绑扎牢;中间部分交叉点可相隔交错

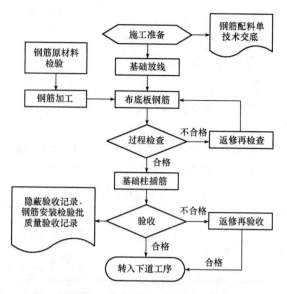

图 4-16 独立基础钢筋绑扎施工工艺流程

牢，但必须保证受力钢筋不位移。双向主筋的钢筋网，则需将全部钢筋相交点扎牢。相邻绑扎点的钢丝扣成八字形，以免网片歪斜变形。

(4)基础底板采用双层钢筋网时，在上层钢筋网下面应设置钢筋马凳，以保证钢筋位置正确，钢筋马凳应在下片钢筋网上。钢筋撑脚的形式和尺寸，如图 4-17 所示。每隔 1 m 放置 1 个。其直径选用见表 4-4。

表 4-4 钢筋撑脚直径选用表

基础底板厚/mm	钢筋撑脚直径/mm	基础底板厚/mm	钢筋撑脚直径/mm
≤300	8～10	>500	16～18
300～500	12～14		

(5)基础底板下层钢筋的弯钩应朝上，不要倒向一边；双层钢筋网的上层钢筋弯钩应朝下。

(6)基础梁钢筋绑扎。基础梁钢筋绑扎一般采用就地成型的方式施工，也可采用搭设钢管绑扎架。将基础梁的架立筋两端放在绑扎架上，画出箍筋间距，套上箍筋，按已画好的位置与底板上层钢筋绑扎牢固。穿基础梁下部钢筋，与箍筋绑牢。当纵向受力钢筋为双排时，双排钢筋间可用短钢筋支垫(短钢筋直径不小于 25 mm 且不小于梁主筋)，短钢筋间距以 1.0～1.2 m 为宜。基础梁钢筋绑扎完成抽出绑扎架，将已绑扎成型的梁筋骨架落地。

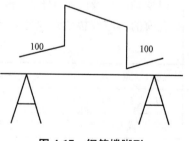

图 4-17 钢筋撑脚形

(7)基础中受力钢筋的混凝土保护层厚度应符合设计要求。钢筋保护层厚度一般采用细石混凝土垫块或塑料卡进行控制。

(8)在浇筑混凝土之前，应进行隐蔽工程验收，并填写相关验收记录，其内容包括：

1)纵向受力钢筋的牌号、规格、数量、位置；

2)钢筋的连接方式、接头位置、接头质量、接头面积百分率、搭接长度、锚固方式及锚固长度;

3)箍筋、横向钢筋的牌号、规格、数量、位置,箍筋的弯折角度及平直段长度;

4)预埋件的规格、数量、位置。

(9)基础浇筑完毕后,把基础上预留墙柱插筋扶正,保证上部钢筋位置准确。

3. 支基础模板

(1)阶形独立基础。根据基础施工图样的尺寸制作每一阶梯模板,支模顺序由下至上逐层向上安装。

先安装底层模板,底层模板由四块等高的侧板用木挡拼钉而成。其中相对的两块与基础台阶侧面尺寸相等,另外相对的两块要比台阶侧面尺寸两边各长 150 mm。

配合绑扎钢筋及垫块,再安装上一阶模板。上阶模板的侧板应以轿杠固定在下阶侧板上。校核基础模板尺寸、轴线位置和标高无误后,再用斜撑、水平支撑以及拉杆加以钉紧、撑牢,如图 4-18 所示。

(2)坡形独立基础。利用钢管或木方加固,上口设井字木控制钢筋位置,如图 4-19 所示。

图 4-18 阶形基础模板工程图

图 4-19 坡形基础模板工程图

4. 混凝土施工

施工工艺:浇筑、振捣→养护。

(1)浇筑与振捣。

1)混凝土浇筑时,不应发生初凝和离析现象,其坍落度一般控制在 30~50 mm,并填写混凝土坍落度测试记录。

2)为保证混凝土浇筑时不产生离析现象,混凝土自吊斗口下落的自由倾落高度不得超过 2 m,浇筑高度如超过 3 m 时必须采取措施,用串筒或溜槽等。

3)浇筑混凝土时应分段分层连续进行,基础工程的分层厚度宜在 250 mm 左右。

4)使用插入式振捣器应快插慢拔,插点要均匀排列,逐点移动,顺序进行,不得遗漏,做到均匀振实。移动间距不大于振捣作用半径的 1.5 倍(一般为 30~40 cm)。振捣上一层时应插入下层 5~10 cm,以使两层混凝土结合牢固。

5)浇筑混凝土应连续进行。如必须间歇,其间歇时间应尽量缩短,并应在前层混凝土初凝之前,将本层混凝土浇筑完毕。一般超过 2 h 应按施工缝处理。

6)浇筑混凝土时应经常观察模板、钢筋、预留孔洞、预埋件和插筋等有无移动、变形或堵塞情况,发现问题应立即处理。

(2)养护。

1)基础混凝土常见的自然养护方法有覆盖浇水养护、薄膜布养护等。

2)自然养护是在常温下(平均气温不低于+5℃)用适当的材料覆盖混凝土并适当浇水,使混凝土在规定的时间内保持足够的湿润状态。自然养护的基本要求如下:

①混凝土浇筑后 12 h 内加以覆盖并保湿养护,养护时间不少于 7 d。

②如混凝土表面泛白或出现细小裂缝,应立即加以遮盖,充分浇水,并延长浇水日期。

③在已浇筑的混凝土强度达到 1.2 N/mm² 以后,才能在其上踩踏或安装模板及支架等。

5. 基础模板的拆除

侧模板应在混凝土强度能保证其表面及棱角不因拆除而受损坏时拆除。

4.1.3 钢筋混凝土扩展基础质量验收标准

(一)钢筋安装

1. 主控项目

(1)钢筋安装时,受力钢筋的牌号、规格、数量必须符合设计要求。

检查数量:全数检查。

检验方法:观察,尺量。

(2)受力钢筋的安装位置、锚固方式应符合设计要求。

检查数量:全数检查。

检验方法:观察,尺量。

2. 一般项目

钢筋安装位置的允许偏差和检验方法应符合表 4-5 的规定。

表 4-5 钢筋安装位置的允许偏差和检验方法

项目		允许偏差/mm	检验方法
绑扎钢筋网	长、宽	±10	尺量
	网眼尺寸	±20	尺量连续三档,取最大偏差值
绑扎钢筋骨架	长	±10	尺量
	宽、高	±5	尺量
纵向受力钢筋	锚固长度	−20	尺量
	间距	±10	尺量两端、中间各一点,取最大偏差值
	排距	±5	
纵向受力钢筋、箍筋的混凝土保护层厚度	基础	±10	尺量
	柱、梁	±5	尺量
	板、墙、壳	±3	尺量
绑扎箍筋、横向钢筋间距		±20	尺量连续三档,取最大偏差值
钢筋弯起点位置		20	尺量,沿纵、横两个方向量测,并取其中最大偏差值
预埋件	中心线位置	5	尺量
	水平高差	+3,0	塞尺量测

梁板类构件上部纵向受力钢筋保护层厚度的合格率应达到90%及以上，且不得有超过表中数值1.5倍的尺寸偏差。

检查数量：在同一检验批内，对梁、柱和独立基础，应抽查构件数量的10%，且不少于3件；对墙和板，应按有代表性的自然间抽查10%，且不少于3间；对大空间结构，墙可按相邻轴线间高度5 m左右划分检查面，板可按纵、横轴线划分检查面，抽查10%，且均不少于3面。

(二)模板安装

1. 主控项目

(1)模板及支架用材料的技术指标应符合国家现行有关标准的规定。进场时应抽样检验模板的外观、规格和尺寸。

检查数量：按国家现行相关标准的规定确定。

检验方法：检查质量证明文件、观察、尺量。

(2)现浇混凝土结构模板及支架的安装质量，应符合国家现行有关标准的规定和施工方案的要求。

检查数量：按国家现行相关标准的规定确定。

检验方法：按国家现行相关标准的规定执行。

(3)后浇带处的模板及支架应独立设置。

检查数量：全数检查。

检验方法：观察。

(4)支架竖杆和竖向模板安装在土层上时，应符合下列规定：

1)土层应坚实、平整，其承载力或密实度应符合施工方案的要求；

2)应有防水、排水措施；对冻胀性土，应有预防冻融措施；

3)支架竖杆下应设置底座或垫板。

检查数量：全数检查。

检验方法：观察、检查土层密实度检测报告、土层承载力验算或现场检测报告。

2. 一般项目

(1)模板安装质量应符合下列规定：

1)模板的接缝应严密；

2)模板内不应有杂物、积水或冰雪等；

3)模板与混凝土的接触面应平整、清洁；

4)用作模板的地坪、胎膜等应平整、清洁，不应有影响构件质量的下沉、裂缝、起砂或起鼓。

5)对清水混凝土及装饰混凝土构件，应使用能达到设计效果的模板。

检查数量：全数检查。

检验方法：观察。

(2)隔离剂的品种和涂刷方法应符合施工方案的要求。隔离剂不得影响结构性能及装饰施工；不得污染钢筋、预应力筋、预埋件和混凝土接槎处；不得对环境造成污染。

检查数量：全数检查。

检验方法：检查质量证明文件，观察。

(3)现浇结构模板安装的尺寸允许偏差应符合表4-6的规定。

检查数量:在同一检验批内,对梁、柱和独立基础,应抽查构件数量的10%,且不应少于3件;对墙和板,应按有代表性的自然间抽查10%,且不应少于3间;对大空间结构,墙可按相邻轴线间高度5 m左右划分检查面,板可按纵横轴线划分检查面,抽查10%,且均不少于3面。

表4-6 现浇结构模板安装的允许偏差及检验方法

项目		允许偏差/mm	检验方法
轴线位置		5	尺量
底模上表面标高		±5	水准仪或拉线、尺量
模板内部尺寸	基础	±10	尺量
	柱、墙、梁	±5	尺量
	楼梯相邻踏步高差	±5	尺量
垂直度	柱、墙层高≤6 m	8	经纬仪或吊线、尺量
	柱、墙层高>6 m	10	经纬仪或吊线、尺量
相邻两块模板表面高差		2	尺量
表面平整度		5	2 m靠尺和塞尺量测

注:检查轴线位置当有纵横两个方向时,应沿纵、横两个方向量测,并取其中偏差的较大值。

(三)钢筋混凝土扩展基础

(1)施工前应对放线尺寸进行检验。
(2)施工中应对钢筋、模板、混凝土、轴线等进行检验。
(3)施工结束后应对混凝土强度、轴线位移、基础顶面标高进行检验。
(4)钢筋混凝土扩展基础质量检验标准应符合表4-7的规定。

表4-7 钢筋混凝土扩展基础质量检验标准

项	序	检查项目	允许值		允许偏差		检查方法
			单位	数值	单位	数值	
主控项目		混凝土强度	设计要求		—		预留试块
一般项目	1	L(或B)≤30 m	设计值		mm	±5	用钢尺量
		30 m<L(或B)≤60 m	设计值		mm	±10	
		60 m<L(或B)≤90 m	设计值		mm	±15	
		L(或B)>90 m				±20	
	2	轴线位移	—		mm	15	经纬仪和钢尺
	3	基础顶面标高	设计值		mm	±15	水准仪和钢尺

4.1.4 独立基础施工质量记录

混凝土独立基础应形成以下质量记录:
(1)表C2-4 技术交底记录;
(2)表C1-5 施工日志;

(3)表 C5-2-10　混凝土坍落度检查记录；

(4)表 C5-2-9　混凝土工程施工记录；

(5)表 G3-7　钢筋安装检验批质量验收记录；

(6)表 G3-1　现浇结构模板安装检验批质量验收记录；

(7)表 G1-33　钢筋混凝土扩展基础检验批质量验收记录。

注：以上表式采用《河北省建筑工程资料管理规程》[DB13(J)/T 145—2012]所规定的表式。

任务 4.2　混凝土条形基础施工

4.2.1　条形基础识图与构造

(一)条形基础的分类

条形基础整体上可分为梁板式条形基础和板式条形基础两类。

(1)梁板式条形基础。梁板式条形基础适用于钢筋混凝土框架结构、框架-剪力墙结构、部分框支剪力墙结构和钢结构。平法施工图将梁板式分解为基础梁和条形基础底板分别进行表达。

(2)板式条形基础。板式条形基础适用于钢筋混凝土剪力墙结构和砌体结构。平法施工图仅表达条形基础底板。

(二)基础梁的平面注写方式

基础梁(JL)的平面注写方式，分为集中标注和原位标注两部分内容。

1. 集中标注

基础梁的集中标注内容为：基础梁编号、截面尺寸、配筋三项必注内容，以及基础梁底面标高(与基础底面基准标高不同时)和必要的文字注解两项选注内容。

(1)基础梁编号。条形基础编号分为基础梁和条形基础底板编号，按表 4-8 的规定进行表达。

表 4-8　条形基础梁编号

类型		代号	序号	跨数及有无外伸
基础梁		JL	××	(××)端部无外伸
条形基础底板	坡形	TJB_P	××	(××A)一端有外伸
	阶形	TJB_J	××	(××B)两端有外伸

(2)基础梁截面尺寸。以 $b×h$ 表示梁截面宽度与高度。当为加腋梁时，用 $b×h$ $Yc_1×c_2$ 表示，其中 c_1 为腋长，c_2 为腋高。

(3)基础梁箍筋。

1)当具体设计仅采用一种箍筋间距时，注写钢筋级别、直径、间距与肢数(箍筋肢数写在括号内，下同)。

2)当具体设计采用两种箍筋时，用"/"分隔不同箍筋，按照从基础梁两端向跨中的顺序注写。先注写第1段箍筋(在前面加注箍筋道数)，在斜线后再注写第2段箍筋(不再加注箍筋道数)。

例：9⌀16@100/⌀16@100(6)，表示配置两种HRB400级箍筋，直径为⌀16，从梁两端起向跨内按间距100 mm设置9道，梁其余部位的间距为200 mm，均为6肢箍。

施工时应注意：两向基础梁相交的柱下区域，应有一向截面较高的基础梁箍筋贯通设置；当两向基础梁等高时，任选一向基础梁的箍筋贯通设置。

(4) 基础梁底部、顶部及侧面纵向钢筋。

1) 底部钢筋。以B打头，注写梁底部贯通纵筋(不应少于梁底部受力钢筋总截面面积的1/3)。当跨中所注根数少于箍筋肢数时，需要在跨中增设梁底部架立筋以固定箍筋，采用"+"将贯通纵筋与架立筋相连，架立筋注写在加号后面的括号内。

2) 顶部钢筋。以T打头，注写梁顶部为贯通纵筋。

3) 当梁底部或顶部贯通纵筋多于一排时，用斜线"/"将各排纵筋自上而下分开。

例：B：4⌀25；T：12⌀25 7/5，表示梁底部配置贯通纵筋为4⌀25；梁顶部配置贯通纵筋上一排为7⌀25，下一排为5⌀25，共12⌀25。

4) 侧面纵向钢筋。以G打头，注写梁两侧面对称设置的纵向构造钢筋的总配筋值(当梁腹板高度h_w≥450 mm时，根据需要配置)。

例：G8⌀14，表示梁每个侧面配置纵向构造钢筋4⌀14，共8⌀14。

施工时应注意：

①基础梁的底部贯通纵筋，可在跨中1/3跨度范围内采用搭接连接、机械连接或焊接；

②基础梁的顶部贯通纵筋，可在距柱根1/4跨度范围内采用搭接连接，或在柱根附近采用机械连接或焊接，且应严格控制接头百分率。

2. 原位标注

(1) 原位标注梁端或梁在柱下区域的底部全部纵筋(包括底部非贯通纵筋和已集中注写的底部贯通纵筋)。

1) 当梁端或梁在柱下区域的底部纵筋多于一排时，用"/"将各排纵筋自上而下分开。

2) 当同排纵筋有两种直径时，用"+"将两种直径的纵筋相连。

3) 当梁中间支座或梁在柱下区域两边的底部纵筋配置不同时，需在支座两边分别标注；当梁中间支座两边的底部纵筋相同时，可仅在支座的一边标注。

4) 当梁端(柱下)区域的底部全部纵筋与集中注写过的底部贯通纵筋相同时，可不再重复原位标注。

施工及预算方面应注意：当底部贯通纵筋经原位注写修正，出现两种不同配置的底部贯通纵筋时，应在两毗邻跨中配置较小一跨的跨中连接区域进行连接(即配置较大一跨的底部贯通纵筋需延伸至毗邻跨的跨中连接区域)。

(2) 原位注写基础梁的附加箍筋或吊筋(反扣)。当两向基础梁十字交叉，但交叉位置无柱时，应根据抗力需要设置附加箍筋或吊筋(反扣)。

将附加箍筋或吊筋(反扣)直接画在平面图十字交叉梁中刚度较大的条形基础主梁上，原位直接引注总配筋值(附加箍筋的肢数注在括号内)。当多数附加箍筋或吊筋(反扣)相同时，可在条形基础平法施工图上统一注明。少数与统一注明值不同时，再通过原位直接引注。

施工时应注意：附加箍筋或吊筋(反扣)的几何尺寸应按照标准构造详图，结合其所在位置的主梁和次梁的截面尺寸而定。

(3)原位注写基础梁外伸部位的变截面高度尺寸。当基础梁外伸部位采用变截面高度时,在该部位原位注写 $b\times h_1/h_2$,h_1 为根部截面高度,h_2 为端部截面高度。

(三)条形基础底板的平面注写方式

条形基础底板的平面注写方式,分为集中标注和原位标注两部分内容。

1. 条形基础底板集中标注

条形基础底板的集中标注内容为:条形基础底板编号、截面竖向尺寸、配筋三项必注内容,以及条形基础底板底面标高(与基础底面基准标高不同时)、必要的文字注解两项选注内容。

(1)条形基础底板编号。条形基础底板向两侧的截面形状通常有两种,见表 4-8。

1)阶形截面,编号加下标"J",如 TJB$_J$××(××);

2)坡形截面,编号加下标"P",如 TJB$_P$××(××)。

(2)条形基础底板截面竖向尺寸。

1)当条形基础底板为坡形截面时,注写为 h_1/h_2,如图 4-20 所示。

2)当条形基础底板为阶形截面时,如图 4-21 所示。

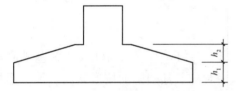
图 4-20 条形基础底板坡形截面竖向尺寸

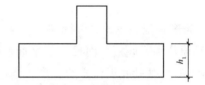
图 4-21 条形基础底板阶形截面竖向尺寸

(3)条形基础底板底部及顶部配筋。以 B 打头,注写条形基础底板底部的横向受力钢筋;以 T 打头,注写条形基础底板顶部的横向受力钢筋;注写时,用"/"分隔条形基础底板的横向受力钢筋与构造配筋。

例:B:Φ14@150/Φ8@250;表示条形基础底板底部配置 HRB335 级横向受力钢筋,直径为 Φ14,分布间距250 mm;配置 HPB300 级构造钢筋,直径为 Φ8,分布间距250 mm,如图 4-22 所示。

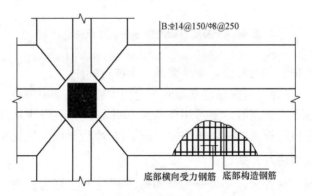
图 4-22 条形基础底板底部配筋示意

例:当为双梁(或双墙)条形基础底板时,除在底板底部配置钢筋外,一般尚需在两根梁或两道墙之间的底板顶部配置钢筋,其中横向受力钢筋的锚固从梁的内边缘(或墙边缘)起算,如图4-23所示。

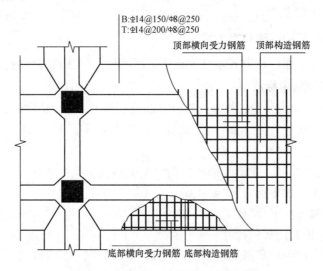

图4-23 双梁条形基础底板顶部配筋

2. 条形基础底板的原位标注

(1)原位注写底板平面尺寸。平面原位标注b、b_i,$i=1$,2,…。其中,b为基础底板总宽度,b_i为基础底板台阶的宽度。当基础底板采用对称于基础梁的坡形截面或单阶形截面时,b_i可不注,如图4-24所示。

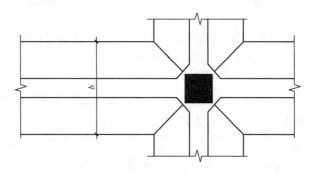

图4-24 条形基础底板平面尺寸原位标注

对于相同编号的条形基础底板,可仅选择一个进行标注。

(2)原位注写修正内容。当在条形基础底板上集中标注的某项内容,如底板截面竖向尺寸、底板配筋、底板底面标高等,不适用于条形基础底板的某跨或某外伸部分时,可将其修正内容原位标注在该跨板或该板外伸部位,施工时"原位标注取值优先"。

(四)条形基础截面注写方式

条形基础的截面注写方式,又可分为截面标注和列表注写两种表达方式。对于条形基础截面标注的内容和形式,与传统"单构件正投影表示方法"基本相同。对于多个条形基础可采用列表注写方法集中表达。详见图集11G101—3。

(五)条形基础底板配筋长度减短 10%的规定

当条形基础的底板宽度≥2.5 m时,除条形基础端部第一根钢筋和交接部位的钢筋外,其底板受力钢筋长度可减短 10%,即按底板宽度的 0.9 倍交错绑扎设置。但非对称条形基础梁中心至基础边缘的尺寸<1.25 m时,朝该方向的钢筋长度不应减短。

(六)条形基础配筋构造

(1)基础梁JL纵向钢筋与箍筋构造,如图 4-25 所示。

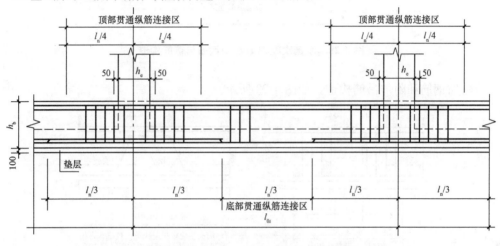

图 4-25　基础梁JL纵向钢筋与箍筋构造

1)跨度值 l_n 为支座左右两跨跨度的较大值(边跨端部支座 l_n 取边跨度)。

2)节点区内箍筋按梁端箍筋设置,梁相互交叉宽度内的箍筋按截面高度较大的基础梁设置。同跨箍筋有两种时,各自设置范围按具体设计注写。

3)当两毗邻跨的底部贯通纵筋配置不同时,应将配置较大一跨的底部贯通纵筋延伸至配置较小的毗邻跨的跨中连接区域进行连接。

(2)基础梁JL端部与外伸部位钢筋构造,如图 4-26 和图 4-27 所示。

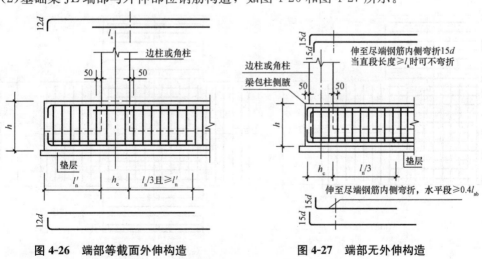

图 4-26　端部等截面外伸构造　　　图 4-27　端部无外伸构造

(3)基础次梁JCL纵向钢筋与箍筋构造,如图 4-28 所示。

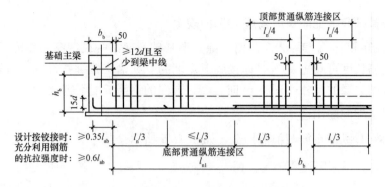

图 4-28 基础次梁 JCL 纵向钢筋与箍筋构造

(4)附加钢筋和附加吊筋构造,如图 4-29 所示。

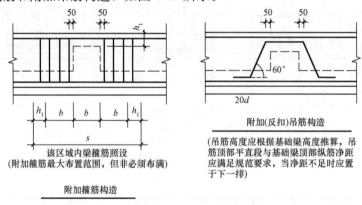

图 4-29 附加钢筋和附加吊筋构造

(5)条形基础底板配筋构造。

1)条形基础底板转角配筋构造,如图 4-30 所示。在两向受力钢筋交界处,分布筋与同向受力钢筋的搭接长度为 150 mm。

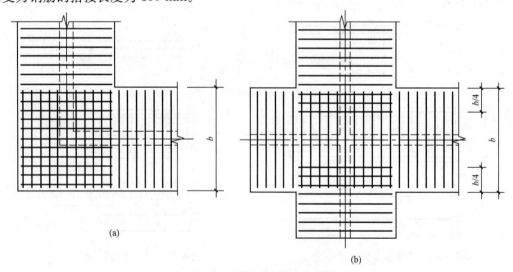

图 4-30 条形基础底板转角配筋构造
(a)转角梁板端部无纵向延伸;(b)转角梁板端部有纵向延伸

2)条形基础底板丁字交接和十字交接配筋构造,如图 4-31 所示。

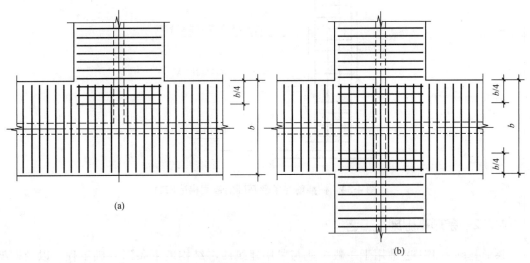

图 4-31　条形基础底板丁字交接和十字交接配筋构造
(a)丁字交接基础底板;(b)十字交接基础底板

(6)条形基础底板配筋长度减短 10%配筋构造,如图 4-32 所示。进入底板交接区的受力钢筋和无交接底板时端部第一根钢筋不应减短。

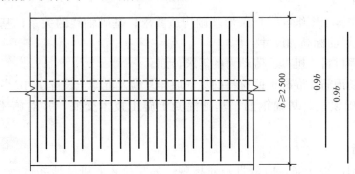

图 4-32　条形基础底板配筋长度减短 10%构造
(底板交接区的受力钢筋和无交接底板时端部第一根钢筋不应减短)

(7)柱在条形基础的插筋锚固构造(柱外侧插筋保护层厚度≤5d)。

1)当基础高度 $h_j > l_{aE}(l_a)$ 时,柱插筋应插至基础底部支在底板钢筋网上,柱插筋下部做 90°弯钩,弯钩直段长度≥6d 且≥150 mm。基础内柱箍筋为封闭箍筋(非复合箍),箍筋间距为 100 mm,如图 4-33 所示。

2)当基础高度 $h_j \leqslant l_{aE}(l_a)$ 时,柱插筋应插至基础底部支在底板钢筋网上,柱插筋下部做 90°弯钩,竖向直锚深度≥$0.6l_{abE}(0.6l_{ab})$,弯钩直段长度≥15d。基础内柱箍筋为封闭箍筋(非复合箍),箍筋间距为 100 mm,如图 4-34 所示。

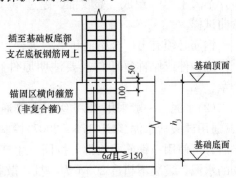

图 4-33　柱插筋在条形基础的锚固构造(一)

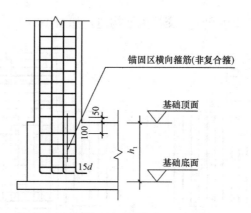

图 4-34 柱插筋在条形基础的锚固构造(二)

4.2.2 条形基础施工工艺

条形基础施工工艺适用于一般工业与民用建筑砖混结构墙下条形基础工程，以及框架结构、框架-剪力墙结构柱下条形基础工程。条形基础涉及基础模板、基础钢筋、基础混凝土三个分项工程施工。

(一)施工准备

1. 技术准备

(1)熟悉基础施工图纸，掌握条形基础构造要求；基础轴线的关系；基础剖面的形状、尺寸和标高；垫层的标高和尺寸。

(2)编制工程材料、机具、劳动力的需求计划。

(3)完成进场钢筋、混凝土原材料的见证取样复检及混凝土试配工作。

(4)编制基础模板、基础钢筋、基础混凝土施工技术交底，并对施工人员进行技术交底。

2. 材料准备

(1)钢筋。钢筋进场时，应分批查对标牌、外观检查、机械性能试验，合格后方可使用。机械性能试验按《钢筋混凝土用钢 第1部分：光圆钢筋》(GB 1499.1—2008)、《钢筋混凝土用钢 第2部分：热轧带肋钢筋》(GB 1499.2—2007)进行检验，屈服强度、抗拉强度、伸长率和冷弯性能须符合规范要求。钢筋验收批：同厂家、同牌号、同炉罐号、同规格，不大于60 t组成一验收批，超过60 t的部分，每增加40 t，增加一个拉伸试样和一个弯曲试样。

钢筋必须有出厂合格证和试验报告单。如无出厂合格证原件，有抄件或原件复印件亦可，但抄件或原件复印件上要注明原件存放单位，抄件人和抄件、复印件单位签名并盖公章。

(2)水泥。一般采用42.5级以上普通硅酸盐水泥或矿渣硅酸盐水泥；水泥进场后分批按《通用硅酸盐水泥》(GB 175—2007)检验其强度、安定性及其他必要的性能指标，检验合格后方可使用；钢筋验收批：按同一生产厂家、同一等级、同一品种、同一批号且连续进场的水泥，袋装不超过200 t为一批，散装不超过500 t为一批，每批抽样不少于一次。

如果在使用中对水泥质量有怀疑或水泥出厂超过三个月，应复查试验，并按其结果使用。

(3)砂。一般采用中砂或中粗砂,含泥量不超过5%。

(4)石。一般采用20~40 mm碎石,最大颗粒粒径不得超过构件截面最小尺寸的1/4,且不得超过钢筋最小净间距的3/4。

(5)水。使用自来水或天然洁净可供饮用的水。

3. 施工机具准备

(1)施工机械。主要设备包括电锯、钢筋切断机、钢筋弯曲机、电焊机、混凝土搅拌机、振捣棒等。

(2)工具用具。包括木模板、组合钢模板、$\phi 48\times 3.5$钢管、扣件、$8^{\#}$~$12^{\#}$铁丝、钢筋钩子、撬棍、绑扎架、钢丝刷、石笔、墨斗、手推车、铁锹、木抹子等。

(3)检测设备。包括水准仪、经纬仪、钢卷尺、卷尺、温度计、磅秤、混凝土试模等。

4. 作业条件准备

(1)基础垫层均已完成并验收,办理了隐蔽手续。

(2)设置轴线桩,标出建筑物或构筑物的主要轴线,标出基础、墙身及柱身轴线和标高。

(3)混凝土配合比已经试验根据实际材料确定。

(4)基槽安全防护已完成,并通过了安全员的验收。

(5)运输通道通畅,各类机具应准备就绪。

5. 施工组织及人员准备

(1)健全现场各项管理制度,专业技术人员持证上岗。

(2)班组已进场到位并进行了技术、安全交底。

(3)班组工人一般中、高级工不少于60%,并应具有同类工程的施工经验。

(4)班组生产效率可参考条形基础综合施工定额,见表4-9。

表4-9 条形基础综合施工定额

项目		单位	时间定额			每工产量			备注
模板	木模板	10 m²	1.88			0.532			1. 班组最小劳动组合:14人。2. 模板工程包括安装和拆除
	钢模板	10 m²	1.7			0.685			
钢筋	钢筋直径/mm		12以内	25以内	25以外	12以内	25以内	25以外	1. 班组最小劳动组合:15人。2. 钢筋加工为部分机械,部分人工
	加工	t	3.56	2.67	2.41	0.28	0.375	0.415	
	绑扎	t	3.24	2.4	2	0.31	0.42	0.5	
混凝土	双轮车	m³	0.73			1.37			1. 班组最小劳动组合:20人。2. 混凝土机械搅拌,机械振捣
	小翻斗	m³	0.61			1.64			

(二)条形基础施工工艺流程

基础放线→钢筋绑扎→支基础模板→隐蔽验收→混凝土浇筑、振捣、养护→拆除模板。

(三)条形基础施工操作要求

1. 基础放线

根据轴线桩及图纸上标注的基础尺寸,在混凝土垫层上用墨线弹出轴线和基础边线;绑筋支模前,应校核放线尺寸。

2. 钢筋绑扎

条形基础钢筋绑扎施工工艺流程，如图 4-35 所示。

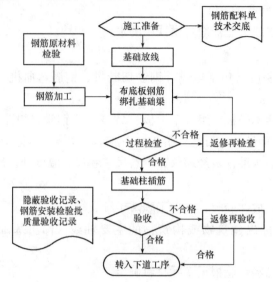

图 4-35 条形基础钢筋绑扎施工工艺流程

(1)将基础垫层清扫干净，用石笔和墨斗在上面弹放钢筋位置线，按钢筋位置线布放基础钢筋。

(2)钢筋混凝土底板钢筋绑扎时，按底板钢筋受力情况，确定主受力筋方向。

(3)绑扎钢筋方法。四周两行钢筋交叉点应每点绑扎牢；中间部分交叉点可相隔交错扎牢，但必须保证受力钢筋不位移。双向主筋的钢筋网，则需将全部钢筋相交点扎牢。相邻绑扎点的钢丝扣成八字形，以免网片歪斜变形。

(4)基础底板下层钢筋的弯钩应朝上，不要倒向一边。

(5)基础梁钢筋绑扎。基础梁钢筋绑扎一般采用就地成型方式施工，也可采用搭设钢管绑扎架。将基础梁的架立筋两端放在绑扎架上，画出箍筋间距，套上箍筋，按已画好的位置与底板上层钢筋绑扎牢固。穿基础梁下部钢筋，与箍筋绑牢。当纵向受力钢筋为双排时，双排钢筋间可用短钢筋支垫(短钢筋直径不小于 25 mm 并不小于梁主筋)，短钢筋间距以 1.0~1.2 m 为宜。基础梁钢筋绑扎完成抽出绑扎架，将已绑扎成型的梁筋骨架落地。

(6)基础中受力钢筋的混凝土保护层厚度应符合设计要求。钢筋保护层厚度一般采用细石混凝土垫块或塑料卡进行控制。

(7)在浇筑混凝土之前，应进行隐蔽工程验收，并填写相关验收记录，其内容包括：

1)纵向受力钢筋的牌号、规格、数量、位置；

2)钢筋的连接方式、接头位置、接头质量、接头面积百分率搭接长度、锚固方式及锚固长度；

3)箍筋、横向钢筋的牌号、规格、数量、位置，箍筋的弯折角度及平直段长度；

4)预埋件的规格、数量、位置。

(8)基础浇筑完毕后，把基础上预留墙柱插筋扶正，保证上部钢筋位置准确。

3. 支基础模板

条形基础模板采用组合钢模板或木模，利用钢管或木方加固。

(1) 先安装底板侧模，一般用短钢筋或木楔与地面固定，侧模顶部在四角处用木条斜拉固定，如图 4-36 所示。

(2) 再安装梁腹板侧模，一般用吊模法支模。即在箍筋上水平点焊一根短钢筋作为模板支座，标高与坡顶平齐，支座间距一般为 1.0～1.5 m，校核基础模板尺寸、轴线位置和标高无误后，再用钢管、扣件加固模板。

图 4-36　条形基础模板工程图

4. 混凝土施工

同前述"独立基础施工"中的相关内容。

4.2.3　钢筋混凝土扩展基础质量验收标准

同前述钢筋混凝土扩展基础质量检验标准。

4.2.4　条形基础施工质量记录

同前述"独立基础施工"施工质量记录。

任务 4.3　混凝土筏形基础施工

4.3.1　筏形基础识图与构造

(一) 梁板式筏形基础构件的类型与编号

梁板式筏形基础由基础主梁、基础次梁、基础平板等构成，编号见表 4-10。

表 4-10　梁板式筏形基础构件编号

构件类型	代号	序号	跨数及有无外伸
基础主梁	JL	××	(××)或(××A)或(××B)
基础次梁	JCL	××	(××)或(××A)或(××B)
梁板式筏形基础平板	LPB	××	

注：1. (××A)为一端有外伸，(××B)为两端有外伸，外伸不计入跨数。
　　　例：JL7(5B)表示第 7 号基础主梁，5 跨，两端有外伸。
　　2. 梁板式筏形基础平板跨数及是否有外伸分别在 X、Y 两向的贯通纵筋之后表达。图面从左至右为 X 向，从下至上为 Y 向。
　　3. 梁板式筏形基础主梁与条形基础梁编号与标准构造详图一致。

(二) 基础主梁与基础次梁的平面注写

基础主梁 JL 与基础次梁 JCL 的平面注写，分为集中标注与原位标注两部分内容，并规定原位标注取值优先。

1. 集中标注

基础主梁 JL 与基础次梁 JCL 的集中标注,应在第一跨(X 向为左端跨,Y 向为下端跨)引出,标注内容包括:

(1)基础梁编号。基础主梁 JL 与基础次梁 JCL 的编号,见表 4-10。

(2)基础梁截面尺寸。以 $b×h$ 表示梁截面宽度与高度;当为加腋梁时,用 $b×h$ $Yc_1×c_2$ 表示,其中 c_1 为腋长,c_2 为腋高。

(3)注写基础梁的箍筋。

1)当采用一种箍筋间距时,注写钢筋级别、直径、间距与肢数(写在括号内)。

2)当采用两种箍筋时,用"/"分隔不同箍筋,按照从基础梁两端向跨中的顺序注写。先注写第 1 段箍筋(在前面加注箍筋道数),在斜线后再注写第 2 段箍筋(不再加注箍筋道数)。

例:9ϕ16@100/ϕ16@200(6);表示箍筋为 HPB300 级钢筋,直径为 ϕ16,从梁端向跨内,间距 100 mm,设置 9 道,其余间距为 200 mm,均为六肢箍。

施工时应注意:两向基础主梁相交的柱下区域,应有一向截面较高的基础主梁按梁端箍筋贯通设置;当两向基础主梁高度相同时,任选一向基础主梁箍筋贯通设置。

(4)注写基础梁的底部与顶部贯通纵筋。

1)底部钢筋。以 B 打头,注写基础梁底部贯通纵筋的规格与根数(不应少于底部受力钢筋总截面面积的 1/3)。当跨中所注根数少于箍筋肢数时,需要在跨中加设架立筋以固定箍筋,采用"+"将贯通纵筋与架立筋相连,架立筋注写在加号后面的括号内。

2)顶部钢筋。以 T 打头,梁顶部为贯通纵筋。用分号";"将底部与顶部纵筋分隔开来,如有个别跨与其不同者,按原位标注处理。

例:B:4⊕32;T:7⊕32;表示梁的底部配置 4⊕32 的贯通纵筋,梁的顶部配置 7⊕32 的贯通纵筋。

3)当梁底部或顶部贯通纵筋多于一排时,用斜线"/"将各排纵筋自上而下分开。

例:B:8⊕25 3/5;表示上一排纵筋为 3⊕25,下一排纵筋为 5⊕25。

施工时应注意:

1)基础主梁与基础次梁的底部贯通纵筋,可在跨中 1/3 跨度范围内采用搭接连接、机械连接或对焊连接;

2)基础主梁与基础次梁的顶部贯通纵筋,可在距柱根 1/4 跨度范围内采用搭接连接,或在柱根附近采用机械连接或对焊连接,且应严格控制接头百分率。

(5)基础梁的侧面纵向构造钢筋。以 G 打头,注写梁两侧面对称设置的纵向构造钢筋的总配筋值(当梁腹板高度 h_w≥450 mm 时,根据需要配置)。

例:G 8⊕16;表示梁的两个侧面共配置 8⊕16 的纵向构造钢筋,每侧各配置 4⊕16。

2. 原位标注

(1)注写梁端(支座)区域的底部全部纵筋,包括已经集中注写过的贯通纵筋在内的所有纵筋。

1)当梁端(支座)区域的底部纵筋多于一排时,用斜线"/"将各排纵筋自上而下分开。

例:梁端(支座)区域底部纵筋注写为 10⊕25 4/6;表示上一排纵筋为 4⊕25,下一排纵筋为 6⊕25。

2)当同排纵筋有两种直径时,用加号"+"将两种直径的纵筋相连。

3）当中间支座两边的底部纵筋配置不同时，需在支座两边分别标注；当梁中间支座两边的底部纵筋相同时，可仅在支座的一边标注配筋值。

4）当梁端（支座）区域的底部全部纵筋与集中注写过的底部贯通纵筋相同时，不再重复原位标注。

施工及预算方面应注意：当底部贯通纵筋经原位修正注写后，两种不同配置的底部贯通纵筋应在两毗邻跨中配置较小一跨的跨中连接区域连接（即配置较大一跨的底贯通纵筋需延伸至毗邻跨的跨中连接区域）。

（2）基础梁的附加箍筋或吊筋（反扣）。将其直接画在平面图中的主梁上，用线引注总配筋值（附加箍筋的肢数注在括号内），当多数附加箍筋或吊筋（反扣）相同时，可在基础梁平法施工图上统一注明；少数与统一注明值不同时，再原位引注。

施工时应注意：附加箍筋或吊筋（反扣）的几何尺寸应按照标准构造详图，结合其所在位置的主梁和次梁的截面尺寸而定。

（3）注写修正内容。当在基础梁上集中标注的某项内容（如梁截面尺寸、箍筋、底部与顶部贯通纵筋或架立筋、梁侧面纵向构造钢筋、梁底面标高高差等）不适用于某跨或某外伸部分时，则将其修正内容原位标注在该跨或该外伸部位，根据"原位标注取值优先"原则，施工时应按原位标注数值取用。

3. 基础主梁 JL 与基础次梁 JCL 标注图示

基础主梁 JL 标注图示，如图 4-37 所示；基础次梁 JCL 标注图示，如图 4-38 所示。标注说明，见表 4-11。

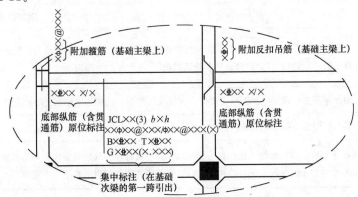

图 4-37 基础主梁 JL 集中标注与梁端（支座）纵筋原位标注图

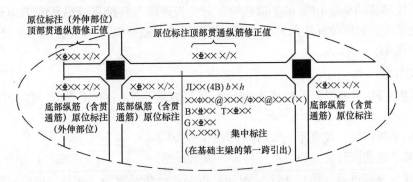

图 4-38 基础次梁 JCL 集中标注与附加箍筋或吊筋原位标注示意图

表 4-11 基础主梁 JL 与基础次梁 JCL 标注说明

集中标注说明(集中标注应在第一跨引出)		
注写形式	表达内容	附加说明
JL××(×B)或 JCL××(×B)	基础主梁 JL 或基础次梁 JCL 编号,具体包括:代号、序号、跨数及外伸情况	(×A):一端有外伸;(×B):两端有外伸;无外伸则仅注跨数(×)
$b \times h$	截面尺寸,梁宽×梁高	加腋时,用 $b \times h$ $Yc_1 \times c_2$ 表示,其中 c_1 为腋长,c_2 为腋高
××φ××@××××/φ××@××××(x)	第一种箍筋道数、强度等级、直径、间距/第二种箍筋(肢数)	φ—HPB300,Φ—HRB335,Φ—HRB400,Φ^R—RRB400,下同
Φ×C××;TΦ××	底部(B)贯通纵筋根数、强度等级、直径;顶部(T)贯通纵筋根数、强度等级、直径	底部纵筋应有不少于 1/3 贯通全跨顶部纵筋全部连通
G×Φ××	梁侧面纵向构造钢筋根数、强度等级、直径	为梁两个侧面构造纵筋的总根数
(×.××)	梁底面相对于筏形基础平板标高的高差	高者前加"+"号,低者前加"-"号,无高差不注
原位标注(含贯通筋)的说明		
注写形式	表达内容	附加说明
×Φ×× ×/×	基础主梁柱下与基础次梁支座区域底部纵筋根数强度等级、直径以及用"/"分隔的各排筋根数	为该区域底部包括贯通筋与非贯通筋在内的全部纵筋
×φ××@××××	附加箍筋总根数(两侧均分)、规格、直径及间距	在主次梁相交处的主梁上引出
其他原位标注	某部位与集中标注不同的内容	原位标注取值优先

注:1. 相同的基础主梁或次梁只标注一根,其他仅注编号。有关标注的其他规定详见制图规则。
2. 在基础梁相交处位于同一层面的纵筋相交叉时,设计应注明何梁纵筋在下,何梁纵筋在上。

(三)梁板式筏形基础平板的平面注写

梁板式筏形基础平板 LPB 的平面注写,分为板底部与顶部贯通纵筋的集中标注与板底部附加非贯通纵筋的原位标注两部分内容。当仅设置贯通纵筋而未设置附加非贯通纵筋时,则仅做集中标注。

1. 集中标注

筏基平板 LPB 贯通纵筋,在所表达的板区双向均为第一跨(X 与 Y 双向首跨)的板上引出。

(1)筏基平板编号。筏基平板 LPB 的编号,见表 4-10。

(2)筏基平板截面尺寸。以 $h=××××$ 表示板厚。

(3)底部与顶部贯通纵筋。先注写 X 向底部与顶部贯通纵筋,在括号内注写跨数及有无外伸;再注写 Y 向底部与顶部贯通纵筋,在括号内注写跨数及有无外伸。

例：X：B⊉22@150；T⊉20@150；(5B)
　　Y：B⊉20@200；T⊉18@200。(7A)

表示基础平板 X 向底部配置 ⊉22 间距 150 mm 的贯通纵筋，顶部配置 ⊉20 间距 150 mm 的贯通纵筋，纵向总长度为 5 跨两端有外伸；Y 向底部配置 ⊉20 间距 200 mm 的贯通纵筋，顶部配置 ⊉18 间距 200 贯通纵筋，纵向总长度为 7 跨一端有外伸。

施工及预算方面应注意：当基础平板分板区进行集中标注，且相邻板区板底一平时，两种不同配置的底部贯通纵筋应在两毗邻板跨中配置较小板跨的跨中连接区域连接。

2. 原位标注

梁板式筏形基础平板 LPB 的原位标注，主要表达横跨基础梁下的板底部附加非贯通纵筋。

(1)注写位置。在配置相同的若干跨的第一跨下注写。

(2)注写内容。垂直基础梁绘制一段中粗虚线代表底部附加非贯通纵筋，在虚线上注写钢筋编号、级别、直径、间距与横向布置的跨数及是否布置到外伸部位(跨数及是否布置到外伸部位注在括号内)，以及自基础梁中线分别向两边跨内的纵向延伸长度值。

附加钢筋两侧对称，仅在一侧标注；附加钢筋相同，仅在一根钢筋上注写，其他粗虚线上仅注编号。底部附加非贯通纵筋通常采用"隔一布一"的布置方式。

例：某 3 号基础梁 JL3(7B)，7 跨，两端有外伸。在该梁第 1 跨原位注写基础平板底部附加非贯通纵筋 ⊉18@300(4A)，在第 5 跨原位注写底部附加非贯通纵筋 ⊉20@300(3A)表示底部附加非贯通纵筋第 1～4 跨且包括第 1 跨的外伸部位横向配置附加非贯通纵筋为 ⊉18@300，第 5～7 跨且包括第 7 跨的外伸部位横向配置附加非贯通纵筋为 ⊉20@300(延伸长度值略)。

(3)注写修正内容。当集中标注的某些内容不适用于某板区的某一板跨时，可在该板跨内以文字注明。

3. 梁板式筏形基础平板 LPB 标注图示

梁板式筏形基础平板 LPB 标注图示，如图 4-39 所示。标注说明，见表 4-12。

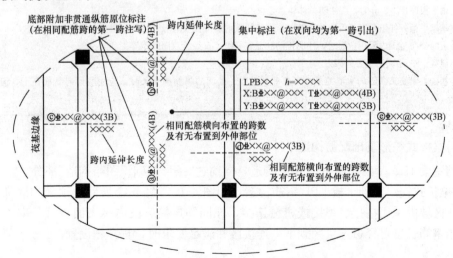

图 4-39　梁板式筏形基础平板 LPB 集中标注与板底部附加钢筋原位标注示意图

表 4-12　梁板式筏形基础平板 LPB 标注说明

集中标注说明：（集中标注应在双向均为第一跨引出）		
注写形式	表达内容	附加说明
LPB××	基础平板编号，包括代号和序号	为梁板式基础的基础平板
h=××××	基础平板厚度	
X: BΦ××@×××; TΦ××@×××; (×、×A、×B) Y: BΦ××@×××; TΦ××@×××; (×、×A、×B)	X 向底部与顶部贯通纵筋强度等级、直径、间距（总长度：跨数及有无外伸） Y 向底部与顶部贯通纵筋强度等级、直径、间距（总长度：跨数及有无外伸）	用"B"引导底部贯通纵筋，底部纵筋不应少于 1/3 贯通全跨；用"T"引导顶部贯通纵筋，顶部纵筋应全跨贯通。 (×A)：一端有外伸；(×B)：两端均有外伸；无外伸则仅注跨数(×)，图面从左至右为 X 向，从下至上为 Y 向
⊗Φ××@×××(×、×A、×B) ×××× 基础梁	底部附加非贯通纵筋编号、强度等级、直径、间距（相同配筋横向布置的跨数及有否布置到外伸部位），自梁中心线分别向两边跨内的延伸长度值	当向两侧对称延伸时，可以在一侧注延伸长度值。外伸部位一侧的延伸长度与方式按标准构造，设计不注。相同非贯通筋可只注写一处，其他仅在中粗虚线上注写编号。与贯通纵筋组合设置时的具体要求详见相应制图规则
修正内容原位注写	某部位与集中标注不同的内容	原位标注的修正内容取值优先
应在图注中注明的其他内容： 1. 当在基础平板周边侧面设置纵向构造钢筋时，应在图注中注明。 2. 应注明基础平板边缘的封边方式，当采用 U 形钢筋封边时应注明其规格、直径及间距。 3. 当基础平板外伸变截面高度时，注明外伸部位的 h_1/h_2，h_1 为板根部截面高度，h_2 为板尽端截面高度。 4. 当基础平板厚度>2 m 时，应注明具体构造要求。 5. 当在基础平板外伸阳角部位设置放射筋时，应注明放射筋的强度等级、直径、根数以及设置方式等。 6. 当在板的分布范围内采用拉筋时，注明拉筋的强度等级、直径、双向间距等。 7. 注明混凝土垫层厚度与强度等级。 8. 结合基础主梁交叉纵筋的上下关系，当基础平板同一层面的纵筋相交叉时，应注明何向纵筋在下，何向纵筋在上。		

(四)梁板式筏形基础配筋构造

基础主梁 JL、基础次梁 JCL 钢筋构造，同前述"条形基础识图与构造"部分。

(1)梁板式筏形基础平板 LPB 钢筋构造，如图 4-40、图 4-41 所示。顶部和底部贯通纵筋在连接区域内采用搭接、焊接或机械连接，在同一连接区段内接头面积百分率不宜大于50%。当钢筋长度可穿过连接区到下一连接区并满足要求时，宜穿越设置。

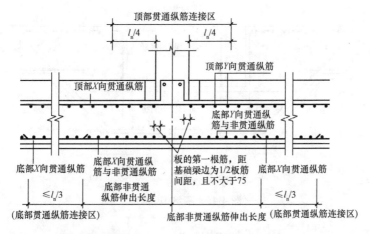

图 4-40 梁板式筏形基础平板 LPB 钢筋构造（柱下区域）

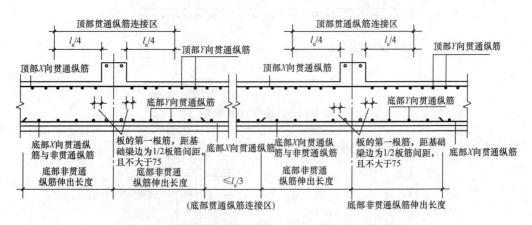

图 4-41 梁板式筏形基础平板 LPB 钢筋构造（跨中区域）

(2) 板边缘侧面封边构造，如图 4-42 所示。

(3) 基坑 JK 构造，如图 4-43 所示。

(4) 后浇带 HJD 构造，如图 4-44 所示。

1) 后浇带混凝土的浇筑时间及其他要求，按具体工程的设计说明。

2) 后浇带两侧可采用钢筋支架单层钢丝网或单层钢板网隔断。当后浇混凝土时，应将其表面浮浆剔除。

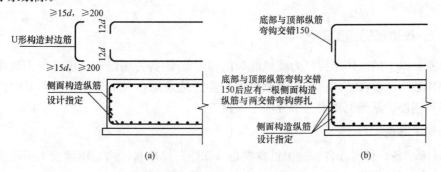

图 4-42 板边缘侧面封边构造

(a) U 形筋构造封边方式；(b) 纵筋弯钩交错封边方式

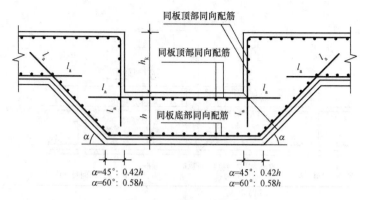

图 4-43 基坑 JK 构造

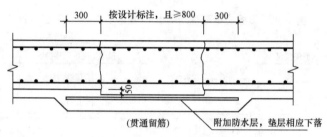

图 4-44 后浇带 HJD 构造

(5)墙插筋在基础中的锚固构造,如图 4-45 所示。

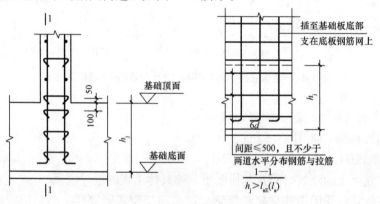

图 4-45 墙插筋在基础中的锚固构造

4.3.2 筏形基础施工工艺

筏形基础以上的主体结构可为现浇框架结构、框架-剪力墙结构、框支剪力墙结构、钢结构、砌体结构及混合结构;筏形基础以下可为天然地基和人工地基。筏形基础涉及基础模板、基础钢筋、基础混凝土三个分项工程施工。

(一)施工准备

(1)技术准备、材料准备、施工机具准备、作业条件准备、施工组织及人员准备同前述"条形基础施工"的相关内容。

(2)班组生产效率可参考筏形基础综合施工定额,见表 4-13。

表 4-13　筏形基础综合施工定额

项目		单位	时间定额			每工产量			备注
模板	木模板	10 m²	1.60			0.625			1. 班组最小劳动组合：14人。 2. 模板工程包括安装和拆除
	钢模板	10 m²	1.42			0.704			
钢筋	钢筋直径/mm		12以内	25以内	25以外	12以内	25以内	25以外	1. 班组最小劳动组合：15人。 2. 钢筋加工为部分机械，部分人工
	加工	t	3.56	2.67	2.41	0.28	0.375	0.415	
	绑扎	t	3.24	2.4	2	0.31	0.42	0.5	
混凝土	双轮车	m³	0.73			1.37			1. 班组最小劳动组合：20人。 2. 混凝土机械搅拌，机械振捣
	小翻斗	m³	0.61			1.64			

(二)筏形基础施工工艺流程

筏形基础施工工艺流程：基础放线→钢筋绑扎→支基础模板→隐蔽验收→混凝土浇筑、振捣、养护混凝土→拆除模板。

(三)施工操作要求

1. 基础放线

根据轴线桩及图纸上标注的基础尺寸，在混凝土垫层上用墨线弹出轴线和基础边线；绑筋支模前，应校核放线尺寸。

2. 钢筋绑扎

筏形基础钢筋绑扎施工工艺流程，如图 4-46 所示。

(1)将基础垫层清扫干净，用石笔和墨斗在上面弹放钢筋位置线，按钢筋位置线布放基础钢筋。

(2)钢筋混凝土底板钢筋绑扎时，按底板钢筋受力情况，确定主受力筋方向。

(3)绑扎钢筋方法。四周两行钢筋交叉点应每点绑扎牢；中间部分交叉点可相隔交错扎牢，但必须保证受力钢筋不位移；双向主筋的钢筋网，则需将全部钢筋相交点扎牢；相邻绑扎点的钢丝扣成八字形，以免网片歪斜变形。

(4)基础梁钢筋绑扎。基础梁钢筋绑扎一般采用就地成型方式施工，也可采用搭设钢管绑扎架。将基础梁的架立筋两端放在绑扎架上，画出箍筋间距，套上箍筋，按已画好的位置与底板上层钢筋绑扎牢固。穿基础梁下部钢筋，与箍筋扎牢。当纵向受力钢筋为双排时，双排钢筋间可用

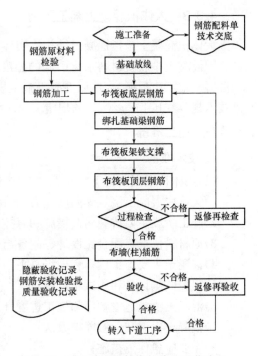

图 4-46　筏形基础钢筋绑扎施工工艺流程

短钢筋支垫(短钢筋直径不小于 25 mm 并不小于梁主筋)，短钢筋间距以 1.0～1.2 m 为宜。基础梁钢筋绑扎完成抽出绑扎架，将已绑扎成型的梁筋骨架落地。

(5)柱墙插筋的绑扎。根据弹好的柱墙位置线,将柱墙钢筋插于底板或基础的深度要符合要求,并与底板或基础钢筋绑扎牢固。插筋甩出长度及接头位置也应符合要求。

(6)基础中受力钢筋的混凝土保护层厚度应符合设计要求。钢筋保护层厚度一般采用细石混凝土垫块或塑料卡进行控制。

(7)在浇筑混凝土之前,应进行隐蔽工程验收,并填写相关验收记录,其内容包括:

1)纵向受力钢筋的牌号、规格、数量、位置;

2)钢筋的连接方式、接头位置、接头质量、接头面积百分率、搭接长度、锚固方式及锚固长度;

3)箍筋、横向钢筋的牌号、规格、数量、位置,箍筋的弯折角度及平直段长度;

4)预埋件的规格、数量、位置。

(8)基础浇筑完毕后,把基础上预留墙柱插筋扶正,保证上部钢筋位置准确。

3. 支基础模板

筏形基础模板采用组合钢模板或木模,利用钢管或木方加固。支模工艺同条形基础模板。

4. 混凝土施工

筏形基础混凝土通常属于大体积混凝土,详见下述"大体积混凝土施工工艺"。

大体积混凝土是指混凝土结构最小断面尺寸等于或大于1 000 mm,或预计会因水泥水化热引起混凝土内外温差过大而导致裂缝的混凝土。

4.3.3 大体积混凝土施工工艺

大体积混凝土是指混凝土结构物实体最小几何尺寸不小于1 m的大体量混凝土,或预计会因混凝土中胶凝材料水化引起的温度变化和收缩而导致有害裂缝产生的混凝土。大体积混凝土施工应遵循《大体积混凝土施工规范》(GB 50496—2009)和《高层建筑筏形与箱形基础技术规范》(JGJ 6—2011)的规定。

(一)施工准备

1. 技术准备

(1)大体积混凝土施工前应编制专项施工方案,专项施工方案包括下列主要内容:

1)大体积混凝土浇筑体温度应力和收缩应力的计算;

2)施工阶段主要抗裂构造措施和温控指标的确定;

3)原材料优选、配合比设计、制备与运输;

4)混凝土主要施工设备和现场总平面布置;

5)温控监测设备和测试布置图;

6)混凝土浇筑运输顺序和施工进度计划;

7)混凝土保温和保湿养护方法;

8)主要应急保障措施;

9)特殊部位和特殊气候条件下的施工措施。

(2)大体积混凝土施工前,应进行施工技术交底。

2. 材料准备

(1)当采用商品混凝土进行浇筑时,如果一个混凝土厂家供应不能满足施工进度要求,应考虑多家厂家合作供应的可能。

(2)当采用现场拌制混凝土进行浇筑时,应储备足够的材料,以满足连续施工的需要。

(3)按照物资供应计划储备足够的保温物资,确保浇筑混凝土及时保温和应急保温措施所需要的物资。

(4)大体积混凝土有连续施工的要求,现场应配置备用电源或发电设备。

3. 施工机械

大体积混凝土主要施工机械有:强制式混凝土搅拌机、自动计量和上料设备、混凝土运输车、混凝土泵车、拖式混凝土输送泵、混凝土布料设备、泵管、空气压缩机、振捣棒、平板振动器、抹光机。

4. 作业条件准备

(1)钢筋、模板、预埋件及管线安装就位并通过验收,混凝土浇灌申请书得到批准。

(2)运输通道或浇筑脚手架搭设完毕并通过验收。

(3)混凝土搅拌站或预拌混凝土厂家做好准备,现场混凝土输送泵及管道已安装就位,机具设备、水电设施等已齐备,试运转正常。

(4)现场成立混凝土浇筑指挥系统,统一指挥和组织大体积混凝土的浇筑。各工种人数、工人技术要求符合要求,应进行培训和交底。

(5)对施工质量、环境和安全所要求的应急措施到位并经过检查。

5. 施工组织及人员准备

同前述"条形基础施工"的相关内容。

(二)大体积混凝土施工工艺流程

大体积混凝土施工工艺流程,如图4-47所示。

(三)大体积混凝土施工操作要求

(1)混凝土拌合物和易性检验。混凝土拌合物进场后应及时进行混凝土拌合物基本特性的验收,如混凝土配合比、坍落度、和易性等。当特性不符合要求时不得进行浇筑,并由混凝土搅拌方负责处置。现场应指定专人对混凝土的出站时间、入场时间、开始浇筑及持续时间等各时间段进行记录。

(2)混凝土浇筑方法。大体积混凝土宜分层连续浇筑,不留施工缝。浇筑方法可分为全面分层、分段分层和斜面分层三种,如图4-48所示。分层厚度300~500 mm且不大于振动棒长1.25倍。分段分层多采取踏步式分层推进,一般踏步宽为1.5~2.5 m。斜面分层浇灌每层厚30~35 cm,坡度一般取1:6~1:7。目前应用较多的是斜面分层法。

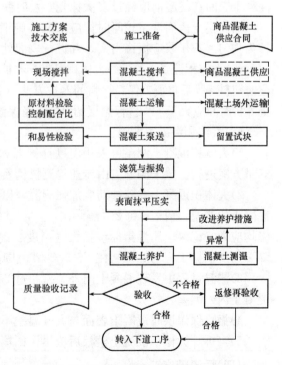

图4-47 大体积混凝土施工工艺流程

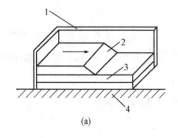 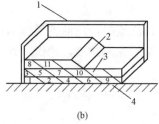 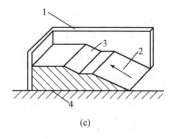

图 4-48 大体积混凝土浇筑方法
(a)全面分层；(b)分段分层；(c)斜面分层
1—模板；2—新浇筑的混凝土；3—已浇筑的混凝土；4—地基

(3)混凝土下落自由高度不超过 2 m，当超过 2 m 时，应采取加长软管和串筒方法。

(4)混凝土振捣应由专职操作工进行，操作工应经过培训。混凝土振捣时宜采用 50 型振捣棒，振捣应达到密实、均匀并排除气体。一般采用快插慢拔，应插入下层混凝土中 50 mm 左右，插点振捣时间宜为 20～30 s，当混凝土表面呈水平，混凝土拌合物不再显著下沉、不再出现气泡，表面泛浆时为佳。振捣棒插点要均匀排列，移动间距不大于振捣棒作用半径的 1.5 倍（一般为 400～500 mm）。

(5)留置测温孔或测温装置。大体积混凝土浇筑时，应预留测温孔或测温装置，测温孔、测温装置应根据监视测量方案布置，并进行编号。应根据大体积混凝土厚度布置测温装置，分别用于测量结构表面、内部核心区以及底部温度。

(6)混凝土表面处理。大体积混凝土浇筑后，表面可采用混凝土抹光机抹平或用刮杠刮平，木抹子搓平。混凝土表面泌水应及时引导，集中排除。考虑尽量消除混凝土收缩裂缝，混凝土表面在终凝前应经过多次抹光，及时恢复收缩裂缝，避免产生永久裂缝。

当混凝土表面浮浆较厚时，应采取措施消除浮浆或在混凝土初凝前加石子，使混凝土较为均匀。石子浆应振捣密实，并进行表面处理。

(7)大体积混凝土养护。大体积混凝土养护方法以保温保湿为主，一般可采用混凝土表面覆盖塑料薄膜后再覆盖保温材料的养护方法。养护塑料薄膜内应保持有凝结水，大体积混凝土养护时间应大于 14 d。保温层的厚度以及保温时间根据热工计算以及现场测温记录确定。

(8)大体积混凝土测温。

1)大体积混凝土测温可采用温度计测温和电子温度控制设备测温。测温应按照监视和测量方案进行。电子测温应由专业检测机构实施。

2)大体积混凝土在养护期应加强测温，以确保混凝土内外温差不超过 25 ℃。养护期对混凝土的测温，前 3 d 每 2 h 测一次，4～7 d 每 4 h 测一次，后一周每 6 h 测一次，每次测温均应做好记录。测温指标包括大气温度、混凝土表面温度、混凝土内部温度等。混凝土降温速度根据工程情况控制在 1～3 ℃/d 范围内。

3)测温过程中发现混凝土内外温差超过 25 ℃，应及时采取加强保温等措施，及时调整混凝土内外温差。

4)撤除保温层时混凝土表面与大气温差不应大于 20 ℃。

5)当拆除大体积混凝土模板后应尽快回填，防止因保温不善、温差过大而造成裂缝。

(四)后浇带施工

(1)留置后浇带。大体积混凝土施工应按照设计要求预留后浇带，后浇带的构造应按照设计要求或标准图的要求设置，一般应采用钢板网支挡。

(2)后浇带表面处理。后浇带混凝土浇筑前应清除杂物并进行湿润，刷与混凝土成分相同的水泥砂浆或刷界面处理剂。

(3)浇筑补偿收缩混凝土。补偿收缩混凝土是以膨胀剂取代部分水泥或采用膨胀水泥拌制的具有膨胀性能的用于补偿混凝土收缩变形、减少无害裂缝或消除有害裂缝的混凝土。

(4)粘贴附加防水层。对有防水要求的大体积混凝土基础或底板，后浇带处应按照设计要求粘贴附加防水层。

4.3.4 筏形基础施工质量验收标准

(一)钢筋、模板验收

钢筋、模板分项工程验收，同前述"钢筋混凝土扩展基础"质量检验标准。

(二)筏形和箱形基础质量验收

(1)施工前应对放线尺寸进行检验。

(2)施工中应对轴线位移、预埋件及预留洞中线位置进行检验。

(3)施工结束后应对筏形和箱形基础的混凝土强度、轴线位移、基础顶面标高及平整度进行验收。

(4)筏形和箱形基础质量检验标准应符合表4-14的规定。

表4-14 筏形和箱形基础质量检验标准

项	序	检查项目	允许值		允许偏差		检查方法
			单位	数值	单位	数值	
主控项目	1	混凝土强度	设计要求		—		预留试块
	2	轴线位移	—		mm	15	经纬仪和钢尺
一般项目	1	基础顶面标高	设计要求		mm	±15	水准仪和钢尺
	2	平整度	设计要求		mm	10	经纬仪和钢尺
	3	尺寸	设计要求		mm	+15 -10	钢尺
	4	预埋件	设计要求		mm	10	钢尺
	5	预留洞中心线位置	设计要求		mm	15	钢尺

(5)大体积混凝土施工过程中应检查混凝土的坍落度、配合比、浇筑的分层厚度、坡度以及测温点的设置，上下两层的浇筑搭接时间不应超过混凝土的初凝时间。养护时混凝土结构构件表面以内50～100 mm位置处的温度与混凝土结构构件内部的温度差值不宜大于25 ℃，且与混凝土结构构件表面温度的差值不宜大于25 ℃。

4.3.5 筏形基础施工质量记录

筏形基础施工应形成以下质量记录：

表G1-34 筏形和箱形基础检验批质量验收记录。

注：1. 其他资料同前述"独立基础施工"施工质量记录。

2. 以上表式采用《河北省建筑工程资料管理规程》[DB13(J)/T 145—2012]所规定的表式。

单元5 桩基础施工

当采用天然地基浅基础不能满足建筑物对地基变形和强度的要求时,可以利用下部坚硬土层作为基础的持力层而设计成深基础,其中较为常用的为桩基础。桩基础由置于土中的桩身和承接上部结构的承台两部分组成。

(1)桩的分类。

1)按受力情况分为端承桩和摩擦桩,如图5-1所示。端承桩是穿过软弱土层而达到坚硬土层,桩顶荷载全部或主要由桩端阻力承担的桩。摩擦桩是完全设置在软弱土层中,桩顶荷载全部或主要由桩侧阻力承担的桩。

2)按施工方法分为预制桩和灌注桩,见表5-1。

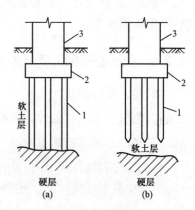

图5-1 桩
(a)端承桩;(b)摩擦桩
1—桩身;2—承台;3—上部结构

表5-1 按施工方法分类

预制桩	混凝土桩	混凝土方桩
		预应力混凝土管桩
	钢桩	钢管桩
		H型钢桩
灌注桩	干作业成孔	人工挖孔
		螺旋钻钻孔
	泥浆护壁成孔	回转钻机成孔
		潜水钻机成孔
	套管成孔	锤击成孔
		振动锤成孔

(2)桩基础施工应遵循的规范规程。

1)《建筑地基基础设计规范》(GB 50007—2011)。

2)《建筑工程施工质量验收统一标准》(GB 50300—2013)。

3)《建筑地基基础工程施工质量验收规范》(GB 50202)。

4)《建筑桩基技术规范》(JGJ 94—2008)。

5)《建筑基桩检测技术规范》(JGJ 106—2014)。

任务 5.1 混凝土预制桩施工

5.1.1 桩的制作、运输和堆放

(一)桩的制作

钢筋混凝土预制桩分为方桩和预应力管桩两种。混凝土方桩多数是在施工现场预制,也可在预制厂生产。可做成单根桩或多节桩,截面边长多为 200～550 mm,在现场预制,长度不宜超过 30 m;在工厂制作,为便于运输,单节长度不宜超过 12 m。混凝土预应力管桩则均在工厂用离心法生产。管桩直径一般 300～800 mm,常用的为 400～600 mm。

(1)桩的制作方法。为节省场地,现场预制方桩多用叠浇法制作,如图 5-2 所示。

图 5-2 现场叠浇法预制混凝土方桩

桩与桩之间应做好隔离层,桩与邻桩及底模之间的接触面不得粘连;上层桩或邻桩的浇注,必须在下层桩或邻桩的混凝土达到设计强度的 30% 以上时,方可进行;桩的重叠层数不应超过 4 层。

(2)桩的制作要求。

1)场地要求。场地应平整、坚实,不得产生不均匀沉降。

2)制桩模板。宜采用钢模板,模板应具有足够刚度,并应平整,尺寸应准确。

3)钢筋骨架。

①主筋连接。宜采用对焊和电弧焊,当大于 $\phi 20$ 时,宜采用机械连接。主筋接头在同一截面内的数量,应符合下列规定:

a. 当采用对焊或电弧焊时,对于受拉钢筋,不得超过 50%;

b. 相邻两根主筋接头截面的距离应大于 35d(主筋直径),并不应小于 500 mm;

c. 必须符合《钢筋焊接及验收规程》(JGJ 18—2012)和《钢筋机械连接技术规程》(JGJ 107—2010)的规定。

②允许偏差。预制桩钢筋骨架的允许偏差应符合表 5-2 的规定。

表 5-2 预制桩钢筋骨架质量检验标准 mm

项	序	检查项目	允许偏差或允许值	检查方法
主控项目	1	主筋距桩顶距离	±5	用钢尺量
	2	多节桩锚固钢筋位置	5	用钢尺量
	3	多节桩预埋铁件	±3	用钢尺量
	4	主筋保护层厚度	±5	用钢尺量

续表

项	序	检查项目	允许偏差或允许值	检查方法
一般项目	1	主筋间距	±5	用钢尺量
	2	桩尖中心线	10	用钢尺量
	3	箍筋间距	±20	用钢尺量
	4	桩顶钢筋网片	±10	用钢尺量
	5	多节桩锚固钢筋长度	±10	用钢尺量

③桩顶桩尖构造。桩顶一定范围内的箍筋应加密，并设置钢筋网片，如图5-3所示。

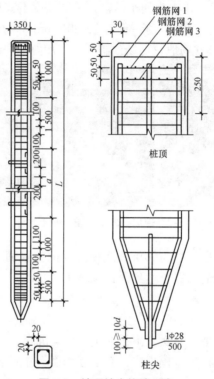

图5-3 桩顶桩尖构造示意

4)混凝土。混凝土骨料粒径宜为5~40 mm；强度等级不宜低于C30(静压法沉桩时不宜低于C20)；灌注混凝土时，宜从桩顶开始灌注，并应防止另一端的砂浆积聚过多。

(3)成品桩验收。混凝土预制桩的表面应平整、密实，制作允许偏差应符合表5-3的规定。

表5-3 混凝土预制桩制作允许偏差　　　　　　　　　　　　mm

桩 型	项 目	允许偏差
钢筋混凝土实心桩	横截面边长	±5
	桩顶对角线之差	≤5
	保护层厚度	±5
	桩身弯曲矢高	不大于1‰桩长且不大于20
	桩尖偏心	≤10
	桩端面倾斜	≤0.005
	桩节长度	±20

续表

桩 型	项 目	允许偏差
钢筋混凝土管桩	直径	±5
	长度	±0.5%L
	管壁厚度	-5
	保护层厚度	+10,-5
	桩身弯曲(度)矢高	L/1 000
	桩尖偏心	≤10
	桩头板平整度	≤2
	桩头板偏心	≤2

(二)桩的起吊、运输和堆放

(1)桩的吊运。混凝土设计强度达到70%及以上方可起吊,达到100%方可运输;桩在起吊时,必须保证安全平稳,保护桩身质量;吊点位置应符合设计要求,一般节点的设置如图5-4所示。水平运输时,应做到桩身平稳放置,严禁在场地上直接拖拉桩体。

(2)桩的堆放。堆放场地应平整坚实;按不同规格、长度及施工流水顺序分别堆放;当场地条件许可时,宜单层堆放;当叠层堆放时,垫木间距应与吊点位置相同,各层垫木应上下对齐,并位于同一垂直线上,堆放层数不宜超过4层。

(3)取桩规定。当桩叠层堆放超过2层时,应采用吊机取桩,严禁拖拉取桩;三点支撑自行式打桩机不应拖拉取桩。

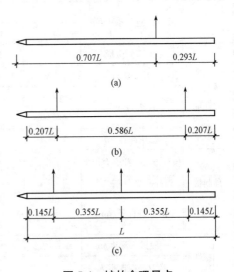

图 5-4 桩的合理吊点
(a)一点起吊;(b)两点起吊;(c)三点起吊

5.1.2 锤击打桩施工工艺

锤击打桩是利用打桩设备的锤击能量将预制桩沉入土(岩)层的施工方法,其施工速度快、机械化程度高、适用范围广,但施工时有冲撞噪声和对地表层有振动,在城市区和夜间施工有所限制。其施工工艺适用于工业与民用建筑、铁路、公路、港口等陆上预制桩桩基施工。由打入土(岩)层的预制桩和连接于桩顶的承台共同组成桩基础。

(一)施工准备

1. 技术准备

(1)熟悉基础施工图纸和工程地质勘查报告,准备有关的技术规范、规程,掌握施工工艺。
(2)编制施工组织设计,并对施工人员进行技术交底。
(3)准备有关工程技术资料表格。

2. 材料准备

(1)预制桩的制作质量符合《建筑桩基技术规范》(JGJ 94—2008)和《混凝土结构工程施

工质量验收规范》(GB 50204—2015)。预制桩的混凝土强度达到设计强度的100%且混凝土的龄期不得少于28 d。

(2)电焊接桩时,电焊条必须有合格证及质量证明单。

(3)打桩缓冲用硬木、麻袋、草垫等弹性衬垫。

3. 施工机具准备

(1)打桩设备选择。打桩设备包括桩锤、桩架和动力装置。

1)桩锤:可选用落锤、柴油锤、汽锤和振动锤。其中柴油锤由于其性能较好,故应用较为广泛。柴油锤利用燃油爆炸来推动活塞往返运动进行锤击打桩。

桩锤的选用应根据地质条件、桩型、桩的密集程度、单桩竖向承载力及现有施工条件等因素确定,柴油锤的锤重可根据表5-4选用。

表5-4 锤重选择表

锤 型		柴油锤/t						
		D25	D35	D45	D60	D72	D80	D100
锤的动力性能	冲击部分质量/t	2.5	3.5	4.5	6.0	7.2	8.0	10.0
	总质量/t	6.5	7.2	9.6	15.0	18.0	17.0	20.0
	冲击力/kN	2 000～2 500	2 500～4 000	4 000～5 000	5 000～7 000	7 000～10 000	>10 000	>12 000
	常用冲程/m			1.8～2.3				
预制桩规格	预制方桩、预应力管桩的边长或直径/mm	350～400	400～450	450～500	500～550	550～600	600以上	600以上
	钢管桩直径/mm		400	600	900	900～1 000	900以上	900以上
持力层	黏性土粉土 一般进入深度/m	1.5～2.5	2.0～3.0	2.5～3.5	3.0～4.0	3.0～5.0		
	黏性土粉土 静力触探比贯入阻力P_s平均值/MPa	4	5	>5	>5	>5		
	砂土 一般进入深度/m	0.5～1.5	1.0～2.0	1.5～2.5	2.0～3.0	2.5～3.5	4.0～5.0	5.0～6.0
	砂土 标准贯入击数$N_{63.5}$未修正	20～30	30～40	40～45	45～50	50	>50	>50
锤的常用控制贯入度(cm/10击)		2～3	3～5		4～8		5～10	7～12
设计单桩极限承载力/kN		800～1 600	2 500～4 000	3 000～5 000	5 000～7 000	7 000～10 000	>10 000	>10 000

注:1. 本表仅供选锤用。
  2. 本表适用于桩端进入硬土层一定深度的长度为20～60 m的钢筋混凝土预制桩及长度为40～60 m的钢管桩。

2)桩架:桩架一般由底盘、导向杆、起吊设备、撑杆等组成。桩架的高度由桩的长度、桩锤高度、桩帽厚度及所用的滑轮组的高度决定。另外,还应留1～2 m的高度作为桩锤的伸缩余地。桩架的种类很多,应用较广的为步履式打桩机和履带式打桩机,如图5-5、图5-6所示。

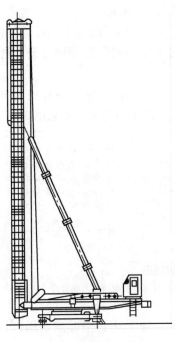
图 5-5 步履式打桩机

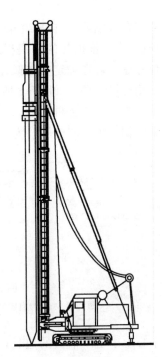
图 5-6 履带式打桩机

3)动力装置：打桩动力装置是根据所选桩锤而定的。当采用空气锤时，应配备空气压缩机；当选用蒸汽锤时，则要配备蒸汽锅炉和卷扬机。

(2)工具用具。如送桩器、电焊机、平板车等。

(3)检测设备。如经纬仪、水准仪、钢卷尺、塔尺等。

4. 作业条件准备

(1)施工现场具备三通一平。

(2)预制桩、焊条等材料已进场并验收合格。

(3)测量基准已交底，复测、验收完毕。

(4)施工人员到位，技术、安全技术交底已完成，机械设备进场完毕。

(二)打桩施工工艺流程

锤击打桩施工工艺流程，如图 5-7 所示。

(三)锤击打桩操作要求

(1)桩位放线。

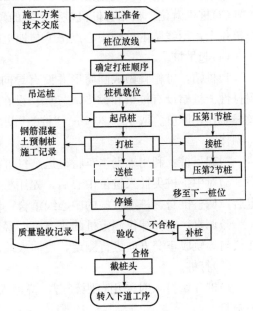
图 5-7 锤击打桩施工工艺流程

1)在打桩施工区域附近设置水准点，不少于 2 个，其位置以不受打桩影响为原则(距离操作地点 40 m 以外)，轴线控制桩应设置在距最外桩 5~10 m 处，以控制桩基轴线和标高。

2)测量好的桩位用钢钎打孔，深度≥200 mm，用白灰灌入孔内，并在其上插入钢筋棍。

3)桩位的放样允许偏差：群桩 20 mm；单排桩 10 mm。

(2)确定打桩顺序。根据桩的密集程度(桩距大小)、桩的规格、设计标高、周边环境、工期要求等综合考虑，合理确定打桩顺序。打桩顺序一般分为逐排打设、自中部向四周打设和由中间向两侧打设三种，如图 5-8 所示。

1)当桩的中心距大于 4 倍桩的边长(桩径)时，可采用上述三种打法均可。当采用逐排打设时，会使土体朝一个方向挤压，为了避免土体挤压不均匀，可采用间隔跳打方式。

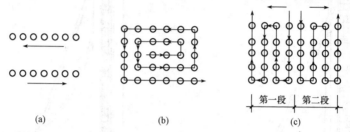

图 5-8 打桩顺序
(a)逐排打设；(b)自中部向四周打设；(c)由中间向两侧打设

2)当桩的中心距小于 4 倍桩的边长(桩径)时，应采用自中部向四周打设[图 5-8(b)]；若场地狭长由中间向两侧打设[图 5-8(c)]。

3)当一侧毗邻建筑物时，由毗邻建筑物处向另一方向施打。

4)根据基础的设计标高，宜先深后浅。

5)根据桩的规格，宜先大后小，先长后短。

(3)桩机就位。根据打桩机桩架下端的角度计初调桩架的垂直度，按打桩顺序将桩机移至桩位上，用线坠由桩帽中心点吊下与地上桩位点初对中。

(4)起吊桩。

1)桩帽：桩帽宜做成圆筒形并设有导向脚与桩架导轨相连，应有足够的强度、刚度和耐打性。桩帽设有桩垫和锤垫，"锤垫"设在桩帽的上部，一般用竖纹硬木或盘圆层叠的钢丝绳制作，厚度宜取 15～20 cm。"桩垫"设在桩帽的下部套筒内，一般用麻袋、硬纸板等材料制作。

2)起吊桩：利用辅助吊车将桩送至打桩机桩架下面，桩机起吊桩并送进桩帽内。

3)对中：桩尖插入桩位中心后，先用桩和桩锤自重将桩插入地下 30 cm 左右。桩身稳定后，调整桩身、桩锤桩帽的中心线重合，使打入方向成一直线。

4)调直：用经纬仪测定桩的垂直度。经纬仪设置在不受打桩影响的位置，保证两台经纬仪与导轨成正交方向进行测定，使插入地面垂直偏差小于 0.5%。

(5)打桩。

1)桩开始打入时采用短距轻击，待桩入土一定深度(1～2 m)稳定以后，再以规定落距施打。

2)正常打桩宜采用重锤低击，柴油锤落距一般不超过 1.5 m，锤重参照表 5-4 选用。

3)停锤标准。

①摩擦桩：以控制桩端设计标高为主，贯入度为辅；摩擦桩桩端位于一般土层。

②端承桩：以贯入度控制为主，桩端设计标高为辅；端承桩桩端达到坚硬、硬塑的黏性土，中密以上粉土、砂土、碎石类土及风化岩。

③贯入度已达到设计要求而桩端标高未达到时,应继续锤击 3 阵,并按每阵 10 击的贯入度不大于设计规定的数值确认,必要时,施工控制贯入度应通过试验确定。

4)打(压)入桩的桩位偏差,必须符合表 5-5 的规定。斜桩倾斜度的偏差不得大于倾斜角正切值的 15%(倾斜角是桩的纵向中心线与铅垂线间夹角)。

表 5-5　预制桩(钢桩)桩位的允许偏差　　　　　　　　　　　　　　mm

序	检查项目		允许偏差
1	带有基础梁的桩	垂直基础梁的中心线	70+0.01H
		沿基础梁的中心线	100+0.01H
2	承台桩	桩数为 1~3 根桩基中的桩	70+0.01H
		桩数大于等于 4 根桩基中的桩	100+0.01H

注:H 为桩基施工面至设计桩顶的距离。

5)当遇到贯入度剧变,桩身突然发生倾斜、位移或有严重回弹、桩顶或桩身出现严重裂缝、破碎等情况时,应暂停打桩,并分析原因,采取相应措施。

6)打桩施工记录:打桩工程是隐蔽工程,施工中应做好每根桩的观测和记录,这是工程验收的依据。各项观测数据应填写《钢筋混凝土预制桩施工记录》。

(6)接桩。

1)待桩顶距地面 0.5~1 m 左右时接桩,接桩采用焊接或法兰连接等方法。

2)焊接接桩:

①钢板宜采用低碳钢,焊条宜采用 E43。

②对接前,上下端板表面应采用铁刷子清刷干净,坡口处应刷至露出金属光泽。

③接桩时,上下节桩段应保持顺直,在桩四周对称分层施焊,接层数不少于 2 层;错位偏差不大于 2 mm,不得采用大锤横向敲打纠偏。

④焊好后,桩接头应自然冷却后方可继续锤击,自然冷却时间不宜少于 8 min,严禁采用水冷却或焊好即施打。

⑤焊接接头的质量检查,对于同一工程探伤抽样检验不得少于 3 个接头。

(7)送桩。

1)如果桩顶标高低于槽底标高,应采用送桩器送桩。

2)送桩器:宜做成圆筒形,并应有足够的强度、刚度和耐打性。送桩器长度应满足送桩深度的要求,弯曲度不得大于 1/1 000。

3)在管桩顶部放置桩垫,厚薄均匀,将送桩器下口套在桩顶上,调整桩锤、送桩器和桩三者的轴线在同一直线上。

4)锤击送桩器将桩送至设计深度;送桩完成后及时将空孔回填密实。

(8)截桩头。打桩完成后,将多余的桩头截断;截桩头时,宜采用锯桩器截割,不得截断桩体纵向主筋;严禁采用大锤横向敲击截桩或强行扳拉截桩。

(四)锤击打桩质量验收标准

(1)事前控制。施工前应检验成品桩及外观质量。

(2)事中控制。施工过程中应检验接桩质量、锤击及静压的技术指标、垂直度以及桩顶标高等。

(3)事后控制。

1)施工后应检验桩位偏差和承载力。对于地基基础设计等级为甲级或地质条件复杂，应采用静载荷试验的方法对桩基承载力进行检验，检验桩数不应少于总数的1%，且不应少于3根；当总桩数少于50根时，不应少于2根。

2)桩身完整性检测。对混凝土预制桩，检验数量不应少于总桩数的10%，且不得少于10根。每个柱子承台下不得少于1根。

3)钢筋混凝土预制桩的质量检验标准应符合表5-6的规定。

表5-6 钢筋混凝土预制桩的质量检验标准

项序		检查项目	允许值		允许偏差		检查方法
			单位	数值	单位	数值	
主控项目	1	承载力	设计值		—		静荷载法、大应变法等
	2	成品桩质量检验	设计要求		—		回弹仪法、超声波检测
一般项目	1	桩位偏差	见表5-5		—		全站仪及钢尺量
	2	电焊条质量	设计要求				查产品合格证书
	3	电焊接桩：焊缝质量	见《建筑地基基础工程施工质量验收规范》(GB 50202)的相关规定				见《建筑地基基础工程施工质量验收规范》(GB 50202)的相关规定
		电焊结束后停歇时间	—		min	>1	秒表测定
		上下节平面偏差	—		mm	<10	用钢尺量
		节点弯曲矢高	同桩体弯曲要求				用钢尺量
	4	收锤标准	设计要求		—		现场实测或查沉桩记录
	5	桩顶标高			mm	±50	水准仪
	6	垂直度	≤1%				两个垂直方向经纬仪测量

(五)锤击打桩施工质量记录

锤击打桩施工应形成以下质量记录：

(1)表C2-4 技术交底记录；

(2)表C1-5 施工日志；

(3)表C5-3-1 钢筋混凝土预制桩施工记录；

(4)表G1-18 钢筋混凝土预制桩质量验收记录表。

注：以上表式采用《河北省建筑工程资料管理规程》[DB13(J)/T 145—2012]所规定的表式。

5.1.3 静力压桩施工工艺

静力压桩是用静力压桩机将预制钢筋混凝土方桩与管桩分节压入地基土中的一种沉桩施工工艺。其施工速度快，机械化程度高，施工时无振动无噪声，特别适合于居民稠密及危房附近环境要求严格的地区沉桩。

(一)施工准备

1. 技术准备

(1)熟悉基础施工图纸和工程地质勘查报告，准备有关的技术规范、规程，掌握施工工艺。

(2)编制施工组织设计,并对施工人员进行技术交底。

(3)准备有关工程技术资料表格。

2. 材料准备

(1)预制桩的制作质量应符合《建筑桩基技术规范》(JGJ 94—2008)和《混凝土结构工程施工质量验收规范》(GB 50204—2015)的规定。预制桩的混凝土强度达到设计强度的100%且混凝土的龄期不得少于28 d。

(2)电焊接桩时,电焊条必须有合格证及质量证明单。

(3)打桩缓冲用硬木、麻袋、草垫等弹性衬垫。

3. 施工机具准备

(1)液压静力压桩机。液压静力压桩机由液压装置、行走机构及起吊装置等组成,根据单节桩的长度可选用顶压式液压压桩机和抱压式液压压桩机,如图 5-9 所示。此设备采用液压操作,自动化程度高,结构紧凑,行走方便快速,是当前国内较广泛采用的压桩机械。

图 5-9 液压式静力压桩机
(a)顶压式液压压桩机;(b)抱压式液压压桩机

国内常用的有 YZY 系列液压静力压桩机,其型号和主要技术参数见表 5-7。

表 5-7 YZY 系列液压静力压桩机主要技术参数

参数	型号	200	280	400	500	600	650
最大压入力	kN	2 000	2 800	4 000	5 000	6 000	6 500
边桩距离	m	3.9	3.5	3.5	4.5	4.2	4.2
接地压强(长船/短船)	MPa	0.08/0.09	0.094/0.120	0.097/0.125	0.090/0.137	0.100/0.136	0.108/0.147
适用桩截面 方桩 最小	m×m	0.35×0.35	0.35×0.35	0.35×0.35	0.40×0.40	0.35×0.35	0.35×0.35
适用桩截面 方桩 最大	m×m	0.50×0.50	0.50×0.50	0.50×0.50	0.60×0.60	0.50×0.50	0.50×0.50
适用桩截面 圆桩最大直径	m	0.50	0.50	0.60	0.60	0.60	0.50

续表

参数 \ 型号			200	280	400	500	600	650
	配电功率	kW	96	112	112	132	132	132
工作吊机	起重力矩	kN·m	460	460	480	720	720	720
	用桩长度	m	13	13	13	13	13	13
整机重量	自重	t	80	90	130	150	158	165
	配重	t	130	210	290	350	462	505
拖运尺寸(宽×高)		m×m	3.38×4.20	3.38×4.30	3.39×4.40	3.38×4.40	3.38×4.40	3.38×4.40

(2)工具用具。送桩器、电焊机、平板车等。

(3)检测设备。经纬仪、水准仪、钢卷尺、塔尺等。

4. 作业条件准备

(1)施工现场具备三通一平。

(2)预制桩、焊条等材料已进场并验收合格。

(3)测量基准已交底，复测、验收完毕。

(4)施工人员到位，技术、安全技术交底已完成，机械设备进场完毕。

(二)静力压桩施工工艺流程

静力压桩施工工艺流程，如图 5-10 所示。

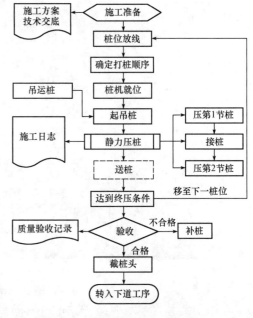

图 5-10 静力压桩施工工艺流程

(三)静力压桩施工操作要求

(1)桩位放线、确定打桩顺序、接桩、送桩、截桩头。同前述"锤击打桩施工工艺"的相关内容。

(2)桩机就位。桩机就位是利用行走装置完成，通过横向和纵向油缸的伸程和回程，使桩机实现步履式的横向和纵向行走，这样可使桩机达到要求的位置。

(3)起吊桩。利用压桩机自身的工作吊机，将预制桩吊至静压桩机夹具中，并对准桩位，夹紧并放入土中，移动静压桩机调节桩垂直度，垂直度偏差不得超过 0.5%，并使压桩机处于稳定状态。

(4)静力压桩。

1)压桩时桩帽、桩身和送桩的中心线应重合，压同一根桩应缩短停顿时间，以便于桩的压入。

2)长桩的静力压入一般也是分节进行，逐段接长。当第一节桩压入土中，其上端距地面 1m 左右时将第二节桩接上，继续压入，如图 5-11 所示。

3)终压条件。

①根据现场试压桩的试验结果确定终压力标准；

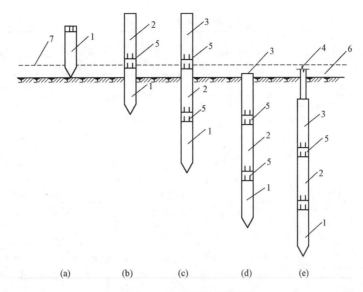

图 5-11 多节压桩示意图

(a)准备压第一段桩；(b)接第二段桩；(c)接第三段桩；(d)整根桩压平至地面；(e)送桩

1—第一段桩；2—第二段桩；3—第三段桩；4—送桩；5—桩接头处；6—地面线；7—压桩架操作平台线

②终压连续复压次数应根据桩长及地质条件等因素确定。对于入土深度大于或等于 8 m 的桩，复压次数可为 2～3 次；对于入土深度小于 8 m 的桩，复压次数可为 3～5 次；

③稳压压桩力不得小于终压力，稳定压桩的时间宜为 5～10 s。

4)打(压)入桩的桩位偏差，必须符合表 5-5 的规定。

5)出现下列情况之一时，应暂停压桩作业，并分析原因，采取相应措施：

①压力表读数显示情况与勘察报告中的土层性质明显不符；

②桩难以穿越具有软弱下卧层的硬夹层；

③实际桩长与设计桩长相差较大；

④出现异常响声，压桩机械工作状态出现异常；

⑤桩身出现纵向裂缝和桩头混凝土出现剥落等异常现象；

⑥夹持机构打滑；

⑦压桩机下陷。

(5)接桩。同锤击打桩，如图 5-12 所示。

图 5-12 接桩

(四)静力压桩质量验收标准

(1)事前控制。施工前应检验成品桩及外观质量。

(2)事中控制。如施工过程中应检验接桩质量、锤击及静压的技术指标、垂直度以及桩顶标高等。

(3)事后控制。

1)施工后应检验桩位偏差和承载力。同锤击打桩。

2)静力压桩质量检验标准，应符合表 5-8 的规定。

表 5-8 静力压桩质量检验标准

项	序	检查项目	允许值		允许偏差		检查方法
			单位	数值	单位	数值	
主控项目	1	承载力	设计值		—		静荷载法、大应变法等
	2	成品桩质量检验	设计要求		—		回弹仪法、超声波检测
一般项目	1	桩位偏差	见表5-5		—		全站仪及钢尺量
	2	压桩压力	设计值		%	±5	查压力表读数（压力表标定正常）
	3	电焊条质量	设计要求				查产品合格证书
	4	硫磺胶泥接桩	胶泥浇注时间	min	<2	—		秒表测定
			浇注后停歇时间	min	>7	—		
	5	电焊接桩：焊缝质量	见《建筑地基基础工程施工质量验收规范》(GB 50202)的相关规定				见《建筑地基基础工程施工质量验收规范》(GB 50202)的相关规定
		电焊结束后停歇时间	—		min	>1	秒表测定
		上下节平面偏差			mm	<10	用钢尺量
		节点弯曲矢高	同桩体弯曲要求				用钢尺量
	6	终压标准	设计要求				现场实测或查沉桩记录
	7	桩顶标高			mm	±50	水准仪
	8	垂直度	≤1%		—		两个垂直方向经纬仪测量
	9	稳压标准	设计要求		—		
	10	混凝土灌芯	设计要求				

(五)静力压桩施工质量记录

静力压桩施工应形成以下质量记录：
(1)表C2-4　技术交底记录；
(2)表C1-5　施工日志；
(3)表G1-15　静力压桩质量验收记录。
注：以上表式采用《河北省建筑工程资料管理规程》[DB13(J)/T 145—2012]所规定的表式。

任务 5.2　干作业成孔桩施工

干作业成孔桩基础是既可以采用螺旋钻机成孔，也可以采用人工成孔，然后安放钢筋笼，浇灌混凝土而成的桩基础。适用于地下水位以上的黏性土、粉土、填土、中密砂土等各种软硬土中成孔。

5.2.1　钢筋笼制作

1. 钢筋进场检验

钢筋进场后，应做抗拉强度、屈服点、伸长率和冷弯试验。钢筋在加工之前，钢筋应平直，表面洁净、无油渍。

2. 钢筋笼的制作

(1)主筋焊接采用双面焊,焊缝长度不小于 $5d$(d 为钢筋直径)。

(2)盘圆钢筋调直,采用冷拉法调直钢筋时,HPB300 级钢筋的冷拉率不大于 4%。

(3)为加强钢筋笼刚度和整体性,可在主筋内侧每隔 2.0 m 设一道 $\phi16\sim\phi20$ 加劲箍;一般桩径大于 1.2 m 时,加劲箍钢筋规格为 $\phi20\sim\phi25$,且在加劲箍内设设置十字支撑、三角支撑或井字支撑,确保钢筋笼在存放、移动、吊装过程中不变形。如图 5-13(a)所示。

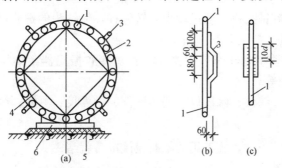

图 5-13 钢筋笼的成型与加固

(a)钢筋笼;(b)耳环;(c)上下段主筋帮条焊

1—主筋;2—加劲箍;3—耳环;4—加劲支撑;5—箍筋;6—枕木

(4)在加劲箍上标定主筋间距,将钢筋笼主筋点焊在加劲箍上;在主筋上画出螺旋筋的位置,用绑丝将螺旋筋与主筋绑扎牢固,并与主筋采用 50% 点焊连接。

(5)为便于吊运,长钢筋笼一般分两节制作,上下段主筋可采用帮条焊,如图 5-13(c)所示;钢筋笼四周主筋上每隔 2 m 设置耳环,控制保护层为 5~7 cm,如图 5-13(b)所示。

(6)钢筋笼加工成型后,骨架顶端应设置吊环,并分规格摆放挂标示牌。下面平垫方木并在钢筋笼两侧加木楔,以防钢筋笼滚落及变形。

3. 钢筋笼的验收

混凝土灌注桩钢筋笼的质量检验标准应符合表 5-9 的规定。

表 5-9 混凝土灌注桩钢筋笼质量检验标准   mm

项	序	检查项目	允许偏差或允许值	检查方法
一般项目	1	主筋间距	±10	用钢尺量
	2	长度	±100	用钢尺量
	3	钢筋材质检验	设计要求	抽样送检
	4	箍筋间距	±20	用钢尺量
	5	钢筋笼直径	±10	用钢尺量

5.2.2 干成孔灌注桩施工工艺

(一)施工准备

1. 技术准备

(1)熟悉图纸和地质报告,根据图纸定好桩位点、编号、施工顺序。

(2)编制施工组织设计;进行施工技术交底。

2. 材料准备

(1)水泥。选用强度等级不低于 42.5 MPa 的普通硅酸盐水泥。

(2)细骨料。中砂或粗砂，含泥量不大于 3%。

(3)粗骨料。碎石，粒径 5~40 mm，含泥量不大于 1%。

(4)钢筋。根据设计要求选用。

3. 施工机具准备

(1)施工机械。螺旋钻孔机，通过动力旋转钻杆，使钻头的螺旋叶片旋转削土，土块沿螺旋叶片提升排出孔外，如图 5-14 所示。

(2)工具用具。机动小翻斗车或手推车、长短棒式振捣器、集料斗、钢筋机械连接设备、串筒或导管、盖板等。

(3)检测设备。如经纬仪、水准仪、坍落度筒、钢卷尺、测绳、线锤等。

4. 作业条件准备

(1)达到"三通一平"条件，施工用的临时设施准备就绪。

(2)分段制作钢筋笼。

(3)施工前应做成孔试验，数量不少于两根。

(二)施工工艺流程

螺旋钻成孔灌注桩施工工艺流程，如图 5-15 所示。

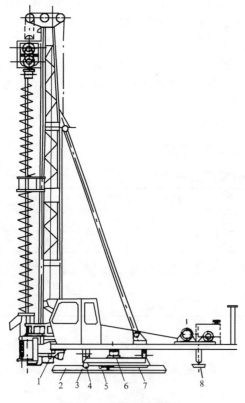

图 5-14 步履式螺旋钻机

1—上底盘；2—下底盘；3—回转滚轮；4—行车滚轮；
5—钢丝滑轮；6—回转轴；7—行车油缸；8—支架

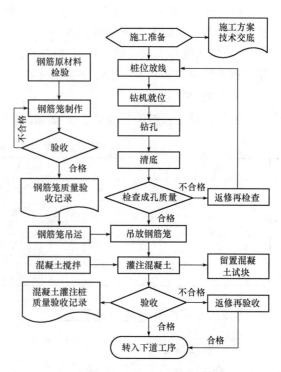

图 5-15 螺旋钻成孔灌注桩施工工艺流程

(三)施工操作要求

1. 桩位放线

(1)根据轴线控制桩进行桩位放线,在桩位打孔,内灌白灰,并在其上插入钢筋棍。

(2)桩位的放样允许偏差:群桩 20 mm;单排桩 10 mm。

2. 钻机就位

钻机就位时,必须保持平稳,不发生倾斜、位移,为准确控制钻孔深度,应在机架上画出控制标尺,以便在施工中进行观测、记录。

3. 钻孔

(1)调直机架对好桩位(用对位圈),开动机器钻进、出土,达到控制深度后停钻、提钻。

(2)进钻过程中散落在地上的土,必须随时清除运走。

(3)当出现钻杆跳动、机架晃摇、钻不进尺等异常现象时,应立即停钻检查。

4. 清底

(1)钻到预定的深度后,必须在孔底进行空转清土,然后停止转动;提钻杆,不得回转钻杆。

(2)孔底的虚土厚度超过质量标准时,要分析原因,采取措施进行处理。

(3)钻孔完毕,应及时盖好孔口,移走钻机。

5. 检查成孔质量

(1)孔深测定:用测绳、线锤测量孔深及虚土厚度。虚土厚度等于钻孔深度与测量深度的差值。虚土厚度端承桩不超过 50 mm,摩擦桩不超过 150 mm。

(2)桩位偏差:灌注桩的桩径、垂直度及桩位偏差应符合表 5-10 的规定。

表 5-10 灌注桩的桩径、垂直度及桩位允许偏差

序	成孔方法		桩径允许偏差/mm	垂直度允许偏差/%	桩位允许偏差/mm
1	泥浆护壁钻孔桩	$D<1\,000$ mm	$\geqslant 0$	$\leqslant 1$	$70+0.01H$
		$D\geqslant 1\,000$ mm			$100+0.01H$
2	套管成孔灌注桩	$D<500$ mm	$\geqslant 0$	$\leqslant 1$	$70+0.01H$
		$D\geqslant 500$ mm			$100+0.01H$
3	干成孔灌注桩		$\geqslant 0$	$\leqslant 1$	$70+0.01H$
4	人工挖孔桩		$\geqslant 0$	$\leqslant 0.5$	$50+0.005H$

注:H—桩基施工面至设计桩顶的距离;D—设计桩径。

(3)填写《干作业成孔灌注桩施工记录》。

6. 安放钢筋笼

(1)吊放钢筋笼时,要对准孔位,吊直扶稳,缓慢下沉,避免碰撞孔壁;入孔时,清除骨架上的泥土和杂物。

(2)两段钢筋笼连接时,上下两节钢筋笼必须保证在同一竖直线上,用 2~3 台焊机同时进行焊接,以缩短吊放钢筋笼时间。

(3)钢筋笼放到设计位置时,应立即固定。

7. 灌注混凝土

(1)混凝土坍落度一般宜为 70~120 mm。

(2)吊放串筒灌注混凝土。灌注混凝土时应连续进行，分层振捣密实，分层厚度以捣固的工具而定。

(3)混凝土浇到距桩顶1.5 m时，可拔出串筒，直接浇灌混凝土。

(4)混凝土灌注到桩顶设计标高，凿除浮浆高度后必须保证暴露的桩顶混凝土强度达到设计等级。

(5)灌注桩每浇筑50 m³必须有1组试件，小于50 m³的桩，每连续12 h浇筑必须有1组试件。对单柱单桩的桩必须有1组试件。

5.2.3 人工挖孔灌注桩施工工艺

人工挖孔灌注桩是指在桩位采用人工挖掘方法成孔，然后安放钢筋笼、灌注混凝土而成的桩。这类桩具有成孔机具简单，挖孔作业时无振动、无噪声、无环境污染，便于清孔和检查孔壁及孔底，施工质量可靠等特点，如图5-16所示。

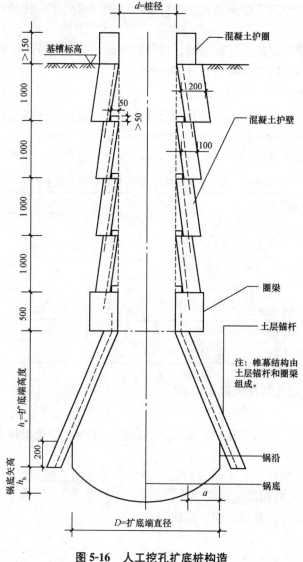

图5-16 人工挖孔扩底桩构造

(一)施工准备

(1)技术准备、材料准备、作业条件准备,同前述"干成孔灌注桩施工工艺"。

(2)施工机具准备。

1)施工设备。如混凝土搅拌、振捣机械,钢筋加工机械以及通风供氧设备、扬程水泵等。

2)工具用具。如辘轳、镐、锤、锹、洛阳铲、钢钎、吊桶、溜槽、粗麻绳、钢丝绳、安全活动盖板、防水照明灯(低压12 V,100 W)、活动爬梯等。

3)检测设备。如经纬仪、水准仪、坍落度筒、钢卷尺、测绳、线锤等。

(二)施工工艺流程

人工挖孔扩底桩施工工艺流程,如图 5-17 所示。

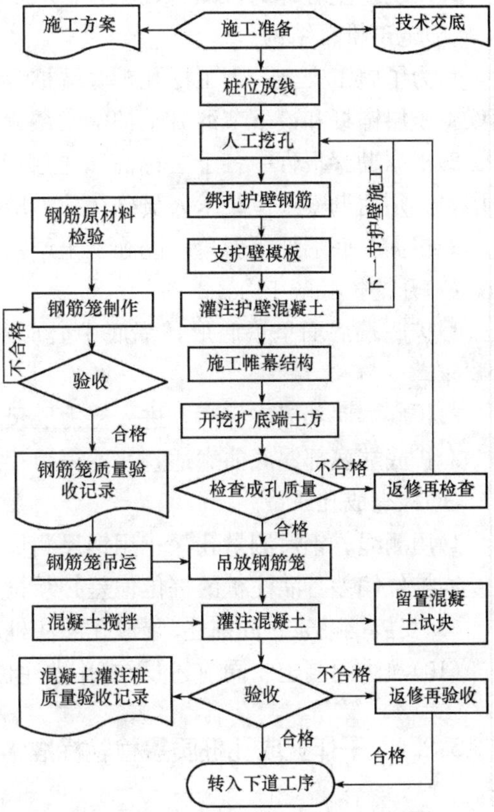

(三)施工操作要求

(1)桩位放线。

1)开孔前,桩位应准确定位放样,在桩位外设置定位基准桩;以桩孔中心为圆心,桩身半径加护壁厚度为半径画圆,撒石灰线作为桩孔开挖尺寸线。

2)桩径(不含护壁)不得小于 0.8 m,且不宜大于 2.5 m;桩混凝土护壁的厚度不应小于 100 mm。

3)桩位的放样允许偏差:群桩 20 mm;单排桩 10 mm。

(2)人工挖孔。

1)人工挖孔从上到下分节开挖,每节桩孔高度一般在 1 m 左右,土壁保持直立状态。

2)当遇有流动性淤泥和可能出现涌砂时:

①将每节护壁的高度减小到 300~500 mm,并随挖、随验、随灌注混凝土;

②或采用钢护筒或有效的降水措施。

图 5-17 人工挖孔扩底桩施工工艺流程

3)挖孔时,用辘轳和吊桶提升土方,每节下口直径比上口直径大 100 mm,以方便浇筑护壁混凝土。

4)当桩净距小于 2.5 m 时,应采用间隔开挖;相邻排桩跳挖的最小施工净距不得小于 4.5 m。

5)桩位轴线和高程设置在第一节护壁上口,每节桩孔开挖均应从桩位十字轴线垂直引测桩孔中心。

(3)绑扎护壁钢筋。分节绑扎护壁构造钢筋,一般不小于 φ8;插入下层护壁长度应大于 200 mm,上下主筋应搭接。

(4)支护壁模板。

1)护壁模板高度取决于每节挖土高度,一般由 4 块至 8 块活动钢模板组合而成;模板上下端各设一道圆弧形钢圈作为内侧支撑，一般用粗钢筋或角钢做内支撑钢圈。

2)安装护壁模板必须用桩中心点校正模板位置，并应由专人负责。

3)第一节护壁顶面应比场地高出 100～150 mm，壁厚应比下面井壁厚度增加 100～150 mm；防止土块和杂物掉入桩孔。

(5)灌注护壁混凝土。

1)混凝土强度按设计要求，护壁混凝土应振捣密实，坍落度控制在 100 mm 以内。

2)每节护壁均应在当日连续施工完毕，应根据土层渗水情况使用速凝剂；上下节护壁的搭接长度不得小于 50 mm。

3)护壁模板应在灌注混凝土 24 h 之后拆除；若使用快硬水泥可在 4～6 h 之后拆模。

4)发现护壁有蜂窝、漏水现象时，应及时补强。

(6)施工帷幕结构。

1)为了施工安全，人工挖孔扩底端桩应做帷幕结构；帷幕结构由土层锚杆和圈梁组成，圈梁将土层锚杆和最下节混凝土护壁联系成一个整体，如图 5-16 所示。

2)根据勘察报告中各土层标高和土层厚度要求，待挖至圈梁标高后，用洛阳铲探测持力层，必须由勘察单位技术人员确认持力层标高。

3)根据扩底端外扩斜角，先施工土层锚杆，然后施工圈梁。

(7)开挖扩底端土方。

1)扩底端底面呈锅底形，锅底中心应对准桩孔中心；扩底端各部位尺寸必须满足设计要求。

2)扩底端底部锅底标高，进入持力层尺寸必须满足设计要求。

3)扩底端底部锅底曲率适宜，不得留存虚土。

(8)检查成孔质量。

1)用测绳、钢尺测量孔深；用钢尺测量桩径。

2)桩位偏差：灌注桩的桩位偏差必须符合表 5-10 的规定。

(9)安放钢筋笼。同前述"干成孔灌注桩施工工艺"。

(10)灌注混凝土。同前述"干成孔灌注桩施工工艺"。

5.2.4 干作业成孔桩质量检验标准

1. 事前控制

施工前应对原材料、施工组织设计中制定的施工顺序、主要成孔设备性能指标、监测手段(包括仪器)方法、保证人员安全的措施进行检查验收。

2. 事中控制

施工中应检验钢筋笼质量、混凝土坍落度、桩位、孔深、桩底及桩顶标高。人工挖孔桩应复验孔底持力层土岩性，嵌岩桩必须有桩端持力层的岩性报告。

3. 事后控制

(1)施工结束后，应检验桩的承载力、桩体质量及混凝土的强度。

(2)干作业成孔灌注桩的质量检验标准应符合表 5-11 的规定。

表 5-11 干作业成孔灌注桩质量检验标准

项目	序号	检查项目		允许值		允许偏差		检查方法
				单位	数值	单位	数值	
主控项目	1	承载力		不小于设计值				单桩竖向抗压静载试验
	2	孔深		—		mm	+300	只深不浅,用重锤测或测钻杆套管长度,嵌岩桩应确保进入设计要求的嵌岩深度
	3	桩体质量检查		按设计要求		—		如钻芯取样,大直径嵌岩桩应钻至桩尖下 500 mm
	4	混凝土强度		不小于设计值				试件报告或钻芯取样送检
	5	桩径		见表 5-10		—		干成孔时用钢尺量,人工挖孔桩不包括护壁厚,或用探笼
一般项目	1	桩位		见表 5-10		—		基坑开挖前量护筒开挖后量桩中心
	2	垂直度		见表 5-10		—		经纬仪
	3	桩底标高				mm	+50,0	钢尺量测,封底后的标高
	4	桩顶标高		设计要求		mm	+30,−50	水准仪。需扣除桩顶浮浆层及劣质桩体
	5	混凝土坍落度				mm	70~120	坍落度仪
	6	钢筋笼质量	主筋间距	—		mm	±10	用钢尺量
			长度	—		mm	±100	用钢尺量
			钢筋检验	设计要求				抽样送检
			箍筋间距	—		mm	±20	用钢尺量
			钢筋笼直径	—		mm	±10	用钢尺量

5.2.5 干作业成孔桩质量记录

干作业成孔桩施工应形成以下质量记录:
(1)表 C2-4 技术交底记录;
(2)表 C1-5 施工日志;
(3)表 G1-22-1 干作业成孔桩质量验收记录。
注:以上表式采用《河北省建筑工程资料管理规程》[DB13(J)/T 145—2012]所规定的表式。

任务 5.3 泥浆护壁灌注桩施工

泥浆护壁灌注桩是采用钻机成孔,为防止塌孔,在孔内用相对密度大于 1 的泥浆进行护壁,成孔后放入钢筋笼,水下浇注混凝土而成的桩。适用于地下水位以下的黏性土、粉土、砂土、填土以及地质情况复杂、夹层多、风化不均、软硬变化较大的岩层。

5.3.1 泥浆护壁灌注桩施工工艺

(一)施工准备

(1)技术准备、材料准备、作业条件准备,同前述"干成孔灌注桩施工工艺"。

(2)施工机具准备。

1)主要施工机械:回旋钻机、潜水钻机等,其中以回旋钻机应用最多。

回旋钻机是由动力装置带动钻机的回旋装置转动,并带动带有钻头的钻杆转动,由钻头切削土壤,切削形成的土渣,通过泥浆循环排出桩孔,如图 5-18 所示。

潜水钻机是一种旋转式钻孔机械,其动力、变速机构和钻头连在一起,加以密封,因而可以下放至孔中地下水位以下进行切削土壤成孔,如图 5-19 所示。

2)工具用具、检测设备,同前述"干成孔灌注桩施工工艺"。

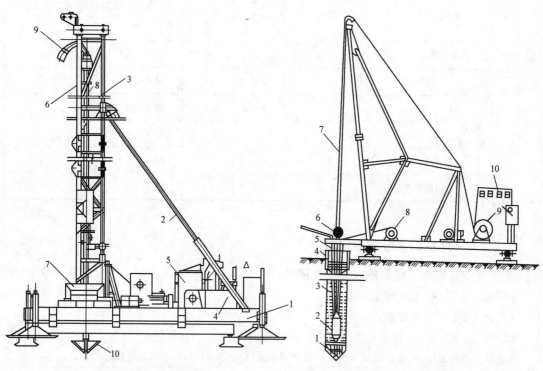

图 5-18 回旋钻机
1—座盘;2—斜撑;3—塔架;4—电机;
5—卷扬机;6—塔架;7—转盘;8—钻杆;
9—泥浆输送管;10—钻头

图 5-19 潜水钻机
1—钻头;2—潜水钻机;3—电缆;4—护筒;
5—水管;6—滚轮支点;7—钻杆;8—电缆盘;
9—卷扬机;10—控制箱

(二)施工工艺流程

泥浆护壁灌注桩施工工艺流程,如图 5-20 所示。

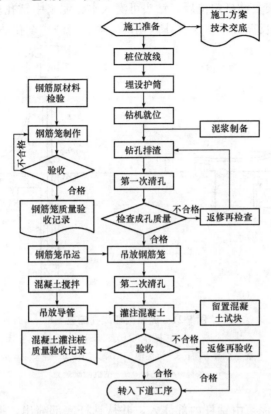

图 5-20　泥浆护壁灌注桩施工工艺流程

(三)施工操作要求

(1)桩位放线。

1)根据轴线控制桩进行桩位放线,在桩位打孔,内灌白灰,并在其上插入钢筋棍。

2)桩位的放样允许偏差:群桩 20 mm;单排桩 10 mm。

(2)泥浆制备。

1)护壁泥浆一般由水、高塑性黏土或膨润土按一定比例配置而成,可通过机械在泥浆池搅拌均匀,相对密度一般在 1.10~1.25。

2)泥浆具有保护孔壁、防止塌孔的作用,同时在泥浆循环过程中还可携带土渣排出钻孔,并对钻头具有冷却与润滑作用。

(3)埋设护筒。

1)护筒可用 4~8 mm 厚钢板制作,其内径应大于钻头直径 100 mm,上部宜开设 1~2 个溢浆孔。

2)埋设护筒时,护筒中心线对正桩位中心,其偏差不宜大于 50 mm。

3)护筒埋设深度:在黏性土中不宜小于 1.0 m;砂土中不宜小于 1.5 m,护筒上口应高于地面 500 mm,护筒外分层回填夯实。护筒有导正钻具、控制桩位、防止孔口坍塌、抬高孔内静压水头和固定钢筋笼等作用。

(4)钻机就位。钻机就位时,必须使钻具中心和护筒中心重合,保持平稳,不发生倾斜、位移。为准确控制钻孔深度，应在机架上画出控制标尺，以便在施工中进行观测、记录。

(5)钻孔排渣。桩架及钻杆定位后，钻头可潜入水、泥浆中钻孔；边钻孔边向桩孔内注入泥浆，通过正循环或反循环排渣法将孔内切削土粒、石渣排至孔外，如图5-21所示。

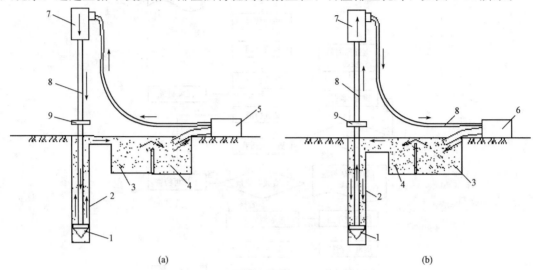

图5-21 泥浆循环成孔工艺

(a)正循环；(b)反循环

1—钻头；2—泥浆循环方向；3—沉淀池；4—泥浆池；5—泥浆泵；6—砂石泵；
7—水阀；8—钻杆；9—钻机回旋装置

1)正循环排渣法：泥浆由钻杆内部注入，并从钻杆底部喷出，携带钻下的土渣沿孔壁向上流动，由孔口将土渣带出流入沉淀池，经沉淀的泥浆流入泥浆池再注入钻杆，由此进行循环。

2)反循环排渣法：泥浆由钻杆与孔壁间的环状间隙流入钻孔，然后由砂石泵在钻杆内形成真空，使钻下的土渣由钻杆内腔吸出至地面而流向沉淀池，沉淀后再流入泥浆池。

(6)清孔。

1)清孔分两次进行：钻孔深度达到设计要求，对孔深、孔径、桩孔垂直度等进行检查，符合要求后进行第一次清孔；钢筋骨架、导管安放完毕，混凝土灌注之前，应进行第二次清孔。

2)在清孔过程中，采用正循环、泵吸反循环等方法不断置换泥浆，使孔内泥浆达到要求。

3)浇注混凝土前，孔内的泥浆比重应小于1.25；含砂率不得大于8%；黏度不得大于28 s。

(7)检查成孔质量。

1)孔深测定：用测绳、线锤测量孔深及沉渣厚度。沉渣厚度端承桩不超过50 mm，摩擦桩不超过100 mm。沉渣厚度等于钻孔深度与测量深度的差值。

2)桩位偏差：灌注桩的桩径、垂直度及桩位偏差应符合表5-10的规定。

3)填写《钻孔桩钻孔施工记录》。

(8)安放钢筋笼。吊装安放钢筋笼，同前述"干成孔灌注桩施工工艺"。

(9)灌注水下混凝土。

1)混凝土运输宜选用混凝土泵或混凝土搅拌运输车;混凝土具有良好的和易性和流动性。

2)灌注水下混凝土一般采用钢制导管回顶法施工,导管内径为200~350 mm,视桩径大小而定。

3)导管安放前计算孔深和导管的总长度,第一节导管的长度一般为4~6 m,标准节一般为2~3 m,导管接口采用法兰连接,连接时必须加垫密封圈或橡胶垫,确保导管口密封性。

4)开始灌注混凝土时,导管底部至孔底的距离宜为300~500 mm;首批灌注导管埋入混凝土灌注面以下不应少于0.8 m;混凝土坍落度宜控制在160~220 mm;在灌注过程中,导管埋深宜控制在2~6 m,严禁导管提出混凝土面,并应控制提拔导管速度,应有专人测量导管埋深及管内外混凝土灌注面的高差,填写水下混凝土灌注记录;混凝土应连续灌注,严禁中途停止。

5)应控制最后一次灌注量,超灌高度宜为0.5~1.0 m,凿除泛浆高度后必须保证暴露的桩顶混凝土强度达到设计等级。

6)每浇筑50 m³必须有1组试件,小于50 m³的桩,每连续12 h浇筑必须有1组试件。对单柱单桩的桩必须有1组试件。

5.3.2 泥浆护壁灌注桩质量检验标准

1. 事前控制

施工前应检验灌注桩的原材料及桩位处的地下障碍物处理资料。

2. 事中控制

施工过程中应对成孔、钢筋笼制作与安装、水下混凝土灌注等各项技术指标进行检查验收;地质变化较大地区(如软夹层、溶洞)的嵌岩桩应检验桩端持力层的岩性报告。

3. 事后控制

(1)施工后应对桩体质量及承载力进行检验。

(2)泥浆护壁成孔灌注桩质量检验标准应符合表5-12的规定。

表5-12 泥浆护壁成孔灌注桩质量检验标准

项	序	检查项目		允许值		允许偏差		检查方法
				单位	数值	单位	数值	
主控项目	1	承载力		不小于设计值		—		《建筑基桩检测技术规范》(JGJ 106—2014)
	2	孔深 /m	$h \leq 30$	mm	+300	—		用重锤测,或测钻杆长度,嵌岩桩应确保进入设计要求的嵌岩深度
			$h > 30$		$+[300+(h-30) \times 10]$			
	3	桩体质量检验		设计要求		—		按基桩检测技术规范。如钻芯取样,大直径嵌岩桩应钻至桩尖下500 mm
	4	混凝土强度		不小于设计值		—		试件报告或钻芯取样送检
	5	嵌岩深度		设计值		—		

续表

项	序	检查项目		允许值		允许偏差		检查方法
				单位	数值	单位	数值	
一般项目	1	垂直度		见表5-10				
	2	孔直径		见表5-10				
	3	桩位		见表5-10				
	4	泥浆指标	比重(黏土或砂性土中)	1.10～1.25		—		用比重计测，清孔后在距孔底50 cm处取样
			含砂率	≤8%				用含砂率仪测
			黏度	≤18～28 s				用黏度计测
	5	泥浆面标高(高于地下水位)		m	0.5～1.0	—		目测
	6	钢筋笼质量	主筋间距	—		mm	±10	用钢尺量
			长度	—		mm	±100	用钢尺量
			钢筋材质检验	设计要求				抽样送检
			箍筋间距	—		mm	±20	用钢尺量
			笼直径	—		mm	±10	用钢尺量
	7	沉渣厚度	端承桩	mm	≤50			用沉渣仪或重锤测量
			摩擦桩	mm	≤100			
			抗拔、抗水平荷载桩	mm	≤100			
	8	混凝土坍落度		mm	160～220	—		坍落度仪
	9	钢筋笼安装深度				mm	±100	用钢尺量
	10	混凝土充盈系数		>1		—		检查每根桩的实际灌注量
	11	桩顶标高		≥500		mm	—	水准仪，需扣除桩顶浮浆层及劣质桩体
	12	后注浆	注浆量	设计要求		%	20	计量器具
			注浆压力	设计要求		%	20	查压力表读数
			水胶比	设计要求		—		水胶比测定仪
	13	扩底桩	扩底直径	设计要求		—		孔径检测仪
			扩底高度	设计要求		—		
	14	嵌岩桩	岩性报告	设计要求		—		现场确定

5.3.3 泥浆护壁灌注桩质量记录

泥浆护壁灌注桩施工应形成以下质量记录：

(1) 表C2-4 技术交底记录；

(2) 表C1-5 施工日志；

(3) 表C5-3-3 钻孔桩钻孔施工记录；

(4) 表G1-22-2 泥浆护壁灌注桩质量验收记录。

注：以上表式采用《河北省建筑工程资料管理规程》[DB13(J)/T 145—2012]所规定的表式。

单元6　地下防水施工

地下钢筋混凝土结构工程，一般采用防水混凝土作为混凝土结构自防水，同时还应根据地下工程防水等级采用其他防水措施。

(1)地下工程防水等级。地下工程的防水等级分为四级，各级标准见表6-1。

表6-1　地下工程防水等级及其适用范围

防水等级	标准	适用范围
一级	不允许渗水，结构表面无湿渍	人员长期停留的场所；因有少量湿渍会使物品变质、失效的储物场所及严重影响设备正常运转和危及工程安全运营的部位；极重要的战备工程、地铁车站
二级	不允许漏水，结构表面可有少量湿渍。 工业与民用建筑：总湿渍面积不应大于总防水面积(包括顶板、墙面、地面)的1/1 000；任意100 m^2 防水面积上的湿渍不超过2处，单个湿渍的最大面积不大于0.1 m^2。 其他地下工程：总湿渍面积不应大于总防水面积的2/1 000；任意100 m^2 防水面积上的湿渍不超过3处，单个湿渍的最大面积不大于0.2 m^2；隧道工程还要求平均渗水量不大于0.05 $L/(m^2 \cdot d)$，任意100 m^2 防水面积上的渗水量不大于0.15 $L/(m^2 \cdot d)$	人员经常活动的场所；在有少量湿渍的情况下不会使物品变质、失效的储物场所及基本不影响设备正常运转和工程安全运营的部位；重要的战备工程
三级	有少量漏水点，不得有线流和漏泥砂。 任意100 m^2 防水面积上的漏水点数不超过7处，单个漏水点的最大漏水量不大于2.5 $L/(m^2 \cdot d)$，单个湿渍的最大面积不大于0.3 m^2	人员临时活动的场所；一般战备工程
四级	有漏水点，不得有线流和漏泥砂。 整个工程平均漏水量不大于2 $L/(m^2 \cdot d)$；任意100 m^2 防水面积的平均漏水量不大于4 $L/(m^2 \cdot d)$	对渗漏水无严格要求的工程

(2)明挖法地下工程的防水措施。目前，地下防水工程应用技术正由单一防水向多道设防、刚柔并举方向发展。明挖法地下工程的防水措施，见表6-2。

(3)防水工程施工应遵循的规范规程。

1)《地下工程防水技术规范》(GB 50108—2008)。

2)《建筑工程施工质量验收统一标准》(GB 50300—2013)。

3)《地下防水工程质量验收规范》(GB 50208—2011)。

表 6-2 明挖法地下工程防水措施

工程部位	主体结构						施工缝					后浇带			变形缝(诱导缝)					
防水措施	防水混凝土	防水卷材	防水涂料	塑料防水板	防水砂浆	金属防水板	遇水膨胀止水条	中埋式止水带	外贴式止水带	外抹防水砂浆	外涂防水涂料	补偿收缩混凝土	遇水膨胀止水条	外贴式止水带	防水嵌缝材料	中埋式止水带	外贴式止水带	可卸式止水带	防水密封材料	外贴防水卷材	外涂防水涂料
防水等级 一级	应选	应选1~2种					应选2种					应选	应选2种			应选	应选2种				
二级	应选	应选1种					应选1~2种					应选	应选1~2种			应选	应选1~2种				
三级	应选	宜选1种					宜选1~2种					应选	宜选1~2种			应选	宜选1~2种				
四级	宜选	—					宜选1种					应选	宜选1种			应选	宜选1种				

任务 6.1 防水混凝土施工

6.1.1 防水混凝土施工工艺

地下防水混凝土施工工艺适用于地下工程防水等级为 1～4 级的地下整体混凝土结构。结构自防水是以调整结构混凝土的配合比或掺外加剂的方法,来提高混凝土的密实度和抗渗性,是目前地下建筑防水工程的一种主要方法。

(一)施工准备

1. 技术准备

(1)按图纸设计要求和施工方案,进行施工技术交底和工人上岗操作培训。

(2)计算工程量,制定材料需用计划。

(3)确定混凝土配合比和施工办法。

(4)根据设计要求及工程实际情况制定特殊部位施工技术措施。

2. 材料准备

(1)水泥。水泥品种宜采用硅酸盐水泥、普通硅酸盐水泥,采用其他品种水泥时应经试验确定;不得使用过期或受潮结块的水泥,并不得将不同品种或强度等级的水泥混合使用。

(2)粗骨料。石子最大粒径不宜大于 40 mm,泵送时其最大粒径应为输送管径的 1/4;吸水率不应大于 1.5%;不得使用碱活性骨料。

(3)细骨料。砂宜选用坚硬、抗风化性强、洁净的中粗砂,不宜使用海砂。

(4)外加剂。防水混凝土可根据工程需要掺入减水剂、膨胀剂、防水剂、密实剂、引气剂、复合型外加剂等外加剂,其品种和掺量应经试验确定。

(5)钢纤维。防水混凝土可根据工程抗裂需要掺入钢纤维或合成纤维。

(6)水。宜用自来水或天然洁净的可供饮用的水。

3. 施工机具准备

(1)施工机械。如混凝土搅拌站或搅拌机、搅拌运输车、混凝土汽车泵、拖式泵、串筒、振捣棒等。

(2)工具用具。如钢制大模板、竹(木)胶合板、$\phi 48\times 3.5$钢管、扣件、$8^{\#}\sim 12^{\#}$铁丝、钢筋钩子、撬棍、绑扎架、钢丝刷、石笔、墨斗、手推车、铁锹、木抹子等。

(3)检测设备。如水准仪、经纬仪、钢卷尺、卷尺、温度计、磅秤、强度试模、抗渗试模等。

4. 作业条件准备

(1)钢筋工序已完成,办理隐蔽工程验收、预检手续。

(2)材料已检验合格;由试验室试配提出混凝土配合比,并换算出施工配合比。

(3)运输路线、浇筑顺序均已确定;对各班组做好技术交底。

(二)施工工艺流程

地下防水混凝土施工工艺流程,如图6-1所示。

(三)操作要求

(1)模板支设。

1)模板要求表面平整,强度和刚度可靠,支撑牢固,拼缝严密不漏浆,吸湿性小,以钢制大模板、竹(木)胶合板为宜。

2)墙、柱模板采用对拉螺栓固定时,螺栓上应加焊方形止水环,如图6-2所示。拆模后应将留下的凹槽用密封材料封堵密实,并应用聚合物水泥砂浆抹平,管道、套管等穿墙时,应加焊止水环并满焊,如图6-3所示。防水混凝土结构内部设置的各种钢筋或绑扎铁丝,不得接触模板。

3)模板内杂物应清理干净并提前浇水湿润。

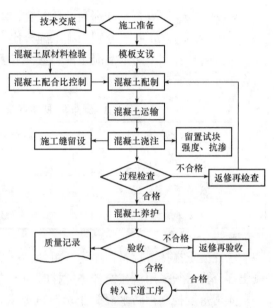

图6-1 防水混凝土施工工艺流程

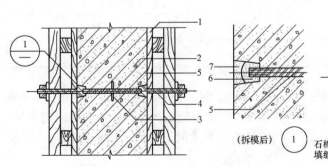

图6-2 固定模板用对拉螺栓的防水做法

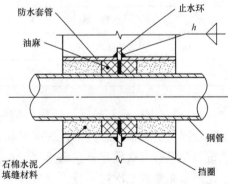

图6-3 穿墙套管防水构造

1—模板;2—结构混凝土;3—止水环;4—工具式螺栓;
5—固定模板用的对拉螺栓;6—嵌缝材料;7—聚合物水泥砂浆

(2)混凝土配制。

1)采购商品混凝土。商品混凝土应遵照《预拌混凝土》(GB/T 14902—2012)的相关规定。混凝土内宜掺入外加剂，如膨胀剂、防水剂等，以提高混凝土的抗裂防渗能力。

2)现场自拌混凝土。

①计算施工配合比。现场搅拌混凝土应按照设计配合比，根据当天测定的骨料含水率调整用水量，计算出施工配合比。

$$m'_c = m_c$$
$$m'_s = m_s(1+a\%)$$
$$m'_g = m_g(1+b\%)$$
$$m'_w = m_w - m_s \times a\% - m_g \times b\%$$

式中　　$a\%$、$b\%$——分别为施工现场砂、石含水量；

m_c、m_s、m_g、m_w——分别为设计配合比水泥、砂、石、水的质量；

m'_c、m'_s、m'_g、m'——分别为施工配合比水泥、砂、石、水的质量。

②配合比控制。防水混凝土配料必须按配合比准确称量，专人负责，计量允许偏差应符合表6-3的规定。

表6-3　防水混凝土配料计量允许偏差

混凝土组成材料	每盘计量/%	累计计量/%
水泥、掺合料	±2%	±1%
粗、细骨料	±3%	±2%
水、外加剂	±2%	±1%

③混凝土搅拌。投料顺序为：粗骨料→细骨料→水泥→掺合料→水→外加剂。防水混凝土拌合物必须采用机械搅拌，搅拌时间不应小于2 min。

④坍落度控制。防水混凝土坍落度要求，应符合表6-4的规定。混凝土拌合物的坍落度检测，每工作班至少两次。

表6-4　防水混凝土坍落度

材料名称	坍落度
普通防水混凝土	≤50 mm
泵送防水混凝土	120～160 mm

(3)混凝土运输。混凝土运输供应保持连续、均衡，间隔时间不应超过1.5 h；夏季或运距较远可适当掺入缓凝剂，缓凝时间宜为6～8 h；防水混凝土拌合物运输后如出现离析，浇筑前应进行二次搅拌；当坍落度损失后不能满足施工要求时，应加入原配合比所确定水胶比的水泥浆或二次掺入减水剂进行搅拌，严禁直接加水。

泵送混凝土时，应预先泵水湿润，再用2～3 m³原配合比水泥砂浆（无石子）润湿输送管内壁，减小摩擦阻力，防止堵管。

(4)混凝土浇筑。防水混凝土应分层连续浇筑，分层厚度不得大于500 mm；采用机械振捣，插入式振动器插点间距不应大于500 mm，振捣时间宜为10～30 s，振捣到表面泛浆无气泡为止，避免漏振、欠振、过振，表面拍平拍实，待混凝土初凝后用铁抹子抹压，以增加表面致密性。

防水混凝土抗渗试件应在浇筑地点制作。连续浇筑混凝土每 500 m³ 应留置一组抗渗试件(一组为 6 个试件)，且每项工程不得少于两组；强度试件留置应符合《混凝土结构工程施工质量验收规范》(GB 50204—2015)的规定。

(5)施工缝留设。防水混凝土应连续浇筑，宜少留施工缝。当留设施工缝时，施工缝留设位置和构造形式按下列方法施工。

1)防水混凝土施工缝位置。底板的混凝土应连续浇灌，施工缝留在高出底板表面不小于 300 mm 的墙体上，一般只允许留水平施工缝，如图 6-4 所示。拱(板)墙结合处，宜留在拱(板)墙接缝线以下 150～300 mm 处；施工缝距预留孔洞边缘不应小于 300 mm。

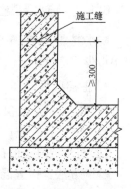

图 6-4　施工缝留设位置

2)防水混凝土施工缝构造。防水混凝土施工缝防水构造形式宜按图 6-5 选用，当采用两种以上构造措施时可进行有效组合。

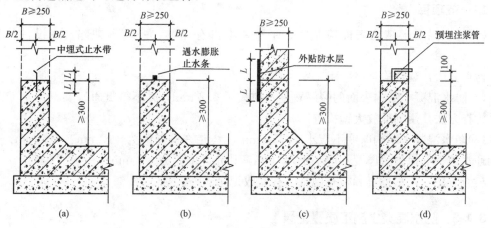

图 6-5　防水混凝土施工缝防水构造

(a)中埋式止水带：钢板止水带 $L \geqslant 150$，橡胶止水带 $L \geqslant 200$，钢边橡胶止水带 $L \geqslant 120$；
(b)遇水膨胀止水条：7 d 净膨胀率不宜大于最终膨胀率的 60%，最终膨胀率宜大于 220%；
(c)外贴防水层：外贴止水带 $\geqslant 150$，外涂防水涂料＝200，外抹防水砂浆 $L＝200$；
(d)预埋注浆管：采用此种方法时要注意注浆时机，一般在混凝土浇灌 28 d 后、结构装饰施工前注浆

3)防水混凝土施工缝处理方法。

①水平施工缝浇筑混凝土前，应将其表面浮浆和杂物清除，然后铺设净浆或涂刷混凝土界面处理剂、水泥基渗透结晶型防水涂料等材料，再铺 30～50 mm 厚的 1∶1 水泥砂浆，并应及时浇筑混凝土。

②垂直施工缝浇筑混凝土前，应将其表面清理干净，再涂刷混凝土界面处理剂或水泥基渗透结晶型防水涂料，并应及时浇筑混凝土。

(6)混凝土养护。

1)在常温下，防水混凝土浇筑后 4～6 h 覆盖浇水养护，始终保持混凝土表面湿润，养护时间不少于 14 d。

2)大体积防水混凝土采取保温保湿养护。混凝土中心温度与表面温度的差值不应大于 25 ℃，混凝土表面温度与大气温度的差值不应大于 20 ℃，温降梯度不得大于 3 ℃/d。

6.1.2 防水混凝土质量验收标准

防水混凝土的施工质量检验数量,应按混凝土外露面积每 100 m^2 抽查 1 处,每处 10 m^2,且不得少于 3 处。

1. 主控项目

(1)防水混凝土的原材料、配合比及坍落度必须符合设计要求。

检验方法:检查产品合格证、产品性能检测报告、计量措施和材料进场检验报告。

(2)防水混凝土的抗压强度和抗渗性能必须符合设计要求。

检验方法:检查混凝土抗压强度、抗渗性能检验报告。

(3)防水混凝土结构的变形缝、施工缝、后浇带、穿墙管、埋设件等设置和构造必须符合设计要求。

检验方法:观察检查和检查隐蔽工程验收记录。

2. 一般项目

(1)防水混凝土结构表面应坚实、平整,不得有露筋、蜂窝等缺陷;埋设件位置应正确。

检查方法:观察检查。

(2)防水混凝土结构表面的裂缝宽度不应大于 0.2 mm,并不得贯通。

检查方法:用刻度放大镜检查。

(3)防水混凝土结构厚度不应小于 250 mm,其允许偏差应为 +8 mm、-5 mm;主体结构迎水面钢筋保护层厚度不应小于 50 mm,其允许偏差为 ±5 mm。

检查方法:尺量检查和检查隐蔽工程验收记录。

6.1.3 防水混凝土施工质量记录

防水混凝土施工应形成以下质量记录:

(1)表 C2-4　技术交底记录;
(2)表 C1-5　施工日志;
(3)表 C3-4-2　水泥检测报告;
(4)表 C3-4-3　砂子检测报告;
(5)表 C3-4-4　石子检测报告;
(6)表 C4-9　混凝土配合比通知单;
(7)表 C4-10　混凝土试块抗压强度试验报告;
(8)表 C4-8　混凝土强度评定表;
(9)表 C5-1-1　隐蔽工程验收记录;
(10)表 C5-2-7　混凝土浇灌申请书;
(11)表 C5-2-8　混凝土开盘鉴定;
(12)表 C5-2-9　混凝土工程施工记录;
(13)表 C5-2-10　混凝土坍落度检查记录;
(14)表 G7-1　防水混凝土检验批质量验收记录。

注:以上表式采用《河北省建筑工程资料管理规程》[DB13(J)/T 145—2012]所规定的表式。

任务 6.2　卷材防水层施工

6.2.1　卷材防水层施工工艺

卷材防水层宜用于经常处在地下水环境，且受侵蚀性介质作用或受震动作用的地下工程，卷材防水层应铺设在混凝土结构的迎水面。卷材防水层属于柔性防水。目前，合成高分子卷材采用冷粘法施工。

(一)施工准备

1. 技术准备

(1)熟悉设计图纸及验收规范，掌握卷材防水层的具体设计和构造要求。

(2)施工前应进行技术交底和作业人员上岗培训。

(3)根据设计要求确定材料品种、性能及需用计划。

2. 材料准备

防水卷材的外观质量和物理性能应符合《地下防水工程质量验收规范》(GB 50208—2011)中附录 A 的规定，并按附录 B 的规定见证取样，进行复试。防水卷材应有产品合格证书和性能检测报告。

(1)高聚物改性沥青防水卷材。

1)取样数量：大于 1 000 卷抽 5 卷，每 500～1 000 卷抽 4 卷，100～499 卷抽 3 卷，100 卷以下抽 2 卷，进行规格尺寸和外观质量检验。在外观质量检验合格的卷材中，任取一卷作物理性能检验。

2)物理性能：高聚物改性沥青防水卷材主要物理性能，详见表 6-5。

表 6-5　高聚物改性沥青防水卷材主要物理性能

项目		指标				
		弹性体改性沥青防水卷材			自粘聚合物改性沥青防水卷材	
		聚酯毡胎体	玻纤毡胎体	聚乙烯膜胎体	聚酯毡胎体	无胎体
可溶物含量/(g·m^{-2})		3 mm 厚≥2 100 4 mm 厚≥2 900			3 mm 厚≥2 100	—
拉伸性能	拉力(N/50 mm)	≥800(纵横向)	≥500 纵横向	≥140(纵向) ≥120(横向)	≥450(纵横向)	≥180(纵横向)
	延伸率/%	最大拉力时 ≥40(纵横向)	—	断裂时 ≥250(纵横向)	最大拉力时 ≥30(纵横向)	断裂时 ≥200(纵横向)
低温柔度/℃		−25，无裂纹				
老化后低温柔度/℃		−20，无裂纹			−22，无裂纹	
不透水性		压力 0.3 MPa，保持时间 120 min，不透水				

(2)合成高分子防水卷材。

1)取样数量：同高聚物改性沥青防水卷材。

2)物理性能:合成高分子防水卷材主要物理性能,详见表6-6。

表6-6 合成高分子防水卷材主要物理性能

项目	指标			
	三元乙丙橡胶防水卷材	聚氯乙烯防水卷材	聚乙烯丙纶复合防水卷材	高分子自粘胶膜防水卷材
断裂拉伸强度	≥7.5 MPa	≥12 MPa	≥60 N/10 mm	≥100 N/10 mm
断裂伸长率/%	≥450	≥250	≥300	≥400
低温弯折性/℃	−40,无裂纹	−20,无裂纹	−20,无裂纹	−20,无裂纹
不透水性	压力0.3 MPa,保持时间120 min,不透水			
撕裂强度	≥25 kN/m	≥40 kN/m	≥20 N/10 mm	≥120 N/10 mm
复合强度(表层与芯层)	—	—	≥1.2 N/mm	—

3. 施工机具

(1)主要机具。如垂直运输设备、手推车、热熔法施工用的压辊、汽油喷灯、料桶、油刷、滚刷、剪刀、刮板、弹线包、卷尺等。

(2)检测设备。钢尺、游标卡尺等。

4. 作业条件准备

(1)基层(水泥砂浆找平层)已经完工,并通过隐蔽验收。

(2)基层表面应平整、牢固,不得有起砂、空鼓等缺陷。

(3)基层表面应洁净干燥,含水不应大于9%。

(二)施工工艺流程

卷材防水层施工工艺流程,如图6-6所示。

(三)施工操作要求

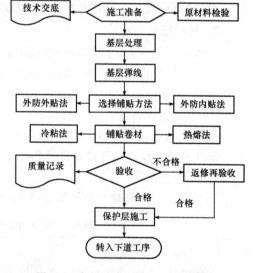

图6-6 卷材防水层施工工艺流程

1. 基层处理

(1)基层表面应平整,阴阳角处应做成圆弧形,局部孔洞、蜂窝、裂缝应用1:2.5水泥砂浆修补密实,表面应干净,无起砂、脱皮现象,并保持表面干燥。

(2)涂刷基层处理剂。基层处理剂应与卷材及胶粘剂的材性相容;基层处理剂可采取喷涂法或涂刷法施工,喷涂应均匀一致,不露底,待表面干燥后方可铺贴卷材。

2. 基层弹线

在处理后的基层上,按卷材的铺贴方向,弹出每幅卷材的铺贴线,保证不歪斜;以后每层卷材铺贴时,同样要在已铺贴的卷材上弹线。

3. 选择铺贴方法

卷材防水层施工的铺贴方法,按其与地下防水结构施工的先后顺序分为外贴法和内贴法两种。

(1)外防外贴法。铺贴底板防水卷材→砌临时性保护墙→防水卷材甩槎→施工结构外墙→

铺贴外墙防水卷材→防水卷材接槎。采用外防外贴法铺贴卷材防水层时,应符合下列规定:

1)应先铺平面,后铺立面,交接处应交叉搭接。

2)临时性保护墙宜采用石灰砂浆砌筑,内表面宜做找平层。

3)从底面折向立面的卷材与永久性保护墙的接触部位,应采用空铺法施工;卷材与临时性保护墙或围护结构模板的接触部位,应将卷材临时贴附在该墙上或模板上,并应将顶端临时固定。

4)当不设保护墙时,从底面折向立面的卷材接槎部位应采取可靠的保护措施。

5)混凝土结构完成,铺贴立面卷材时,应先将接槎部位的各层卷材揭开,并应将其表面清理干净,如卷材有局部损伤,应及时进行修补;卷材接槎的搭接长度,高聚物改性沥青类卷材应为150 mm,合成高分子类卷材应为100 mm;当使用两层卷材时,卷材应错槎接缝,上层卷材应盖过下层卷材。

卷材防水层甩槎、接槎构造,如图6-7所示。

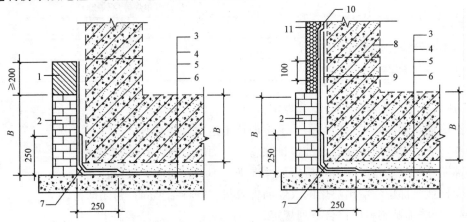

图6-7 卷材防水层甩槎、接槎构造

1—临时保护墙;2—永久保护墙;3—细石混凝土保护层;4—卷材防水层;
5—水泥砂浆找平层;6—混凝土垫层;7—卷材加强层;8—结构墙体;
9—卷材加强层;10—卷材防水层;11—卷材保护层

(2)外防内贴法。砌永久保护墙→将卷材防水层铺贴在保护墙上→抹水泥砂浆保护层→施工地下外墙。当地下室墙外侧操作空间很小时,多用外防内贴法,如图6-8所示。

采用外防内贴法铺贴卷材防水层时,应符合下列规定:

1)混凝土结构的保护墙内表面应抹厚度为20 mm的1:3水泥砂浆找平层,然后铺贴卷材。

2)卷材宜先铺立面,后铺平面;铺贴立面时,应先铺转角,后铺大面。

4. 铺贴卷材

(1)卷材防水层应采用高聚物改性沥青防水卷材和合成高分子防水卷材。所选用的基层处理剂、胶粘剂、密封材料等均应与铺贴的卷材相匹配。

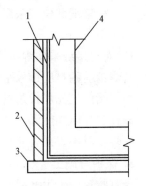

图6-8 外防内贴法

1—卷材防水层;2—保护墙;
3—垫层;4—地下外墙

(2)铺贴防水卷材前,清扫应干净、干燥,并应涂刷基层处理剂;当基面潮湿时,应涂刷湿固化型胶粘剂或潮湿界面隔离剂。

(3) 阴阳角处应做成圆弧或45°坡角，其尺寸应根据卷材品种确定。在转角处、变形缝、施工缝、穿墙管等部位应铺贴卷材加强层，加强层宽度不应小于500 mm。

(4) 防水卷材的搭接宽度应符合表6-7的要求。铺贴双层卷材时，上下两层和相邻两幅卷材的接缝应错开1/3～1/2幅宽，且两层卷材不得相互垂直铺贴。

表6-7 防水卷材搭接宽度

卷材品种	搭接宽度/mm
弹性体改性沥青防水卷材	100
改性沥青聚乙烯胎防水卷材	100
自粘聚合物改性沥青防水卷材	80
三元乙丙橡胶防水卷材	100/60(胶粘剂/胶粘带)
聚氯乙烯防水卷材	60/80(单焊缝/双焊缝)
	100(胶粘剂)
聚乙烯丙纶复合防水卷材	100(粘结料)
高分子自粘胶膜防水卷材	70/80(自粘胶/胶粘带)

(5) 热熔法铺贴卷材应符合下列规定：
1) 火焰加热器加热卷材应均匀，不得加热不足或烧穿卷材；
2) 卷材表面热熔后应立即滚铺，排除卷材下面的空气，并粘结牢固；
3) 铺贴卷材应平整、顺直，搭接尺寸准确，不得有扭曲、皱折；
4) 卷材接缝部位应溢出热熔的改性沥青胶料，并粘结牢固，封闭严密。

(6) 冷粘法铺贴卷材应符合下列规定：
1) 胶粘剂涂刷应均匀，不得露底，不堆积；
2) 根据胶粘剂的性能，应控制胶结剂涂刷与卷材铺贴的间隔时间；
3) 铺贴时不得用力拉伸卷材，排除卷材下面的空气，辊压粘结牢固；
4) 铺贴卷材应平整、顺直，搭接尺寸准确，不得有扭曲、皱折；
5) 卷材接缝部位应采用专用粘结剂或胶结带满粘，接缝口应用密封材料封严，其宽度不应小于10 mm。

(7) 卷材接缝采用焊接法施工应符合下列规定：
1) 焊接前卷材应铺放平整，搭接尺寸准确，焊接缝的结合面应清扫干净；
2) 焊接前应先焊长边搭接缝，后焊短边搭接缝；
3) 控制热风加热温度和时间，焊接处不得漏焊、跳焊或焊接不牢；
4) 焊接时不得损害非焊接部位的卷材。

5. 保护层施工

卷材防水层完工并经验收合格后应及时做保护层。保护层应符合下列规定：

(1) 顶板的细石混凝土保护层与防水层之间宜设置隔离层。细石混凝土保护层厚度：机械回填时不宜小于70 mm，人工回填时不宜小于50 mm。

(2) 底板的细石混凝土保护层厚度不应小于50 mm。

(3) 侧墙宜采用软质保护材料或铺抹20 mm厚1：2.5水泥砂浆。

6. 地下室防水效果检查

地下防水工程完成后,应对地下室外墙、底板部位有无渗漏等情况进行检查,并形成《地下工程渗漏水检测记录》(表 C6-2-2)。

6.2.2 卷材防水层质量验收标准

卷材防水层的施工质量检验数量,应按铺贴面积每 100 m² 抽查 1 处,每处 10 m²,且不得少于 3 处。

1. 主控项目

(1)卷材防水层所用卷材及其配套材料必须符合设计要求。

检验方法:检查产品合格证、产品性能检测报告和材料进场检验报告。

(2)卷材防水层在转角处、变形缝、施工缝、穿墙管等部位做法必须符合设计要求。

检验方法:观察检查和检查隐蔽工程验收记录。

2. 一般项目

(1)卷材防水层的搭接缝应粘贴或焊接牢固,密封严密,不得有扭曲、皱折、翘边和起泡等缺陷。

检查方法:观察检查。

(2)采用外防外贴法铺贴卷材防水层时,立面卷材接槎的搭接宽度,高聚物改性沥青类卷材应为 150 mm,合成高分子类卷材应为 100 mm,且上层卷材应盖过下层卷材。

检查方法:观察和尺量检查。

(3)侧墙卷材防水层的保护层与防水层应结合紧密,保护层厚度应符合设计要求。

检查方法:观察和尺量检查。

(4)卷材搭接宽度的允许偏差应为 -10 mm。

检查方法:观察和尺量检查。

6.2.3 卷材防水层施工质量记录

卷材防水层施工应形成以下质量记录:

(1)表 C2-4　技术交底记录;
(2)表 C1-5　施工日志;
(3)表 C6-2-2　地下工程渗漏水检测记录;
(4)表 G7-3　卷材防水层检验批质量验收记录。

注:以上表式采用《河北建筑工程技术资料管理规程》[DB13(J)/T 145—2012]所规定的表式。

第二部分　砌体结构工程施工

单元7　砌筑砂浆现场拌制

在砖混结构主体工程施工中，常用的建筑砌筑砂浆种类有水泥砂浆、水泥混合砂浆。砌筑砂浆适用于砖、石、混凝土小型空心砌块、蒸压加气混凝土砌块等砌体工程。现场拌制砌筑砂浆应遵循的规范规程：

(1)《砌体结构工程施工规范》(GB 50924—2014)；
(2)《建筑工程施工质量验收统一标准》(GB 50300—2013)；
(3)《砌体结构工程施工质量验收规范》(GB 50203—2011)；
(4)《砌体工程现场检测技术标准》(GB/T 50315—2011)；
(5)《砌筑砂浆配合比设计规程》(JGJ/T 98—2010)。

7.1　砌筑砂浆现场拌制工艺

7.1.1　准备工作

1. 技术准备

(1)熟悉图纸，核对砌筑砂浆的种类、强度等级、使用部位。
(2)委托有资质的试验部门对砂浆进行试配试验，并出具砂浆配合比报告。
(3)施工前应向操作者进行书面技术交底。

2. 材料准备

(1)水泥。水泥进场时应对其品种、等级、包装或散装仓号、出厂日期进行检查，并应对其强度、安定性进行复验。

1)检验批应按同一生产厂家、同品种、同等级、同批号连续进场的水泥，袋装水泥不超过 200 t 为一批，散装水泥不超过 500 t 为一批，每批抽样不少于一次。
2)当使用中对水泥质量有怀疑或水泥出厂超过三个月时，应重新复验，并按其结果使用。
3)不同品种的水泥，不得混合使用。

(2)砂。宜用中砂，过 5 mm 孔径筛子，并不应含有杂物。砂含泥量，对强度等级等于和高于 M5 的砂浆，不应超过 5%。

(3)掺合料。石灰膏熟化时不得少于 7 d。

1)石灰膏：生石灰熟化成石灰膏时，应用孔径不大于 3 mm×3 mm 的网过滤，熟化时间不得少于 7 d；磨细生石灰粉的熟化时间不得少于 2 d。沉淀池中储存的石灰膏，应采取防止干燥、冻结和污染的措施。严禁使用脱水硬化的石灰膏。

2)电石膏：检验电石膏时加热至 70 ℃并保持 20 min，没有乙炔气味后，方可使用。

3)消石灰粉不得直接用于砌筑砂浆中。

(4)按计划组织原材料进场，并及时取样进行原材料的复试工作。

3. 施工机具准备

(1)施工机械。如砂浆搅拌机、垂直运输机械等。

(2)工具用具。如手推车、铁锹等。

(3)检测设备。如台称、磅秤、砂浆稠度仪、砂浆试模等。

4. 作业条件准备

(1)确认砂浆配合比。

(2)砂浆搅拌机就位并对砂浆强度等级、配合比、搅拌制度、操作规程等进行挂牌标识。

(3)采用人工搅拌时,需铺设硬地坪C10以上混凝土地坪、钢板或设搅拌槽。

7.1.2 砌筑砂浆现场拌制工艺流程

砌筑砂浆现场拌制工艺流程,如图7-1所示。

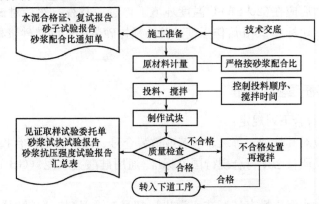

图7-1 砌筑砂浆现场拌制工艺流程

7.1.3 砌筑砂浆现场拌制操作要求

1. 搅拌要求

(1)水泥混合砂浆。

1)机械搅拌。将称量好的砂、石灰膏投入搅拌机加适量水搅拌30 s后,加入水泥和其余用水继续搅拌,搅拌时间不少于2 min。

2)人工搅拌。零星砂浆搅拌时可使用人工搅拌,先将称量好的砂摊在拌灰坪上,再加入称量好的水泥搅拌均匀,同时将石灰膏加水拌成稀浆,再混合搅拌至均匀。

(2)水泥砂浆。

1)机械搅拌。将称量好的砂、水泥投入搅拌机干拌30 s后加水,自加水时计时,搅拌时间不少于2 min。

2)人工搅拌。零星砂浆搅拌时可使用人工搅拌,先将称量好的砂摊在拌灰坪上,再加入称量好的水泥,搅拌均匀,然后加水搅拌均匀后使用。

2. 技术要求

(1)砌筑砂浆应通过试配确定配合比,当砌筑砂浆的组成材料有变化或设计强度等级变更时,应重新进行配合比试配,并出具新的配合比报告单。

(2)施工中当采用水泥砂浆代替水泥混合砂浆时,应重新确定砌筑砂浆配合比。

(3)试配时砌筑砂浆的分层度、试配抗压强度、稠度必须同时满足要求。石灰膏、电石膏的用量,应按稠度为(120±5)mm 时计量。

3. 计量要求

(1)砂浆现场搅拌时,应严格按配合比对其原材料进行重量计量。水泥及各种外加剂配料的允许偏差为±2％。砂、粉煤灰、石灰膏等配料的允许偏差为±5％。

(2)计量器具应经相关单位校验,并在其校准有效期内,保证其精度符合要求。

4. 留置试块

(1)每一检验批且不超过 250 m³ 砌体的各类、各强度等级的普通砌筑砂浆,每台搅拌机应至少抽检一次,每次至少应制作一组试块。验收批的预拌砂浆、蒸压加气混凝土砌块专用砂浆,抽检可为 3 组。

(2)砂浆取样应在砂浆搅拌机出料口或在湿拌砂浆的储存容器出料口随机取样制作砂浆试块。砂浆试块制作后应在(20±5)℃温度环境下停置一昼夜,然后对试件进行编号并拆模。试件拆模后,试块标养 28 d 后作强度试验。预拌砂浆中的湿拌砂浆稠度应在进场时取样检验。

7.2 砌筑砂浆质量验收标准

(1)水泥使用应符合下列规定:

1)水泥进场时应对其品种、等级、包装或散装仓号、出厂日期进行检查,并对其强度、安定性进行复验,其质量必须符合现行国家标准《通用硅酸盐水泥》(GB 175—2007)的有关规定。

2)当在使用中对水泥质量有怀疑或水泥出厂超过三个月(快硬硅酸盐水泥超过一个月)时,应复查试验,并按其复验结果使用。

3)不同品种的水泥,不得混合使用。

抽检数量:按同一生产厂家、同品种、同等级、同批号连续进场的水泥,袋装水泥不超过 200 t 为一批,散装水泥不超过 500 t 为一批,每批抽样不少于一次。

检验方法:检查产品合格证、出厂检验报告和进场复验报告。

(2)砂浆用砂宜采用过筛中砂,并应满足下列要求:

1)不应混有草根、树叶、树枝、塑料、煤块、炉渣等杂物。

2)砂中含泥量、泥块含量、石粉含量、云母、轻物质、有机物、硫化物、硫酸盐及氯盐含量(配筋砌体砌筑用砂)等应符合现行行业标准《普通混凝土用砂、石质量及检验方法标准》(JGJ 52—2006)的有关规定。

3)人工砂、山砂及特细砂,应经试配能满足砌筑砂浆技术条件要求。

(3)拌制水泥混合砂浆的粉煤灰、建筑生石灰、建筑生石灰粉及石灰膏应符合下列规定:

1)粉煤灰、建筑生石灰、建筑生石灰粉的品质指标应符合现行行业标准《建筑生石灰》(JC/T 479—2013)的有关规定。

2)建筑生石灰、建筑生石灰粉熟化为石灰膏,其熟化时间分别不得少于 7 d 和 2 d;沉淀池中储存的石灰膏,应防止干燥、冻结和污染,严禁使用脱水硬化的石灰膏;建筑生石灰粉、消石灰粉不得代替石灰膏配制水泥石灰砂浆。

3)石灰膏的用量,应按稠度(120±5)mm 计量,现场施工中石灰膏不同稠度的换算系数,可按表 7-1 确定。

表 7-1 石灰膏不同稠度的换算系数

稠度/mm	120	110	100	90	80	70	60	50	40	30
换算系数	1.00	0.99	0.97	0.95	0.93	0.92	0.90	0.88	0.87	0.86

(4)拌制砂浆用水的水质,应符合现行行业标准《混凝土用水标准》(JGJ 63—2006)的有关规定。

(5)砌筑砂浆应进行配合比设计。当砌筑砂浆的组成材料有变更时,其配合比应重新确定。砌筑砂浆的稠度宜按表 7-2 的规定采用。

表 7-2 砌筑砂浆的稠度

砌体种类	砂浆稠度/mm
烧结普通砖砌体 蒸压粉煤灰砖砌体	70~90
混凝土实心砖、混凝土多孔砖砌体 普通混凝土小型空心砌块砌体 蒸压灰砂砖砌体	50~70
烧结多孔砖、空心砖砌体 轻骨料小型空心砌块砌体 蒸压加气混凝土砌块砌体	60~80
石砌体	30~50

注:1. 采用薄灰砌筑法砌筑蒸压加气混凝土砌块砌体时,加气混凝土粘结砂浆的加水量按照其产品说明书控制。
2. 当砌筑其他块体时,其砌筑砂浆的稠度可根据块体吸水特性及气候条件确定。

(6)施工中不应采用强度等级小于 M5 水泥砂浆替代同强度等级水泥混合砂浆,如需替代,应将水泥砂浆提高一个强度等级。

(7)在砂浆中掺入的砌筑砂浆增塑剂、早强剂、缓凝剂、防冻剂、防水剂等砂浆外加剂,其品种和用量应经有资质的检测单位检验和试配确定。所用外加剂的技术性能应符合国家现行有关标准《砌筑砂浆增塑剂》(JG/T 164—2004)、《混凝土外加剂》(GB 8076—2008)、《砂浆、混凝土防水剂》(JC 474—2008)的质量要求。

(8)配制砌筑砂浆时,各组分材料应采用质量计量,水泥及各种外加剂配料的允许偏差为±2%;砂、粉煤灰、石灰膏等配料的允许偏差为±5%。

(9)砌筑砂浆应采用机械搅拌,搅拌时间自投料完算起,应符合下列规定:

1)水泥砂浆和水泥混合砂浆不得少于 120 s。

2)水泥粉煤灰砂浆和掺用外加剂的砂浆不得少于 180 s。

3)掺增塑剂的砂浆,其搅拌方式、搅拌时间应符合现行行业标准《砌筑砂浆增塑剂》(JG/T 164—2004)的有关规定。

4)干混砂浆及加气混凝土砌块专用砂浆宜按掺用外加剂的砂浆确定搅拌时间或按产品说明书采用。

(10)现场拌制的砂浆应随拌随用，拌制的砂浆应 3 h 内使用完毕；当施工期间最高气温超过 30 ℃时，应在 2 h 内使用完毕。预拌砂浆及蒸压加气混凝土砌块专用砌筑砂浆的使用时间应按照厂方提供的说明书确定。

(11)砌体结构工程使用的湿拌砂浆，除直接使用外必须储存在不吸水的专用容器内，并根据气候条件采取遮阳、保温、防雨雪等措施，砂浆在储存过程中严禁随意加水。

(12)砌筑砂浆试块强度验收时其强度合格标准应符合下列规定：

1)同一验收批砂浆试块强度平均值应大于或等于设计强度等级值的 1.1 倍。

2)同一验收批砂浆试块抗压强度的最小一组平均值应大于或等于设计强度等级值的 85%。

注：①砌筑砂浆的验收批，同一类型、强度等级的砂浆试块应不少于 3 组；同一验收批砂浆只有一组或二组试块时，每组试块抗压强度的平均值应大于或等于设计强度等级值的 1.1 倍；对于建筑结构的安全等级为一级或设计使用年限为 50 年及以上的房屋，同一验收批砂浆试块的数量不得少于 3 组。

②砂浆强度应以标准养护，28 d 龄期的试块抗压强度为准。

③制作砂浆试块的砂浆稠度应与配合比设计一致。

抽检数量：每一检验批且不超过 250 m³ 砌体的各类、各强度等级的普通砌筑砂浆，每台搅拌机应至少抽检一次。验收批的预拌砂浆、蒸压加气混凝土砌块专用砂浆，抽检可为 3 组。

检验方法：在砂浆搅拌机出料口或在湿拌砂浆的储存容器出料口随机取样制作砂浆试块(现场拌制的砂浆，同盘砂浆只应制作一组试块)，试块标养 28 d 后作强度试验。预拌砂浆中的湿拌砂浆稠度应在进场时取样检验。

(13)当施工中或验收时出现下列情况，可采用现场检验方法对砂浆或砌体强度进行实体检测，并判定其强度：

1)砂浆试块缺乏代表性或试块数量不足。

2)对砂浆试块的试验结果有怀疑或有争议。

3)砂浆试块的试验结果，不能满足设计要求。

4)发生工程事故，需要进一步分析事故原因。

7.3 砌筑砂浆拌制质量记录

砌筑砂浆拌制应形成以下质量记录：

(1)表 C2-4　技术交底记录；

(2)表 C1-5　施工日志；

(3)表 C3-4-2　水泥检测报告；

(4)表 C3-4-3　砂子检测报告；

(5)表 C4-14　砂浆配合比通知单；

(6)表 C4-15　砂浆试块抗压强度检测试验报告；

(7)表 C4-13　砂浆强度评定表。

注：以上表式采用《河北省建筑工程资料管理规程》[DB13(J)/T 145—2012]所规定的表式。

单元 8　砖砌体工程施工

8.1　砖的品种与检验

常用砖砌体材料有烧结普通砖、烧结多孔砖、粉煤灰砖。烧结普通砖应符合国家标准《烧结普通砖》(GB 5101—2003)的规定；烧结多孔砖应符合国家标准《烧结多孔砖和多孔砌块》(GB 13544—2011)的规定；粉煤灰砖应符合建材行业标准《蒸压粉煤灰砖》(JC/T 239—2014)的规定。

8.1.1　烧结普通砖

1. 规格、尺寸偏差

(1)砖的主规格：240 mm×115 mm×53 mm；配砖规格：175 mm×115 mm×53 mm。
(2)尺寸允许偏差应符合表 8-1 的规定。

表 8-1　尺寸允许偏差　　　　　　　　　　　　　　　mm

公称尺寸	优等品		一等品		合格品	
	样本平均偏差	样本极差≤	样本平均偏差	样本极差≤	样本平均偏差	样本极差≤
240	±2.0	6	±2.5	7	±3.0	8
115	±1.5	5	±2.0	6	±2.5	7
53	±1.5	4	±1.6	5	±2.0	6

2. 外观质量

砖的外观质量应符合表 8-2 的规定。

表 8-2　外观质量

项目		优等品	一等品	合格品
两条面高度差/mm ≤		2	3	4
弯曲/mm ≤		2	3	4
杂质凸出高度/mm ≤		2	3	4
缺棱掉角的三个破坏尺寸/mm	不得同时大于	5	20	30
裂纹长度≤ /mm	a. 大面上宽度方向及其延伸至条面的长度	30	60	80
	b. 大面上长度方向及其延伸至顶面的长度或条顶面上水平裂纹的长度	50	80	100

续表

项目	优等品	一等品	合格品
完整面 不得少于	二条面和二顶面	一条面和一顶面	
颜色	基本一致	—	—

注：1. 为装饰而施加的色差、凹凸纹、拉毛、压花等不算作缺陷。
2. 凡有下列缺陷之一者，不得称为完整面：
(1)缺损在条面或顶面上造成的破坏面尺寸同时大于 10 mm×10 mm；
(2)条面或顶面上裂纹宽度大于 1 mm，其长度超过 30 mm；
(3)压陷、粘底、焦花在条面或顶面上的凹陷或凸出超过 2 mm，区域尺寸同时大于 10 mm×10 mm。

3. 强度等级

(1)强度等级应符合表 8-3 的规定。

表 8-3　烧结普通砖强度等级　　　　　　　　　　MPa

强度等级	抗压强度平均值 $\bar{f}$ ≥	变异系数 $\delta \leqslant 0.21$ 强度标准值 f_k ≥	变异系数 $\delta > 0.21$ 单块最小抗压强度值 f_{min} ≥
MU30	30.0	22.0	25.0
MU25	25.0	18.0	22.0
MU20	20.0	14.0	16.0
MU15	15.0	10.0	12.0
MU10	10.0	6.5	7.5

(2)强度试验与评定。试样数量为 10 块，加荷速度为 (5 ± 0.5) kN/s。试验后按式(8-1)、式(8-2)分别计算出强度变异系数 δ、标准差 s。

$$\delta = \frac{s}{\bar{f}} \tag{8-1}$$

$$s = \sqrt{\frac{1}{9}\sum_{i=1}^{10}(f_i - \bar{f})^2} \tag{8-2}$$

式中　δ——砖强度变异系数，精确至 0.01；
　　　s——10 块试样的抗压强度标准差(MPa)，精确至 0.01；
　　　$\bar{f}$——10 块试样的抗压强度平均值(MPa)，精确至 0.01；
　　　f_i——单块试样抗压强度测定值(MPa)，精确至 0.01。

强度评定：

(1)平均值—标准值方法评定：变异系数 $\delta \leqslant 0.21$ 时，按表 8-3 中抗压强度平均值 $\bar{f}$、强度标准值 f_k 评定砖的强度等级。

样本量 $n=10$ 时的强度标准值按式(8-3)计算。

$$f_k = \bar{f} - 1.8s \tag{8-3}$$

(2)平均值—最小值方法评定：变异系数 $\delta > 0.21$ 时，按表 8-3 中抗压强度平均值 $\bar{f}$、单块最小抗压强度值 f_{min} 评定砖的强度等级。单块最小抗压强度值精确至 0.1 MPa。

4. 检验规则

(1)检验批量：每 3.5 万~15 万块为一批，不足 3.5 万块按一批计。

(2)抽样数量：尺寸偏差、外观质量和强度等级的抽样数量和抽样方法应符合表 8-4 的规定。

表 8-4　抽样数量和抽样方法

序号	检验项目	抽样数量(块)	抽样方法
1	外观质量	50($n_1=n_2=50$)	试样采用随机抽样法，在每一检验批的产品堆垛中抽取
2	尺寸偏差	20	试样采用随机抽样法从外观质量检验后的样品中抽取
3	强度等级	10	

5. 判定规则

(1)尺寸偏差：尺寸偏差符合表 8-1 相应等级规定，判尺寸偏差为该等级。否则，判不合格。

(2)外观质量：外观质量采用二次抽样方案，根据表 8-2 规定的质量指标，检查出其中不合格品数 d_1，按下列规则判定。

1) $d_1 \leqslant 7$ 时，外观质量合格；

2) $d_1 \geqslant 11$ 时，外观质量不合格；

3) $7 < d_1 < 11$ 时，需再次从该产品批中抽样 50 块检验，检查出不合格品数 d_2，按下列规则判定：

① $(d_1+d_2) \leqslant 18$ 时，外观质量合格；

② $(d_1+d_2) \geqslant 19$ 时，外观质量不合格。

(3)强度：强度的试验结果应符合表 8-3 的规定。低于 MU10 判不合格。

(4)产品出厂时，必须提供产品质量合格证。

8.1.2　烧结多孔砖

1. 规格、尺寸偏差

(1)砖的主规格：240 mm×115 mm×90 mm；配砖规格：175 mm×115 mm×90 mm。

(2)尺寸允许偏差应符合表 8-5 的规定。

表 8-5　尺寸允许偏差　　　　mm

尺寸	样本平均偏差	样本极差≤
>400	±3.0	10.0
300~400	±2.5	9.0
200~300	±2.5	8.0
100~200	±2.0	7.0
<100	±1.5	6.0

2. 外观质量

砖的外观质量应符合表 8-6 的规定。

表 8-6 外观质量

项 目		指标
完整面	不得少于	一条面和一顶面
缺棱掉角的三个破坏尺寸/mm	不得同时大于	30
裂纹长度 /mm	a)大面(有孔面)上深入孔壁 15 mm 以上宽度方向及其延伸到条面的长度 不大于	80
	b)大面(有孔面)上深入孔壁 15 mm 以上长度方向及其延伸到顶面的长度 不大于	100
	c)条顶面上的水平裂纹 不大于	100
杂质在砖或砌块面上造成的凸出高度	不大于	5

注：凡有下列缺陷之一者，不能称为完整面：
　　a)缺损在条面或顶面上造成的破坏尺寸同时大于 20 mm×30 mm；
　　b)条面或顶面上裂纹宽度大于 1 mm，其长度超过 70 mm；
　　c)压陷、焦花、粘底在条面或顶面上的凹陷或凸出超过 2 mm，区域最大投影尺寸同时大于 20 mm×30 mm。

3. 密度等级

密度等级应符合表 8-7 的规定。

表 8-7 密度等级　　　　　　　　　　　　　　　　　　　　　　kg/m³

密度等级		3 块砖或砌块干燥表观密度平均值
砖	砌块	
—	900	≤900
1 000	1 000	900～1 000
1 100	1 100	1 000～1 100
1 200	1 200	1 100～1 100
1 300	—	1 200～1 300

4. 强度等级

(1)强度等级应符合表 8-8 的规定。

表 8-8 烧结多孔砖和多孔砌块强度等级　　　　　　　　　　　MPa

强度等级	抗压强度平均值 $\bar{f}$ ≥	强度标准值 f_k ≥
MU30	30.0	22.0
MU25	25.0	18.0
MU20	20.0	14.0
MU15	15.0	10.0
MU10	10.0	6.5

(2)强度试验与评定。强度以大面(有孔面)抗压强度结果表示。试样数量为 10 块，加荷速度为(5±0.5)kN/s。试验后按式(8-4)计算标准差 s。

$$s = \sqrt{\frac{1}{9}\sum_{i=1}^{10}(f_i - \bar{f})^2} \tag{8-4}$$

式中 s——10 块试样的抗压强度标准差(MPa),精确至 0.01;

$\bar{f}$——10 块试样的抗压强度平均值(MPa),精确至 0.1;

f_i——单块试样抗压强度测定值(MPa),精确至 0.01。

强度评定:按表 8-8 中抗压强度平均值 $\bar{f}$、强度标准值 f_k 评定砖和砌块的强度等级,精确至 0.1 MPa。

样本量 $n=10$ 时的强度标准值按式(8-5)计算。

$$f_k = \bar{f} - 1.83s \tag{8-5}$$

5. 检验规则

(1)检验批量:每 3.5 万~15 万块为一批,不足 3.5 万块按一批计。

(2)抽样数量:尺寸偏差、外观质量、密度等级和强度等级的抽样数量和抽样方法应符合表 8-9 的规定。

表 8-9 抽样数量和抽样方法

序号	检验项目	抽样数量/块	抽样方法
1	外观质量	$50(n_1=n_2=50)$	试样采用随机抽样法,在每一检验批的产品堆垛中抽取
2	尺寸偏差	20	试样采用随机抽样法从外观质量检验后的样品中抽取
3	密度等级	3	
4	强度等级	10	

6. 判定规则

(1)尺寸偏差:尺寸偏差符合表 8-5 相应等级规定。否则,判不合格。

(2)外观质量:外观质量采用二次抽样方案,根据表 8-6 规定的质量指标,检查出其中不合格品数 d_1,按下列规则判定:

1)$d_1 \leqslant 7$ 时,外观质量合格;

2)$d_1 \geqslant 11$ 时,外观质量不合格;

3)$7 < d_1 < 11$ 时,需再次从该产品批中抽样 50 块检验,检查出不合格品数 d_2,按下列规则判定:

①$(d_1+d_2) \leqslant 18$ 时,外观质量合格;

②$(d_1+d_2) \geqslant 19$ 时,外观质量不合格。

(3)密度等级:密度的试验结果应符合表 8-7 的规定。否则,判不合格。

(4)强度等级:强度的试验结果应符合表 8-8 的规定。否则,判不合格。

(5)产品出厂时,必须提供产品质量合格证。

8.1.3 粉煤灰砖

粉煤灰砖是以粉煤灰、石灰或水泥为主要原料,掺加适量石膏、外加剂、颜料和集料等,经坯料制备、成型、高压或常压蒸汽养护而制成的实心砖。

1. 规格、尺寸偏差和外观

(1)砖的主规格:240 mm×115 mm×53 mm;配砖规格:175 mm×115 mm×53 mm。

(2)尺寸偏差和外观应符合表 8-10 的规定。

表 8-10 尺寸偏差和外观

项目			优等品(A)	一等品(B)	合格品(C)
尺寸允许偏差 /mm	长		±2	±3	±4
	宽		±2	±3	±4
	高		±1	±2	±3
对应高度差/mm		≤	1	2	3
缺棱掉角的最小破坏尺寸/mm		≤	10	15	20
完整面		不少于	二条面和一顶面或二顶面一条面	一条面和一顶面	一条面和一顶面
裂纹长度 /mm ≤	a. 大面上宽度方向的裂纹（包括延伸到条面上的长度）		30	50	70
	b. 其他裂纹		50	70	100
层裂			不允许		

注：在条面或顶面上破坏面的两个尺寸同时大于 10 mm 和 20 mm 者为非完整面。

2. 色差

色差应不显著。

3. 强度等级

强度等级应符合表 8-11 的规定，优等品砖的强度等级应不低于 MU15。

表 8-11 强度等级　　　　　　　　　　　　　　　　　　MPa

强度等级	抗压强度		抗折强度	
	10 块平均值 ≥	单块值 ≥	10 块平均值 ≥	单块值 ≥
MU30	30.0	24.0	6.2	5.0
MU25	25.0	20.0	5.0	4.0
MU20	20.0	16.0	4.0	3.2
MU15	15.0	12.0	3.3	2.6
MU10	10.0	8.0	2.5	2.0

4. 检验规则

(1) 检验批量。每 10 万块为一批，不足 10 万块按一批计。

(2) 抽样数量。尺寸偏差和外观、色差、强度等级的抽样数量和抽样方法应符合表 8-12 的规定。

表 8-12 抽样数量和抽样方法

序号	检验项目	抽样数量/块	抽样方法
1	尺寸偏差和外观质量	100 ($n_1 = n_2 = 50$)	试样采用随机抽样法，从每一检验批的产品中抽取
2	色差	36	试样采用随机抽样法，从尺寸偏差和外观质量检验合格的样品中抽取
3	强度等级	10	

5. 判定规则

(1)尺寸偏差和外观质量采用二次抽样方案。首先抽取第一样本($n_1=50$),根据表 8-10 规定的质量指标,检查出其中不合格品数 d_1,按下列规则判定:

1)$d_1 \leqslant 5$ 时,尺寸偏差和外观质量合格;

2)$d_1 \geqslant 9$ 时,尺寸偏差和外观质量不合格;

3)$5 < d_1 < 9$ 时,需对第二样本($n_2=50$)进行检验,检查出不合格品数 d_2,按下列规则判定:

①$(d_1+d_2) \leqslant 12$ 时,尺寸偏差和外观质量合格;

②$(d_1+d_2) \geqslant 13$ 时,尺寸偏差和外观质量不合格。

(2)强度:强度等级符合表 8-11 相应规定时判为合格,且确定相应等级;否则判不合格。

(3)色差:彩色粉煤灰砖的色差应不显著,判为合格。

(4)产品出厂时,必须提供产品质量合格证。

8.2 砖砌体施工工艺

8.2.1 施工准备

1. 技术准备

(1)熟悉施工图纸,进行图纸会审。

(2)编制工程材料、机具、劳动力的需求计划。

(3)完成进场材料的见证取样复检及砌筑砂浆的试配工作。

(4)编制砖基础、砖墙施工技术交底,并对施工操作人员进行技术交底。

2. 材料准备

(1)机砖。砖的品种、强度等级必须符合设计要求,并应规格一致,有出厂合格证及试验报告。砖应进行强度复试。使用前提前 2d 浇水湿润。

(2)水泥。一般采用 32.5 级或 42.5 级普通硅酸盐水泥或矿渣硅酸盐水泥;水泥进场后分批检验其强度、安定性,检验批应以同一生产厂家、同一编号为一批,按《通用硅酸盐水泥》(GB 175—2007)检验合格后方可使用;如果在使用中对水泥质量有怀疑或水泥出厂超过三个月,应复查试验,并按其结果使用。

(3)砂。砂一般宜用中砂,用 5mm 筛孔过筛。砂的含泥量不超过 5%。

(4)水。使用自来水或天然洁净可供饮用的水。

(5)钢筋。砌体中的拉结钢筋应符合设计要求。

3. 施工机具准备

(1)施工机械。如砂浆搅拌机、垂直提升机械等。

(2)工具用具。如大铲、瓦刀、砖夹子、灰斗、扫帚、白线、铁锹、筛子、水壶、手推车、皮数杆等。

(3)检测设备。如水准仪、经纬仪、钢卷尺、百格网、2m 靠尺、塞尺、磅秤、砂浆试模等。

4. 作业条件准备

(1)基础垫层均已完成(主体砖墙施工前,基础应已完成)并验收,办理了隐检手续。

(2)设置轴线桩,标出建筑物或构筑物的主要轴线,标出基础、墙身及柱身轴线和标高。

(3)常温施工时,砌砖前 2 d 应将砖浇水湿润,砖以水浸入表面下 10~20 mm 深为宜。

(4)制作皮数杆。当基础或砖墙第一层砖的水平灰缝厚度大于 20 mm 时,应用细石混凝土找平。

(5)基槽安全防护已完成,并通过了安全员的验收。

(6)脚手架应随砌随搭设;运输通道通畅,各类机具应准备就绪。

5. 施工组织及人员准备

(1)健全现场各项管理制度,专业技术人员持证上岗。

(2)班组已进场到位并进行了技术、安全交底。

(3)班组生产效率可参考砖基础综合施工定额,见表 8-13。

表 8-13 砖基础综合施工定额

项目	人工		材 料	
	时间定额	每工产量	烧结普通砖/块	砂浆/m³
砖基础	0.86	1.16	508	0.242
砖墙	0.86	1.16	508	0.242

8.2.2 砖墙砌筑工艺流程

砖墙砌筑工艺流程,如图 8-1 所示。

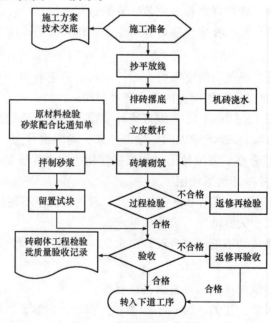

图 8-1 砖墙砌筑工艺流程

8.2.3 砖墙砌筑操作要求

1. 抄平放线

(1)抄平。砌墙前应在基础防潮层或楼面上定出各层标高,并用 M7.5 水泥砂浆或 C10

细石混凝土找平，使各段砖墙底部标高符合设计要求。

（2）放线。根据轴线及图纸上标注的墙体尺寸，楼层顶面用墨线弹出墙的轴线和墙的宽度线，并定出门洞口位置线。

2. 摆砖撂底

摆砖是指在放线的楼面上按选定的组砌方式用干砖试摆，砖与砖之间留出 10 mm 竖向灰缝宽度。摆砖的目的是核对所放的墨线在门窗洞口、附墙垛等处是否符合砖的模数，以尽可能减少砍砖。

砖砌体的组砌要求是上下错缝、内外搭接，以保证砌体的整体性。砖墙交接处的摆砖组砌方式，如图 8-2 所示。

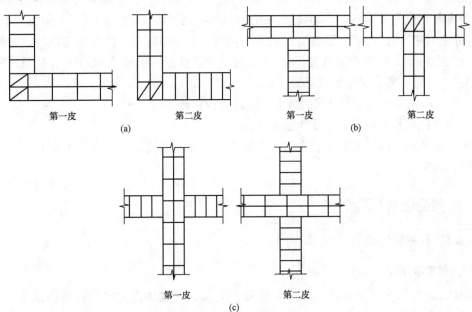

图 8-2　砖墙交接处的摆砖组砌方式
(a)转角接头处；(b)丁字接头处；(c)十字接头处

常用 240 厚砖墙的组砌方式有：一顺一丁和梅花丁，如图 8-3 所示。一顺一丁：一皮中全部顺砖与一皮中全部丁砖相互间隔砌成，上下皮间的竖缝相互错开 1/4 砖长；梅花丁：每皮中丁砖与顺砖相隔，上皮丁砖坐中于下皮顺砖，上下皮间竖缝相互错开 1/4 砖长。

3. 立皮数杆

皮数杆是指在其上画有每皮砖和砖缝厚度以及洞口过梁、圈梁底等标高位置的一种木制标杆。

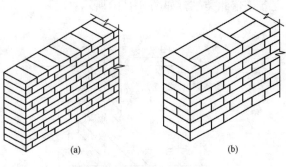

图 8-3　砖墙组砌方式
(a)一顺一丁；(b)梅花丁

（1）皮数杆一般设置在墙的转角及纵横墙交接处。当墙面过长时，应每隔 10～15 m 竖立一根皮数杆。

(2)皮数杆一般绑扎在构造柱钢筋上或钉于木桩上。皮数杆上的+50线与构造柱钢筋上+50线相吻合，准确无误后方可进行砌体砌筑。

(3)每次砌筑前应检查一遍皮数杆的垂直度和牢固程度。

4. 砖墙砌筑

(1)砌墙应先从墙角开始，按皮数杆先砌几皮砖，即盘角，俗称把大角。盘角时要选方正的砖，七分头规整一致，砌砖时放平摆正。

(2)盘角完成并经检查无误后，即可挂线。一般240 mm 墙采用单面挂线，370 mm 及以上墙应采用双面挂线。准线应挂在墙角处，挂线时两端应固定拴牢、绷紧。为防止准线过长塌线，可在中间垫一块腰线砖，腰线砖下应坐浆，灰缝厚度同皮数杆灰缝厚度。

(3)砌砖宜优先采用"三一"砌砖法。砌砖时砂浆要饱满，砖要放平，"上跟线，下跟棱，左右相邻要对平"；砖与砂浆要挤、压紧密，粘结牢固。砌砖采用铺浆法砌筑时，铺浆长度不得超过750 mm；施工期间气温超过30 ℃时，铺浆长度不得超过500 mm。砌筑过程中应三皮一吊、五皮一靠，保证墙面垂直平整。

(4)240 mm 厚承重墙的每层的最上一皮砖，应整砖丁砌。

(5)多孔砖的孔洞应垂直于受压面砌筑。

(6)砖砌体施工临时间断处补砌时，必须将接槎处表面清理干净，浇水湿润，并填实砂浆，保持灰缝平直。

8.3 砖基础施工工艺

8.3.1 砖基础的构造

1. 大放脚的形式

砖基础分为上下两部分：下部为大放脚、上部为基础墙。大放脚有等高式和间隔式，如图 8-4 所示。

等高式大放脚是指每砌两皮砖(120 mm)，两边各收进1/4砖长(60 mm)，如图 8-4(a)所示；间隔式大放脚是指底层砌两皮砖，收进1/4砖长，再砌一皮砖，收进1/4砖长，以上各层依此类推，如图 8-4(b)所示。

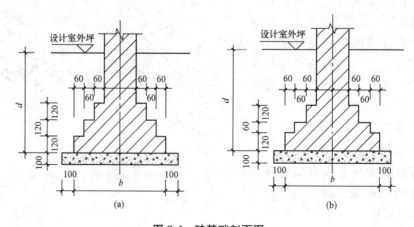

图 8-4 砖基础剖面图
(a)"等高式"砌法；(b)"间隔式"砌法

2. 砖基础的组砌形式

砖基础大放脚一般采用一顺一丁砌筑形式，即一皮顺砖与一皮丁砖相间隔（每皮砖均为满丁满条），上下皮垂直灰缝相互错开 1/4 砖长（60 mm）。砖基础的转角处、交接处，为错缝需要应加砌七分头（3/4 砖，即 180 mm）或二寸头（1/4 砖，即 60 mm）。

例如，底宽为 2 砖半，等高式砖基础大放脚转角处分皮砌法，如图 8-5 所示。

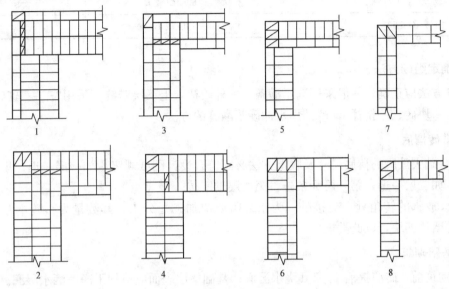

图 8-5 大放脚转角处分皮砌法

3. 基础垫层和防潮层

（1）砖基础底面以下需设垫层，一般为 100 厚 C10 混凝土垫层，每边扩出基础底面边缘不小于 100 mm。

（2）在墙基础顶面应设置防潮层。防潮层宜用 1∶2 水泥砂浆加适量防水剂铺设，其厚度一般为 20 mm，位置在室内地坪下 60 mm 处。如果 ±0.000 处设置钢筋混凝土圈梁，可起防潮层作用。

8.3.2 施工准备

同前述"砖砌体施工工艺"施工准备。

8.3.3 砖基础砌筑工艺流程

砖基础砌筑工艺流程，如图 8-6 所示。

8.3.4 砖基础砌筑操作要求

1. 抄平放线

砌筑基础前应根据皮数杆最下一层砖的标高，拉线检查基础垫层表面标高是否合适。当第一层砖的水平灰缝厚度大于 20 mm 时，应用 C10 细石混凝土找平，不得用砂浆找平处理。

根据轴线桩及图纸上标注的基础尺寸，在混凝

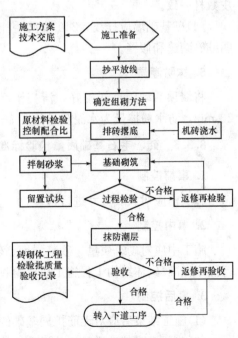

图 8-6 砖基础砌筑工艺流程

土垫层上用墨线弹出轴线和基础边线；砌筑基础前，应校核放线尺寸，允许偏差应符合表 8-14 的规定。

表 8-14 放线尺寸的允许偏差

长度 L、宽度 B/m	允许偏差/mm	长度 L、宽度 B/m	允许偏差/mm
L(或 B)≤30	±5	60<L(或 B)≤90	±15
30<L(或 B)≤60	±10	L(或 B)>90	±20

2. 确定组砌方法

组砌方法应正确，一般采用满丁满条，里外咬槎，上下层错缝，采用"三一"砌砖法（即一铲灰、一块砖、一挤揉），严禁用水冲砂浆灌缝的方法。

3. 排砖撂底

(1)基础大放脚的撂底尺寸及收退方法必须符合设计图纸规定，如一层一退，里外均应砌丁砖；如二层一退，第一层为条砖，第二层砌丁砖。

(2)大放脚的转角处、交接处，为错缝需要应加砌七分头，其数量为一砖半厚墙放三块，二砖墙放四块，以此类推。

4. 基础砌筑

(1)砌筑前，砖应提前 1~2 d 浇水湿润；基础垫层表面应清扫干净，洒水湿润。

(2)砌筑时，先盘基础角，每次盘角高度不应超过五层砖，随盘随靠平、吊直；采用"三一"砌砖法砌筑。

(3)砌至大放脚上部时，要拉线检查轴线及边线，保证基础墙身位置正确。同时，还要对照皮数杆的砖层及标高，如有偏差时，应在基础墙水平灰缝中逐渐调整，使墙的层数与皮数杆一致。

(4)砌基础墙应挂线，240 墙反手挂线，370 以上墙应双面挂线；竖向灰缝不得出现透明缝、瞎缝和假缝。

5. 抹防潮层

将墙顶活动砖重新砌好，清扫干净，浇水湿润，随即抹防水砂浆。一般厚度为 15~20 mm，防水粉掺量为水泥重量的 3‰~5‰。

8.3.5 砖、毛石基础质量检验标准

1. 事前控制

施工前应对放线尺寸进行检验。

2. 事中控制

施工中应对砌筑质量、砂浆强度、轴线及标高等进行检验，其施工质量验收应符合现行国家标准《砌体结构工程施工质量验收规范》(GB 50203—2011)的规定。

3. 事后控制

(1)施工结束后应对无筋扩展基础的轴线位移、基础顶面标高等进行检验。

(2)砖、毛石基础质量检验标准应符合表 8-15 的规定。

表 8-15 砖、毛石基础质量检验标准

项	序	检查项目		允许值		允许偏差			检查方法
				单位	数值	单位	数值		
主控项目	1	轴线位移	砖基础	—			10		经纬仪和钢尺
			毛石基础	—		毛石砌体	料石砌体		
							毛料石	粗料石	
						20	20	15	
一般项目	1	L(或B)≤30		设计值		±5			用钢尺量
		30<L(或B)≤60		设计值		±10			
		60<L(或B)≤90		设计值		±15			
		L(或B)>90		设计值		±20			
	2	基础顶面标高	砖基础	设计值		±15			水准仪和钢尺
			毛石基础	设计值		毛石砌体	料石砌体		
							毛料石	粗料石	
						±25	±25	±15	
	3	毛石砌体厚度		设计值		+30	+30	+15	用钢尺量

8.4 砖砌体施工质量验收标准

8.4.1 主控项目

(1)砖和砂浆的强度等级必须符合设计要求。

抽检数量：每一生产厂家，烧结普通砖、混凝土实心砖每15万块，烧结多孔砖、混凝土多孔砖、蒸压灰砂砖及蒸压粉煤灰砖每10万块各为一验收批，不足上述数量时按1批计，抽检数量为1组。砂浆试块的抽检数量执行规范有关规定。

检验方法：查砖和砂浆试块试验报告。

(2)砌体灰缝砂浆应密实、饱满，砖墙水平灰缝的砂浆饱满度不得低于80%；砖柱水平灰缝和竖向灰缝饱满度不得低于90%。

抽检数量：每检验批抽查不应少于5处。

检验方法：用百格网检查砖底面与砂浆的粘结痕迹面积。每处检测3块砖，取其平均值。

(3)砖砌体的转角处和交接处应同时砌筑．严禁无可靠措施的内外墙分砌施工。在抗震设防烈度为8度及8度以上的地区，对不能同时砌筑而又必须留置的临时间断处应砌成斜槎，普通砖砌体斜槎水平投影长度不应小于高度的2/3，多孔砖砌体的斜槎长高比不应小于1/2，如图8-7所示。斜槎高度不得超过一步脚手架的高度。

抽检数量：每检验批抽查不应少于5处。

检验方法：观察检查。

(4)非抗震设防及抗震设防烈度为6度、7度地区的临时间断处．当不能留斜槎时，除转角处外，可留直槎，但直槎必须做成凸槎，且应加设拉结钢筋，拉结钢筋应符合下列规定：

1)每120 mm墙厚放置1ϕ6拉结钢筋(120 mm厚墙应放置2ϕ6拉结钢筋)；

2)间距沿墙高不应超过 500 mm；且竖向间距偏差不应超过 100 mm；

3)埋入长度从留槎处算起每边均不应小于 500 mm，对抗震设防烈度 6、7 度的地区，不应小于 1 000 mm；

4)末端应有 90°弯钩，如图 8-8 所示。

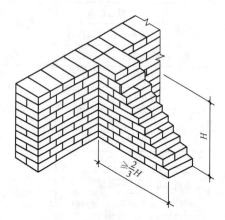

图 8-7 烧结普通砖砌体斜槎

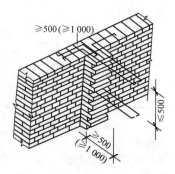

图 8-8 烧结普通砖砌体直槎

抽检数量：每检验批抽查不应少于 5 处。
检验方法：观察和尺量检查。

8.4.2 一般项目

(1)砖砌体组砌方法应正确，内外搭砌，上、下错缝。清水墙、窗间墙无通缝；混水墙中不得有长度大于 300 mm 的通缝，长度 200～300 mm 的通缝每间不超过 3 处，且不得位于同一面墙体上。砖柱不得采用包心砌法。

抽检数量：每检验批抽查不应少于 5 处。
检验方法：观察检查。砌体组砌方法抽检每处应为 3～5 m。

(2)砖砌体的灰缝应横平竖直，厚薄均匀。水平灰缝厚度及竖向灰缝宽度宜为 10 mm，但不应小于 8 mm，也不应大于 12 mm。

抽检数量：每检验批抽查不应少于 5 处。
检验方法：水平灰缝厚度用尺量 10 皮砖砌体高度折算。竖向灰缝宽度用尺量 2 m 砌体长度折算。

(3)砖砌体尺寸、位置的允许偏差及检验应符合表 8-16 的规定。

表 8-16 砖砌体尺寸、位置的允许偏差及检验

项	项目			允许偏差/mm	检验方法	抽检数量
1	轴线位移			10	用经纬仪和尺或用其他测量仪器检查	承重墙、柱全数检查
2	基础、墙、柱顶面标高			±15	用水准仪和尺检查	不应小于 5 处
3	墙面垂直度	每层		5	用 2 m 托线板检查	不应小于 5 处
		全高	≤10 m	10	用经纬仪、吊线和尺或其他测量仪器检查	外墙全部阳角
			>10 m	20		

续表

项次	项目		允许偏差/mm	检验方法	抽检数量
4	表面平整度	清水墙、柱	5	用 2 m 靠尺和楔形塞尺检查	不应小于 5 处
		混水墙、柱	8		
5	水平灰缝平直度	清水墙	7	拉 5 m 线和尺检查	不应小于 5 处
		混水墙	10		
6	门窗洞口高、宽(后塞口)		±10	用尺检查	不应小于 5 处
7	外墙下下窗口偏移		20	以底层窗口为准,用经纬仪或吊线检查	不应小于 5 处
8	清水墙游丁走缝		20	以每层第一皮砖为准,用吊线和尺检查	不应小于 5 处

8.5 砖砌体施工质量记录

砖砌体工程施工应形成以下质量记录：

(1)表 C2-4　技术交底记录；

(2)表 C1-5　施工日志；

(3)表 C5-2-3　基槽及各层放线测量及复测记录；

(4)表 C5-2-1　工程预检记录；

(5)表 G1-35　无筋扩展基础检验批质量验收记录；

(6)表 G2-1　砖砌体工程检验批质量验收记录。

注：以上表式采用《河北省建筑工程资料管理规程》[DB13(J)/T 145—2012]所规定的表式。

单元 9　配筋砌体工程施工

配筋砌体工程是由配置钢筋的砌体作为建筑物主要受力构件的结构工程。配筋砌体工程包括配筋砖砌体、砖砌体和钢筋混凝土面层或钢筋砂浆面层的组合砌体、砖砌体和钢筋混凝土构造柱组合墙、配筋砌块砌体工程等。配筋砌体工程施工应遵循的规范规程：

(1)《砌体结构工程施工规范》(GB 50924—2014)；

(2)《建筑工程施工质量验收统一标准》(GB 50300—2013)；

(3)《砌体结构工程施工质量验收规范》(GB 50203—2011)。

9.1　构造柱钢筋绑扎施工

9.1.1　绑扎工艺流程

构造柱钢筋绑扎工艺流程：预制构造柱钢筋骨架→修整底层伸出的构造柱搭接筋→安装构造柱钢筋骨架→绑扎搭接部位箍筋。

9.1.2　绑扎操作要求

1. 预制构造柱钢筋骨架

(1)先将两根竖向受力钢筋平放在绑扎架上，并在钢筋上画出箍筋间距。

(2)根据画线位置，将箍筋套在受力筋上逐个绑扎，要预留出搭接部位的长度。为防止骨架变形，宜采用反十字扣或套扣绑扎。箍筋应与受力钢筋保持垂直；箍筋弯钩叠合处，应沿受力钢筋方向错开放置。

(3)穿另外二根受力钢筋，并与箍筋绑扎牢固，箍筋端头平直长度不小于 $10d$ (d 为箍筋直径)，弯钩角度不小于 $135°$。

(4)在柱顶、柱脚与圈梁钢筋交接的部位，应按设计要求加密柱的箍筋，加密范围一般在圈梁上、下均不应小于 1/6 层高或 500 mm，箍筋间距不宜大于 100 mm。

2. 修整底层伸出的构造柱搭接筋

根据已放好的构造柱位置线，检查搭接筋位置及搭接长度是否符合设计和规范的要求。底层构造柱竖筋与基础圈梁锚固；无基础圈梁时，埋设在柱根部混凝土座内，如图 9-1 所示。

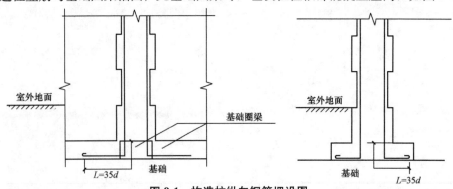

图 9-1　构造柱纵向钢筋埋设图

3. 安装构造柱钢筋骨架

先在搭接处钢筋上套上箍筋，然后再将预制构造柱钢筋骨架立起来，对正伸出的搭接筋，搭接倍数不低于 $35d$，对好标高线，在竖筋搭接部位各绑 3 个扣。骨架调整后，可以绑根部加密区箍筋。

4. 绑扎搭接部位钢筋

(1)构造柱钢筋必须与各层纵横墙的圈梁钢筋绑扎连接，形成一个封闭框架。

(2)在砌构造柱马牙槎时，沿墙高每 500 mm 埋设两根 $\phi6$ 水平拉结筋，与构造柱钢筋绑扎连接；埋入长度从留槎处算起每边均不应小于 500 mm，对抗震设防烈度 6、7 度的地区，不应小于 1 000 mm；末端应有 90°弯钩，如图 9-2 所示。

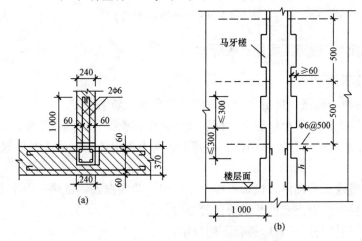

图 9-2 构造柱马牙槎及水平拉结筋设置
(a)平面图；(b)立面图

(3)构造柱钢筋绑扎后，应对其进行修整，以保证钢筋位置及间距准确。

9.2 构造柱模板支设施工

9.2.1 支设工艺流程

构造柱模板支设工艺流程：准备工作→支构造柱模板→办预检手续。

9.2.2 支设操作要求

(1)准备工作。清除构造柱马牙槎内的砂浆杂物。

(2)支构造柱模板。

1)构造柱模板可采用木模板或定型组合钢模板。构造柱模板一般可参照图 9-3、图 9-4 进行支设，根部应留置清扫口。

2)为防止浇筑混凝土时模板膨胀，用木模或组合钢模板贴在外墙面上，并每隔 1 m 左右设两根拉条，拉条与内墙拉结，拉条直径不应小于

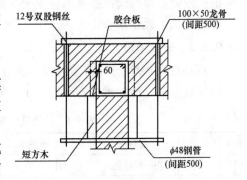

图 9-3 构造柱模板支设(一)

ϕ10。拉条穿过砖墙的洞要预留,留洞位置要求距地面 30 cm 开始,每隔 1 m 以内留一道,留洞的平面位置在构造柱大马牙槎以外一丁头砖处。

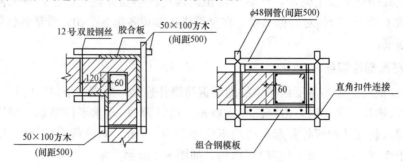

图 9-4 构造柱模板支设(二)

9.3 配筋砌体工程施工质量验收标准

9.3.1 主控项目

(1)钢筋的品种、规格、数量和设置部位应符合设计要求。

检验方法:检查钢筋的合格证书、钢筋性能复试试验报告、隐蔽工程记录。

(2)构造柱、芯柱、组合砌体构件、配筋砌体剪力墙构件的混凝土及砂浆的强度等级应符合设计要求。

抽检数量:每检验批砌体,试块不应小于 1 组,验收批砌体试块不得小于 3 组。

检验方法:检查混凝土和砂浆试块试验报告。

(3)构造柱与墙体的连接处应符合下列规定:

1)墙体应砌成马牙槎,马牙槎凹凸尺寸不宜小于 60 mm,高度不应超过 300 mm。马牙槎应先退后进,对称砌筑;马牙槎尺寸偏差每一构造柱不应超过 2 处;

2)预留拉结钢筋的规格、尺寸、数量及位置应正确,拉结钢筋应沿墙高每隔 500 mm 设 2ϕ6,伸入墙内不宜小于 600 mm,钢筋的竖向移位不应超过 100 mm,且竖向移位每一构造柱不得超过 2 处;

3)施工中不得任意弯折拉结钢筋。

抽检数量:每检验批抽查不应少于 5 处。

检验方法:观察检查和尺量检查。

(4)配筋砌体中受力钢筋的连接方式及锚固长度、搭接长度应符合设计要求。

抽检数量:每检验批抽查不应少于 5 处。

检验方法:观察检查。

9.3.2 一般项目

(1)构造柱一般尺寸允许偏差及检验方法应符合表 9-1 的规定。

抽检数量:每检验批抽查不应少于 5 处。

表 9-1 构造柱一般尺寸允许偏差及检验方法

项次	项目	允许偏差/mm	检验方法
1	中心线位置	10	用经纬仪和尺检查或用其他测量仪器检查
2	层间错位	8	用经纬仪和尺检查或用其他测量仪器检查

续表

项次	项目		允许偏差/mm	检验方法
3	垂直度	每层	10	用2 m托线板检查
		全高 ≤10 m	15	用经纬仪、吊线和尺检查或用其他测量仪器检查
		全高 >10 m	20	

（2）设置在砌体灰缝中钢筋的防腐保护应符合设计要求，且钢筋保护层完好，不应有肉眼可见裂纹、剥落和擦痕等缺陷。

抽检数量：每检验批抽查不应少于5处。

检验方法：观察检查。

（3）网状配筋砖砌体中，钢筋网规格及放置间距应符合设计规定。每一构件钢筋网沿砌体高度位置超过设计规定一皮砖厚不得多于1处。

抽检数量：每检验批抽查不应少于5处。

检验方法：通过钢筋网成品检查钢筋规格，钢筋网放置间距采用局部剔缝观察，或用探针刺入灰缝内检查，或用钢筋位置测定仪测定。

（4）钢筋安装位置的允许偏差及检验方法应符合表9-2的规定。

抽检数量：每检验批抽查不应少于5处。

表9-2 钢筋安装位置的允许偏差及检验方法

项目		允许偏差/mm	检验方法
受力钢筋保护层厚度	网状配筋砌体	±10	检查钢筋网成品，钢筋网放置位置局部剔缝观察，或用探针刺入灰缝内检查，或用钢筋位置测定仪测定
	组合砖砌体	±5	支模前观察与尺量检查
	配筋小砌块砌体	±10	浇筑灌孔混凝土前观察检查与尺量检查
配筋小砌块砌体墙凹槽中水平钢筋间距		±10	钢尺量连续三档，取最大值

9.4 配筋砌体施工质量记录

配筋砌体工程施工应形成以下质量记录：

（1）表C2-4 技术交底记录；

（2）表C1-5 施工日志；

（3）表G2-4 配筋砌体工程检验批质量验收记录。

注：以上表式采用《河北省建筑工程资料管理规程》[DB13(J)/T 145—2012]所规定的表式。

单元10　填充墙工程施工

在主体结构工程中,常用蒸压加气混凝土砌块、轻集料混凝土小型空心砌块砌筑填充墙。填充墙砌体工程施工应遵循的规范规程:
(1)《砌体结构工程施工规范》(GB 50924—2014)。
(2)《建筑工程施工质量验收统一标准》(GB 50300—2013)。
(3)《砌体结构工程施工质量验收规范》(GB 50203—2011)。
(4)《蒸压加气混凝土砌块》(GB 11968—2006)。
(5)《轻集料混凝土小型空心砌块》(GB/T 15229—2011)。

10.1　加气混凝土砌块进场检验

蒸压加气混凝土砌块是以水泥、矿渣、砂、石灰等为主要原料,加入发气剂,经搅拌成型、蒸压养护而成的实心砌块。加气混凝土砌块应符合国家标准《蒸压加气混凝土砌块》(GB 11968—2006)的规定。

10.1.1　加气混凝土砌块尺寸允许偏差和外观质量

蒸压加气混凝土砌块的规格、尺寸允许偏差和外观质量应符合表10-1的规定。

表10-1　规格、尺寸允许偏差和外观质量

项目			指标		检验方法
			优等品(A)	合格品(B)	
规格尺寸允许偏差	长度 L/mm	600	±3	±4	长度、高度、宽度分别在两个对应面的端部测量,各量两个尺寸。测量值大于规格尺寸的取最大值,测量值小于规格尺寸的取最小值
	宽度 B/mm	100、120、125、150、180、200、240、250、300	±1	±2	
	高度 H/mm	200、240、250、300	±1	±2	
缺棱掉角	最小尺寸不得大于/mm		0	30	测量砌块破坏部分对砌块的长、高、宽三个方向的投影面积尺寸。缺棱或掉角个数,目测
	最大尺寸不得大于/mm		0	70	
	大于以上尺寸的缺棱掉角个数,不多于/个		0	2	
裂纹长度	贯穿一棱二面的裂纹长度不得大于裂纹所在面的裂纹方向尺寸总和的		0	1/3	长度以所在面最大的投影尺寸为准;若裂纹从一面延伸至另一面,则以两个面上的投影尺寸之和为准。裂纹条数,目测
	任一面上的裂纹长度不得大于裂纹方向尺寸的		0	1/2	
	大于以上尺寸的裂纹条数,不多于/条		0	2	

续表

项 目	指标		检验方法
	优等品(A)	合格品(B)	
爆裂、粘模和损坏深度不得大于/mm	10	30	将钢直尺平放在砌块表面,用深度游标卡尺垂直于钢直尺,测量其最大深度
平面弯曲	不允许		测量弯曲面的最大缝隙尺寸
表面疏松、层裂	不允许		目测
表面油污	不允许		

10.1.2 加气混凝土砌块抗压强度

蒸压加气混凝土砌块的抗压强度应符合表10-2的规定。

表10-2 砌块的立方体抗压强度

强度级别	立方体抗压强度	
	平均值不小于/MPa	单组最小值不小于/MPa
A1.0	1.0	0.8
A2.0	2.0	1.6
A2.5	2.5	20
A3.5	3.5	2.8
A5.0	5.0	4.0
A7.5	7.5	6.0
A10.0	10.0	8.0

10.1.3 加气混凝土砌块干密度

蒸压加气混凝土砌块的干密度应符合表10-3的规定。

表10-3 砌块的干密度

干密度级别		B03	B04	B05	B06	B07	B08
干密度 /(kg·m^{-3})	优等品(A)≤	300	400	500	600	700	800
	合格品(B)≤	325	425	525	625	725	825

10.1.4 加气混凝土砌块强度级别

蒸压加气混凝土砌块的强度级别应符合表10-4的规定。

表10-4 砌块的强度级别

干密度级别		B03	B04	B05	B06	B07	B08
强度级别	优等品(A)	A1.0	A2.0	A3.5	A5.0	A7.5	A10.0
	合格品(B)			A2.5	A3.5	A5.0	A7.5

10.1.5 加气混凝土砌块的现场验收

(1)组批规则。

1)同品种、同规格、同等级的砌块,以10 000块为一批,不足10 000块亦为一批,随机抽取50块砌块,进行尺寸偏差、外观检验。

2)从外观与尺寸偏差检验合格的砌块中,随机抽取6块砌块制作试件,进行如下项目检验:

①干密度3组9块;

②强度级别3组9块。

(2)判定规则。蒸压加气混凝土砌块应有产品质量证明书。进场检验中受检验产品的尺寸偏差、外观质量、立方体抗压强度、干密度各项检验全部符合相应等级的技术要求规定时,判定为相应等级,否则降等级或判定为不合格。

1)尺寸偏差、外观质量:若受检的50块砌块中,尺寸偏差和外观质量不符合表10-1规定的砌块数量不超过5块时,判定该批砌块符合相应等级;若不符合表10-1规定的砌块数量超过5块时,判定该批砌块不符合相应等级。

2)干密度:以3组干密度试件的测定结果平均值判定砌块的干密度级别,符合表10-3规定时则判定该批砌块合格。

3)立方体抗压强度:以3组抗压强度试件测定结果按表10-2判定其强度级别。当强度和干密度级别关系符合表10-4规定,同时,3组试件中各个单组抗压强度平均值全部大于表10-4规定的此强度级别的最小值时,判定该批砌块符合相应等级;若有1组或1组以上小于此强度级别的最小值时,判定该批砌块不符合相应等级。

10.2 加气混凝土砌块砌筑工艺

10.2.1 施工准备

1. 技术准备

(1)砌筑前,应认真熟悉图纸,审核施工图纸。

(2)编制蒸压加气混凝土砌块填充墙施工技术交底。

(3)委托材料复试、砌筑砂浆配合比设计。

(4)核查门窗洞口位置及洞口尺寸,明确预留位置,计算窗台及过梁标高。

2. 材料要求

(1)加气混凝土砌块。具有出厂合格证,其强度等级及干密度必须符合设计要求及施工规范的规定。

(2)水泥。宜采用32.5级以上普通硅酸盐水泥、矿渣硅酸盐水泥或复合硅酸盐水泥。水泥应有出厂质量证明,水泥进场使用前应分批对其强度、安定性进行复验。检验批应以同一生产厂家、同一编号为一批。

(3)砂。宜用中砂,过5 mm孔径筛子,并不应含有杂物。砂含泥量,对强度等级等于和高于M5的砂浆,不应超过5%。

(4)掺合料。石灰膏熟化时不得少于7 d。

(5)水。拌制砂浆用饮用水即可。

(6)其他材料。

1)墙体拉结钢筋,预埋于构造柱内的拉结钢筋要事先下料加工成型,放置于作业面随砌随用。框架拉结钢筋要事先预埋在结构墙柱中,砌筑前焊接接长;如果采用后置式与结构锚固,要进行拉拔强度试验。

2)门、窗洞口木砖事先制作,并进行防腐处理;固定外窗用的混凝土块事先制作。

3)门、窗洞口预制混凝土过梁,按规格堆放。

3. 施工机具准备

(1)施工机械。如砂浆搅拌机、垂直运输机械等。

(2)工具用具。如磅秤、筛子、铁锹、小推车、喷水壶、小白线、大铲或瓦刀、手锯、灰斗、线坠、皮数杆、托线板等。

(3)检测设备。如水准仪、经纬仪、钢卷尺、靠尺、百格网、砂浆试模等。

4. 作业条件准备

(1)弹出楼层轴线或主要控制线,经复核,办理相关手续。

(2)根据标高控制线及窗台、窗顶标高,制作皮数杆。

(3)构造柱钢筋绑扎,隐检验收完毕。

(4)砌筑砂浆配合比经有资质的试验部门试配确定,有书面配合比试配单。

(5)框架外墙施工时,外防护脚手架应随着楼层搭设完毕,内墙已准备好工具式脚手架。

(6)做好水电管线的预留预埋工作。

(7)"三宝"(安全帽、安全带、安全网)配备齐全,"四口"(通道口、预留口、电梯井口、楼梯口)和临边做好防护。

10.2.2 加气混凝土砌块砌筑工艺流程

蒸压加气混凝土砌块施工工艺流程,如图10-1所示。

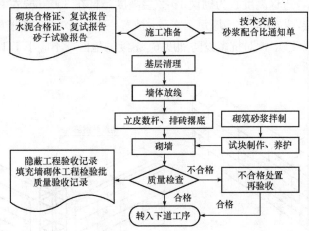

图10-1 蒸压加气混凝土砌体施工工艺流程

10.2.3 加气混凝土砌块砌筑操作要求

(1)基层清理。在砌筑砖体前应对墙基层进行清理,将楼层上的浮浆、灰尘清扫冲洗干净,并浇水使基层湿润。

(2)墙体放线。根据楼层中的控制轴线,测放出每一楼层墙体的轴线和门窗洞口的位置线,将窗台和窗顶标高画在框架柱上。施工放线完成后,经监理工程师验收合格,方可进行墙体砌筑。

(3)立皮数杆、排砖摆底。

1)在皮数杆上标出砖的皮数及灰缝厚度,并标出窗台、洞口及墙梁等构造标高。

2)根据要砌筑的墙体长度、高度试排砖,摆出门、窗及孔洞的位置。

3)砌筑前应预先试排砌块,并优先使用整体砌块。当墙长与砌块不符合模数时,可锯裁加气混凝土砌块,长度不应小于砌块长度的 1/3。

(4)砌墙。

1)砌筑前,墙底部应砌烧结普通砖或多孔砖,或现浇 C20 混凝土坎台,其高度不宜小于 200 mm。

2)框架柱、剪力墙侧面等结构部位应预埋 φ6 的拉墙筋和圈梁的插筋,或者结构施工后植上钢筋。

3)加气混凝土砌块,宜采用铺浆法砌筑,垂直灰缝宜采用内外夹板夹紧后灌缝。水平灰缝厚度和竖向灰缝宽度分别宜为 15 mm 和 20 mm,灰缝应横平竖直、砂浆饱满,宜进行勾缝。水平灰缝和垂直灰缝砂浆饱满度不小于 80%。

4)断开砌块时,应使用手锯、切割机等工具锯裁整齐,不允许用斧或瓦刀任意砍劈。填充墙砌筑时应上下错缝,搭接长度不宜小于砌块长度的 1/3,且不应小于 150 mm。当不能满足时,在水平灰缝中应设置 2φ6 钢筋或 φ4 钢筋网片加强,加强筋从砌块搭接的错缝部位起,每侧搭接长度不宜小于 700 mm。

5)砌块墙的转角处,纵、横墙砌块相互搭砌,如图 10-2 所示。

6)有抗震要求的填充墙砌体,严格按设计要求留设构造柱。当设计无要求时,按墙长度每 5 m 设构造柱。构造柱应置于墙的端部、墙角和 T 形交叉处。构造柱马牙槎应先退后进,进退尺寸大于 60 mm,进退高度宜为砌块 1～2 层高度,且在 300 mm 左右。填充墙与构造柱之间以 φ6 拉结筋连接,拉结筋按墙厚每 120 mm 放置一根,120 mm 厚墙放置两根拉结筋。拉结筋埋于砌体的水平灰缝中,对抗震设防烈度 6、7 度的地区,不应小于 1 000 mm,末端应作 90°弯钩,如图 10-3 所示。

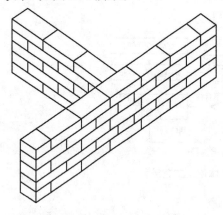

图 10-2　加气混凝土砌块墙 T 形接头

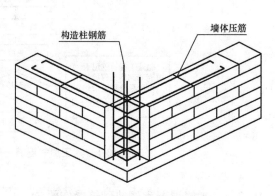

图 10-3　加气混凝土砌块墙构造柱

7)加气混凝土砌块不得与砖、其他砌块混砌。但因构造要求在墙底、墙顶及门窗洞口处局部采用烧结普通砖和多孔砖砌筑,不视为混砌。

8)填充墙砌至接近梁底、板底时,应留一定的空隙,待填充墙砌筑完并至少间隔 7 d 后,再将其补砌挤紧,防止上部砌体因砂浆收缩而开裂。当上部空隙小于等于 20 mm 时,用1：2水泥砂浆嵌填密实；稍大的空隙用细石混凝土镶填密实；大空隙用烧结普通砖或多孔砖宜成60°角斜砌挤紧，但砌筑砂浆必须密实，不允许出现平砌、生摆等现象。

10.3 填充墙砌体施工质量验收标准

10.3.1 主控项目

(1)烧结空心砖、小砌块和砌筑砂浆的强度等级应符合设计要求。

抽检数量：烧结空心砖每10万块为一验收批，小砌块每1万块为一验收批，不足上述数量时按一批计，抽检数量为一组。砂浆试块的抽检数量执行规范的有关规定。

检验方法：检查砖、小砌块进场复验报告和砂浆试块试验报告。

(2)填充墙砌体应与主体结构可靠连接，其连接构造应符合设计要求。未经设计同意，不得随意改变连接构造方法。每一填充墙与柱的拉结筋的位置超过一皮块体高度的数量不得多于一处。

抽检数量：每检验批抽查不应少于5处。

检验方法：观察检查。

(3)填充墙与承重墙、柱、梁的连接钢筋，当采用化学植筋的连接方式时，应进行实体检测。锚固钢筋拉拔试验的轴向受拉非破坏承载力检验值应为6.0 kN。抽检钢筋在检验值作用下应基材无裂缝、钢筋无滑移宏观裂损现象；持荷2 min期间荷载值降低不大于5%。检验批验收可按规范通过正常检验一次、二次抽样判定。填充墙砌体植筋锚固力检测记录可按规范填写。

抽检数量：按表10-5确定。

检验方法：原位试验检查。

表10-5 检验批抽检锚固钢筋样本最小容量

检验批的容量	样本最小容量	检验批的容量	样本最小容量
≤90	5	281～500	20
91～150	8	501～1 200	32
151～280	13	1 201～3 200	50

10.3.2 一般项目

(1)填充墙砌体尺寸、位置的允许偏差及检验方法应符合表10-6的规定。

抽检数量：每检验批抽查不应少于5处。

表10-6 填充墙砌体尺寸、位置的允许偏差及检验方法

序	项目		允许偏差/mm	检验方法
1	轴线位移		10	用尺检查
2	垂直度（每层）	≤3 m	5	用2 m托线板或吊线、尺检查
		>3 m	10	
3	表面平整度		8	用2 m靠尺和楔形尺检查
4	门窗洞口高、宽(后塞口)		±10	用尺检查
5	外墙上、下窗口偏移		20	用经纬仪或吊线检查

(2)填充墙砌体的砂浆饱满度及检验方法应符合表10-7的规定。

抽检数量：每检验批抽查不应少于5处。

表10-7 填充墙砌体的砂浆饱满度及检验方法

砌体分类	灰缝	饱满度及要求	检验方法
空心砖砌体	水平	≥80%	采用百格网检查块体底面或侧面砂浆的粘结痕迹面积
	垂直	填满砂浆、不得有透明缝、瞎缝、假缝	
蒸压加气混凝土砌块、轻骨料混凝土小型空心砌块砌体	水平	≥80%	
	垂直	≥80%	

(3)填充墙留置的拉结钢筋或网片的位置应与块体皮数相符合。拉结钢筋或网片应置于灰缝中，埋置长度应符合设计要求，竖向位置偏差不应超过一皮高度。

抽检数量：每检验批抽查不应少于5处。

检验方法：观察和用尺量检查。

(4)砌筑填充墙时应错缝搭砌，蒸压加气混凝土砌块搭砌长度不应小于砌块长度的1/3；轻集料混凝土小型空心砌块搭砌长度不应小于90 mm；竖向通缝不应大于2皮。

抽检数量：每检验批抽检不应少于5处。

检查方法：观察和用尺检查。

(5)填充墙的水平灰缝厚度和竖向灰缝宽度应正确。烧结空心砖、轻集料混凝土小型空心砌块砌体的灰缝应为8~12 mm；蒸压加气混凝土砌块砌体当采用水泥砂浆、水泥混合砂浆或蒸压加气混凝土砌块砌筑砂浆时，水平灰缝厚度及竖向灰缝宽度不应超过15 mm；当蒸压加气混凝土砌块砌体采用蒸压加气混凝土砌块粘结砂浆时，水平灰缝厚度和竖向灰缝宽度宜为3~4 mm。

抽检数量：每检验批抽查不应少于5处。

检查方法：水平灰缝厚度用尺量5皮小砌块的高度折算；竖向灰缝宽度用尺量2 m砌体长度折算。

10.4 加气混凝土砌块施工质量记录

加气混凝土砌块施工应形成以下质量记录：

(1)表C2-4 技术交底记录；

(2)表C1-5 施工日志；

(3)表G2-5 填充墙砌体工程检验批质量验收记录。

注：以上表式采用《河北省建筑工程资料管理规程》[DB13(J)/T 145—2012]所规定的表式。

第三部分 现浇结构主体施工

单元 11 模板工程施工

混凝土结构施工用的模板材料包括钢材、木材、胶合板、塑料、铝材等。目前，我国建筑行业现浇结构混凝土施工的模板多使用木材作主、次楞、木(竹)胶合板作面板，但木材的大量使用不利于保护国家有限的森林资源，而且木模板周转次数较少，还在施工现场产生大量的建筑垃圾。为符合"四节一环保"的要求，应提倡"以钢代木"，模板及支架宜选用轻质、高强、耐用的材料，如组合钢模板、增强塑料和铝合金等材料。模板工程施工应遵循以下规范、规程：

(1)《建筑工程施工质量验收统一标准》(GB 50300—2013)；
(2)《混凝土结构工程施工规范》(GB 50666—2011)；
(3)《组合钢模板技术规范》(GB/T 50214—2013)；
(4)《钢框胶合板模板技术规程》(JGJ 96—2011)；
(5)《建筑施工模板安全技术规范》(JGJ 162—2008)；
(6)《混凝土结构工程施工质量验收规范》(GB 50204—2015)。

任务 11.1 组合钢模板施工

55 型组合钢模板(肋高 55 mm)是目前使用较广泛的一种定型组合模板。组合钢模板适用于现浇混凝土结构柱、墙、梁、楼板模板施工，既可事先组拼成柱、墙、梁、楼板构件大型模板，整体吊装就位，也可采用散装散拆方法。

11.1.1 组合钢模板的组成

组合钢模板主要由钢模板、连接件和支承件三部分组成。

(一)钢模板

(1)钢模板的类型。钢模板采用 HPB300 级钢材制成，钢板厚度 2.5 mm，对于≥400 mm 宽面钢模板的钢板厚度应采用 2.75 mm 或 3.0 mm 钢板。钢模板主要包括平面模板、阴角模板、阳角模板、连接角模等，如图 11-1 所示。

(2)钢模板规格编码。钢模板采用模数制设计，模板的宽度模数以 50 mm 进级，长度模数以 150 mm 进级(长度超过 900 mm 时，以 300 mm 进级)。

钢模板规格编码，见表 11-1。

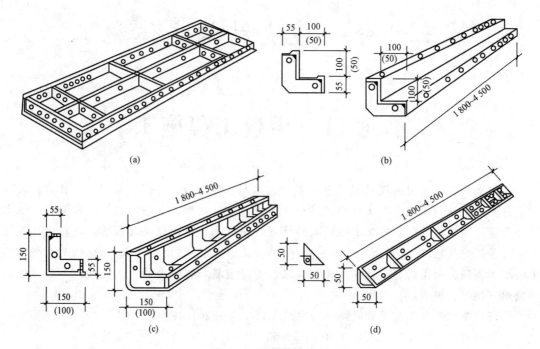

图 11-1 钢模板的类型
(a)平面模板；(b)阳角模板；(c)阴角模板；(d)连接角模

表 11-1 钢模板规格编码表　　　　　　　　　　　　　　　　　　　　　　　　mm

名称	长度 宽度	450	600	750	900	1 200	1 500	1 800
		代码	代码	代码	代码	代码	代码	代码
平面模板	600	P6004	P6006	P6007	P6009	P6012	P6015	P6018
	550	P5504	P5506	P5507	P5509	P5512	P5515	P5518
	500	P5004	P5006	P5007	P5009	P5012	P5015	P5018
	450	P4504	P4506	P4507	P4509	P4512	P4515	P4518
	400	P4004	P4006	P4007	P4009	P4012	P4015	P4018
	350	P3504	P3506	P3507	P3509	P3512	P3515	P3518
	300	P3004	P3006	P3007	P3009	P3012	P3015	P3018
	250	P2504	P2506	P2507	P2509	P2512	P2515	P2518
	200	P2004	P2006	P2007	P2009	P2012	P2015	P2018
	150	P1504	P1506	P1507	P1509	P1512	P1515	P1518
	100	P1004	P1006	P1007	P1009	P1012	P1015	P1018
阴角模板	150	E1504	E1506	E1507	E1509	E1512	E1515	E1518
	100	E1004	E1006	E1007	E1009	E1012	E1015	P1018
阳角模板	100	Y1004	Y1006	Y1007	Y1009	Y1012	Y1015	Y1018
	50	Y0504	Y0506	Y0507	Y0509	Y0512	Y0515	Y0518
连接角模	—	J0004	J0006	J0007	J0009	J0012	J0015	J0018

(二)连接件

组合钢模板连接件包括 U 形卡、L 形插销、钩头螺栓、紧固螺栓、对拉螺栓、扣件等，如图 11-2 所示。对拉螺栓轴向拉力设计值(N_t^b)，见表 11-2。

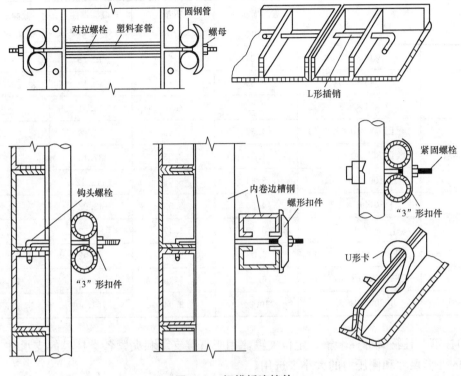

图 11-2　钢模板连接件

表 11-2　对拉螺栓轴向拉力设计值(N_t^b)

螺栓直径 /mm	螺栓内径 /mm	净截面面积 /mm²	重量 /(N·m⁻¹)	轴向拉力设计值 /kN
M12	9.85	76	8.9	12.9
M14	11.55	105	12.1	17.8
M16	13.55	144	15.8	24.5
M18	14.93	174	20.0	29.6
M20	16.93	225	24.6	38.2
M22	18.93	282	29.6	47.9

(三)支承件

组合钢模板的支承件包括钢楞、柱箍、钢支柱、扣件式钢管支架、门型支架、碗扣式支架和梁卡具、圈梁卡等。

(1)钢楞。钢楞又称龙骨，主要用于支承钢模板并加强其整体刚度。钢楞的材料有 HPB300 级圆钢管、矩形钢管、内卷边槽钢、轻型槽钢、轧制槽钢等，可根据设计要求和供应条件选用。

常用各种型钢钢楞的规格和力学性能,见表11-3。

表11-3 常用各种型钢钢楞的规格和力学性能

	规格/mm	截面面积 A /cm²	重量 /(kg·m⁻¹)	截面惯性矩 I_x/cm⁴	截面最小抵抗矩 W_x/cm³
圆钢管	$\phi 48\times 3.0$	4.24	3.33	10.78	4.49
	$\phi 48\times 3.5$	4.89	3.84	12.19	5.08
	$\phi 51\times 3.5$	5.22	4.10	14.81	5.81
矩形钢管	□60×40×2.5	4.57	3.59	21.88	7.29
	□80×40×2.0	4.52	3.55	37.13	9.28
	□100×50×3.0	8.64	6.78	112.12	22.42
轻型槽钢	[80×40×3.0	4.50	3.53	43.92	10.98
	[100×50×3.0	5.70	4.47	88.52	12.20
内卷边槽钢	□80×40×15×3.0	5.08	3.99	48.92	12.23
	□100×50×20×3.0	6.58	5.16	100.28	20.06
轧制槽钢	[80×43×5.0	10.24	8.04	101.30	25.30

(2)柱箍。柱箍又称柱卡箍、定位夹箍,用于直接支承和夹紧各类柱模的支承件,可根据柱模的外形尺寸和侧压力的大小来选用。

柱箍常由圆钢管($\phi 48\times 3.5$)、直角扣件或对拉螺栓组成,如图11-3所示。

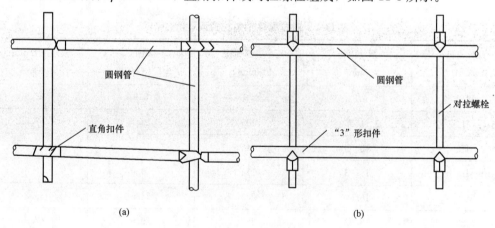

图11-3 柱箍
(a)圆钢管柱箍;(b)对拉螺栓柱箍

(3)钢支柱。钢支柱用于大梁、楼板等水平模板的垂直支撑,采用HPB300级钢管制作。常用的钢支柱有钢管支架、扣件式钢管脚手架和门型脚手架等形式,如图11-4所示。支架顶部构造要求,如图11-5所示。可调托座螺杆插入钢管的长度不应小于150 mm,螺杆伸出钢管的长度不应大于300 mm,可调托座伸出顶层水平杆的悬臂长度不应大于

500 mm。

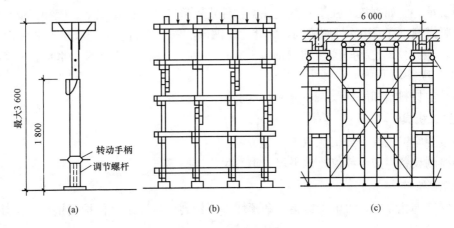

图 11-4 钢支柱柱箍
(a)钢管支架；(b)扣件式钢管脚手架；(c)门型脚手架

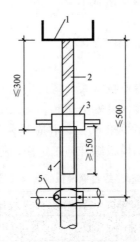

图 11-5 支架顶部构造
1—托座；2—螺杆；3—螺母；4—支架立杆；5—水平杆

11.1.2 组合钢模板施工工艺

组合钢模板施工工艺适用于建筑工程中现浇钢筋混凝土结构柱、墙、梁、楼板模板施工。

(一)施工准备

1. 技术准备

(1)熟悉结构施工图纸和模板施工方案。

(2)绘制全套模板设计图，包括模板平面布置配板图、分块图、组装图、节点大样图及非定型拼接件加工图。

(3)对施工人员进行技术交底。

2. 材料准备

(1)钢模板。包括平面模板、阴角模板、阳角模板、连接角模等。

(2)连接件。包括U形卡、L形插销、钩头螺栓、紧固螺栓、对拉螺栓、扣件等。

(3)支承件。如钢楞、柱箍、钢支柱、扣件式钢管支架、门型支架、碗扣式支架等。

(4)脱模剂。宜采用水性脱模剂,配合比为海藻酸钠∶滑石粉∶洗衣粉∶水=1∶13.3∶1∶53.3(重量比)。先将海藻酸钠浸泡2~3 d,再加滑石粉、洗衣粉和水搅拌均匀即可使用,刷涂、喷涂均可。

(5)其他材料。如海绵胶条、补缺用木模板、铁钉等。

3. 施工机具

(1)主要施工机具。如梅花扳手、锤子等。

(2)检测设备。如经纬仪、水平尺、钢卷尺、线坠等。

4. 作业条件

(1)钢筋绑扎完毕,水电管线箱盒和预埋件埋设到位,固定好保护层垫块,钢筋隐蔽验收合格。

(2)施工缝软弱层剔凿、清理干净,办理交接检验手续。

(3)下层混凝土必须养护至其强度达到1.2 N/mm²以上,才准在上面行人和架设支架、安装模板,但不得冲击混凝土。

(4)施工用脚手架搭设完,经安全检查合格。

5. 施工组织及人员准备

(1)健全现场各项管理制度,专业技术人员持证上岗。

(2)班组已进场到位并进行了技术、安全交底。

(3)班组工人一般中、高级工不少于60%,并应具有同类工程的施工经验。

(4)班组生产效率可参考组合钢模板综合施工定额,见表11-4。

表11-4 组合钢模板综合施工定额

项目		单位	时间定额			每工产量			备注
柱	周长/m		1.2以内	1.8以内	1.8以外	1.2以内	1.8以内	1.8以外	
	矩形柱	10 m²	2.99	2.5	2.27	0.334	0.4	0.441	1. 班组最小劳动组合:14人。 2. 模板工程包括安装和拆除
	多边柱	10 m²	4.56			0.219			
梁	梁高/m		0.5以内	0.5以外		0.5以内	0.5以外		
	连续梁	10 m²	3.69	3.13		0.27	0.319		
	单梁	10 m²	3.03	2.84		0.371	0.352		
墙	直形墙	10 m²	1.61			0.621			
	电梯井	10 m²	2.27			0.441			

(二)施工工艺流程

组合钢模板安装施工工艺流程,如图11-6、图11-10、图11-12所示。

(三)施工操作要求

(1)柱模板安装。柱模板安装施工工艺流程,如图11-6所示。

1)抄平放线。清理绑好柱钢筋底部,在立模板处,按标高抹水泥砂浆找平层,防止漏浆；弹出柱中心线及四周边线，如图11-7所示。

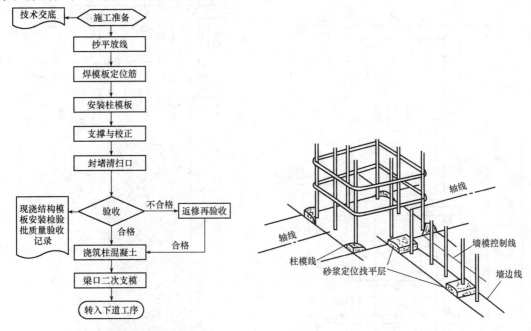

图11-6 柱模板安装施工工艺流程　　图11-7 墙、柱抄平放线

2)焊模板定位筋。在柱四边离地50～80 mm处的主筋上点焊水平定位筋，每边不少于两点，从四面顶住模板，以固定模板位置，防止位移。

3)刷脱模剂。模板安装前宜涂刷水性脱模剂，主要是海藻酸钠；严禁在模板上涂刷废机油。

4)安装柱模板。通排柱模板安装时，应先搭设双排脚手架，将柱脚和柱顶与脚手架固定并向垂直方向吊正垂直，校正柱顶对角线；按柱子尺寸和位置线将各块模板依次安装就位后，用U形卡将两侧模板连接卡紧；柱模底部开有清理孔。

5)安装柱箍。为防止在浇筑过程中模板变形，柱模外要设柱箍。柱箍可用角钢或钢管等制作，柱箍的间距布置合理，一般为600 mm或900 mm且下部较密。柱较高时，模板柱箍应适当加密；当柱截面较大时，应增设对拉螺栓，如图11-8所示。

6)与脚手架固定。根据柱高、截面尺寸确定支撑间距，与脚手架固定；用经纬仪、线坠控制，调节支撑，校正模板的垂直度，达到竖向垂直，根部位置准确。

7)封堵清扫口。在浇筑混凝土前，应用水冲洗柱模板内部，再封堵清扫口，既起到湿润模板作用，又能冲洗模板内部杂物，防止根部夹渣、烂根。混凝土浇筑后，立即对柱模板进行二次校正。

8)梁口二次支模。柱混凝土施工缝留在梁底标高，有梁板结构可采用梁口二次支模方法处理，如图11-9所示。

(2)墙模板安装。墙模板由侧模，横、竖楞和对拉螺栓三部分组成。墙模板安装施工工艺流程，如图11-10所示。

1)抄平放线。清理墙插筋底部，若沿墙方向表面平整度误差较大，按标高抹水泥砂浆找平层，防止漏浆；弹出墙边线和墙模板安装控制线，墙模控制线与墙边线平行，两线相距150 mm。如图11-7所示。

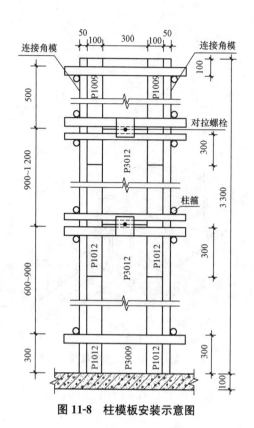

图 11-8　柱模板安装示意图

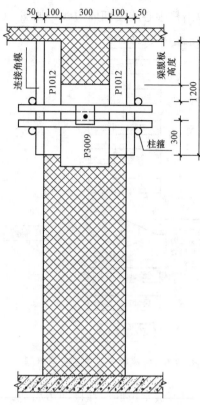

图 11-9　梁口二次支模示意图

2）焊模板定位筋。在墙两侧纵筋上点焊定位筋，间距依据支模方案确定，在墙对拉螺栓处加焊定位钢筋。

3）刷脱模剂。模板安装前宜涂刷水性脱模剂，主要是海藻酸钠；严禁在模板上涂刷废机油。

4）拼装墙模板。按照模板设计，在现场预先拼装墙模板，拼装时内钢楞配置方向应与钢模板垂直；外钢楞配置方向应与内钢楞垂直。

5）安装墙模板，如图 11-11 所示。

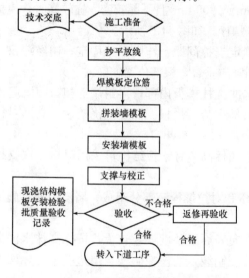

图 11-10　墙模板安装施工工艺流程

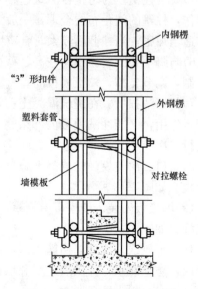

图 11-11　墙模板支模示意图

①按位置线安装门窗洞口模板和预埋件。

②将预先拼装好的一面模板按位置线就位，然后安装斜撑或拉杆；安装套管和对拉螺栓，对拉螺栓的规格和间距，在模板设计时应明确规定。模板底部应留清扫口。

③安装另一侧模板，调整拉杆或斜撑，使模板垂直后，拧紧穿墙螺栓，最后与脚手架连接固定。

6)支撑与校正。模板安装完毕后，检查一遍扣件，螺栓是否紧固，模板拼缝及下口是否严密，并进行检验。

(3)梁模板安装。梁模板由梁底模、梁侧模及支架系统组成。梁模板安装施工工艺流程，如图11-12所示。

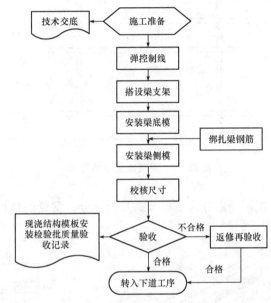

图11-12 梁模板安装施工工艺流程

1)弹控制线。在柱子上弹出轴线、梁位置和水平线，固定柱头模板。如图11-9所示。

2)搭设梁支架。支架立杆一般采用双排脚手架，间距以900～1 200 mm为宜；支架搭设于回填土上时，应平整夯实，并有排水措施，铺设通长木板；搭设于楼板上时，应加设垫木，并使上、下层立杆在同一竖向中心线上；梁支架立柱中间安装大横杆与楼板支架拉通，连接成整体，最下一层扫地杆(横杆)距离地面200 mm。

3)刷脱模剂。模板安装前宜涂刷水性脱模剂，主要是海藻酸钠；严禁在模板上涂刷废机油。

4)安装梁底模。在支架上标出梁底模板的厚度，符合设计要求后，拉线安装梁底模板并找直。当梁跨度大于等于4 m时，应按设计要求起拱。如设计无要求时，按照全跨长度的1/1 000～3/1 000起拱。

5)安装梁侧模。模板接缝处距模板面2 mm处粘贴双面胶条，用U形卡将梁侧模与梁底模通过连接角模连接，梁侧模板的支撑采用梁托架或三脚架、钢管、扣件与梁支架等连成整体，形成三角斜撑，间距宜为700～800 mm；当梁侧模高度超过600 mm时，应加对拉螺栓。

6)校核尺寸。安装完后，校核梁断面尺寸、标高、起拱高度等，并清理模板内杂物，进行检验。梁模板支模示意图，如图 11-13 所示。

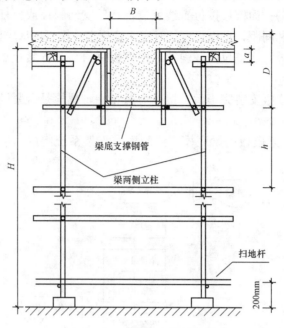

图 11-13 梁模板支模示意图

(4)楼梯模板。楼梯模板一般分为底板及踏步两部分；常见的楼梯有板式楼梯和梁式楼梯。板式楼梯支模示意图，如图 11-14 所示。

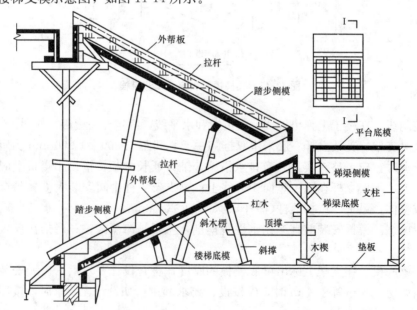

图 11-14 板式楼梯支模示意图

施工前应根据实际层高放样，先安装休息平台梁模板，再安装楼梯模板斜楞，最后铺设楼梯底模、安装外帮侧模和踏步模板。安装模板时要特别注意斜向支柱（斜撑）固定，防止浇筑混凝土时模板移动。

(四)模板拆除

模板拆除顺序应遵循先支后拆，先拆非承重模板、后拆承重模板的原则。严禁用大锤和撬棍硬砸、硬撬。拆下的模板及支架杆件不得抛扔，应分散堆放在指定地点，并应及时清运。模板拆除后应将其表面清理干净，对变形和损伤部位应进行修复。

(1)墙、柱模板拆除。

1)墙、柱模板拆除时，混凝土强度应能保证其表面及棱角不因拆模受到损坏。

2)墙模板拆除。先拆除穿墙螺栓等附件，再拆除斜拉杆或斜撑，用撬棍自下而上轻轻撬动模板，使模板与混凝土脱离。

3)柱模板拆除。先拆柱斜拉杆或斜撑，再卸掉柱箍，再把连接每片柱模板的U形卡拆掉，然后用撬棍轻轻撬动模板，使模板与混凝土脱离。

(2)梁、板模板拆除。模板拆除时，应根据混凝土同条件试块强度是否符合规范要求填写拆模申请，经批准后方可拆模。梁、板底模拆除时的混凝土强度要求，见表11-5。

拆除后浇带模板时，应及时按设计要求支顶结构底面，否则会造成结构缺陷，应特别注意。

表 11-5 底模拆除时的混凝土强度要求

构件类型	构件跨度/m	达到设计的混凝土立方体抗压强度标准值的百分率/%
板	≤2	≥50
	>2，≤8	≥75
	>8	≥100
梁、拱、壳	≤8	≥75
	>8	≥100
悬臂结构	—	≥100

11.1.3 模板安装质量验收标准

1. 主控项目

(1)模板及支架用材料的技术指标应符合国家现行有关标准的规定。进场时应抽样检验模板和支架材料的外观、规格和尺寸。

检查数量：按国家现行相关标准的规定确定。

检验方法：检查质量证明文件，观察，尺量。

(2)现浇混凝土结构模板及支架的安装质量，应符合国家现行有关标准的规定和施工方案的要求。

检查数量：按国家现行相关标准的规定确定。

检验方法：按国家现行相关标准的规定执行。

(3)后浇带处的模板及支架应独立设置。

检查数量：全数检查。

检验方法：观察。

(4)支架竖杆和竖向模板安装在土层上时，应符合下列规定：

1)土层应坚实、平整,其承载力或密实度应符合施工方案的要求。
2)应有防水、排水措施;对冻胀性土,应有预防冻融措施。
3)支架竖杆下应有底座或垫板。

检查数量:全数检查。

检验方法:观察、检查土层密实度检测报告、土层承载力验算或现场检测报告。

2. 一般项目

(1)模板安装质量应符合下列规定:
1)模板的接缝应严密。
2)模板内不应有杂物、积水或冰雪等。
3)模板与混凝土的接触面应平整、清洁。
4)用作模板的地坪、胎模等应平整、清洁,不应有影响构件质量的下沉、裂缝、起砂或起鼓。
5)对清水混凝土及装饰混凝土构件,应使用能达到设计效果的模板。

检查数量:全数检查。

检验方法:观察。

(2)隔离剂的品种和涂刷方法应符合施工方案的要求,隔离剂不得影响结构性能及装饰施工;不得沾污钢筋、预应力筋、预埋件和混凝土接槎处;不得对环境造成污染。

检查数量:全数检查。

检验方法:检查质量证明文件;观察。

(3)模板的起拱应符合现行国家标准《混凝土结构工程施工规范》(GB 50666—2011)的规定,并应符合设计及施工方案的要求。

检查数量:在同一检验批内,对梁,跨度大于 18 m 时应全数检查,跨度不大于 18 m 时应抽查构件数量的 10%,且不应少于 3 件;对板,应按有代表性的自然间抽查 10%,且不应少于 3 间;对大空间结构,板可按纵、横轴线划分检查面,抽查 10%,且不应少于 3 面。

检验方法:水准仪或尺量检查。

(4)现浇混凝土结构多层连续支模应符合施工方案的规定。上下层模板支架的竖杆宜对准。竖杆下垫板的设置应符合施工方案的要求。

检查数量:全数检查。

检验方法:观察。

(5)固定在模板上的预埋件和预留孔洞不得遗漏,且应安装牢固。有抗渗要求的混凝土结构中的预埋件,应按设计及施工方案的要求采取防渗措施。

预埋件和预留孔洞的位置应满足设计和施工方案的要求。当设计无具体要求时,其位置偏差应符合表 11-6 的规定。

检查数量:在同一检验批内,对梁、柱和独立基础,应抽查构件数量的 10%,且不应少于 3 件;对墙和板,应按有代表性的自然间抽查 10%,且不应少于 3 间;对大空间结构,墙可按相邻轴线间高度 5 m 左右划分检查面,板可按纵、横轴线划分检查面,抽查 10%,且均不应少于 3 面。

检验方法:观察、尺量。

表 11-6 预埋件和预留孔洞的允许偏差

项 目		允许偏差/mm
预埋板中心线位置		3
预埋管、预留孔中心线位置		3
插筋	中心线位置	5
	外露长度	+10, 0
预埋螺栓	中心线位置	2
	外露长度	+10, 0
预留洞	中心线位置	10
	尺寸	+10, 0

注：检查中心线位置时，应沿纵、横两个方向量测，并取其中偏差的较大值。

(6)现浇结构模板安装的尺寸允许偏差应符合表 11-7 的规定。

检查数量：在同一检验批内，对梁、柱和独立基础，应抽查构件数量的 10%，且不应少于 3 件；对墙和板，应按有代表性的自然间抽查 10%，且不应少于 3 间；对大空间结构，墙可按相邻轴线间高度 5 m 左右划分检查面，板可按纵、横轴线划分检查面，抽查 10%，且均不应少于 3 面。

表 11-7 现浇结构模板安装的允许偏差及检验方法

项 目		允许偏差/mm	检验方法
轴线位置		5	尺量
底模上表面标高		±5	水准仪或拉线、尺量
模板内部尺寸	基础	±10	尺量
	柱、墙、梁	±5	尺量
	楼梯相邻踏步高差	±5	尺量
垂直度	柱、墙层高≤6 m	8	经纬仪或吊线、尺量
	柱、墙层高>6 m	10	经纬仪或吊线、尺量
相邻两块模板表面高差		2	尺量
表面平整度		5	2 m 靠尺和塞尺量测

注：检查轴线位置当有纵横两个方向时，应沿纵、横两个方向量测，并取其中偏差的较大值。

11.1.4 模板工程施工质量记录

模板工程施工应形成以下质量记录：

(1)表 C2-4 技术交底记录；

(2)表 C1-5 施工日志；

(3)表 C5-2-1 工程预检记录；

(4)表 G3-1 现浇结构模板安装检验批质量验收记录。

注：以上表式采用《河北省建筑工程资料管理规程》[DB13(J)/T 145—2012]所规定的表式。

任务 11.2 胶合板模板施工

混凝土模板用的胶合板有木胶合板和竹胶合板。胶合板用作混凝土模板具有板幅大、自重轻、板面平整、锯截方便、易加工成形等优点。目前,在全国各地大中城市的高层现浇混凝土结构施工中,胶合板模板已有相当大的使用量。

11.2.1 胶合板的物理参数

(一)木胶合板模板

(1)构造和规格。模板用的木胶合板通常由5层、7层、9层、11层等奇数层单板经热压固化而胶合成型。相邻层的纹理方向相互垂直,通常最外层模板的纹理方向和胶合板板面的长向平行。因此,整张胶合板的长向为强方向,短向为弱方向,使用时必须加以注意。

我国模板用木胶合板的规格尺寸,见表11-8。

表11-8 模板用木胶合板规格尺寸

厚度/mm	宽度/mm	长度/mm	备注
12	915	1 830	至少5层
15	1 220	1 830	
18	915	2 135	至少7层
	1 220	2 440	

(2)承载力。《建筑施工模板安全技术规范》(JGJ 162—2008)规定木胶合板的主要技术性能,见表11-9。

表11-9 覆面木胶合板抗弯强度设计值和弹性模量

项目	板厚度/mm	表面材料					
		克隆、山樟		桦木		板材质	
		平行方向	垂直方向	平行方向	垂直方向	平行方向	垂直方向
抗弯强度设计值/(N·mm^{-2})	12	31	16	24	16	12.5	29
	15	30	21	22	17	12.0	26
	18	29	21	20	15	11.5	25
弹性模量/(N·mm^{-2})	12	11.5×10^3	7.3×10^3	10×10^3	4.7×10^3	4.5×10^3	9.0×10^3
	15	11.5×10^3	7.1×10^3	10×10^3	5.0×10^3	4.2×10^3	9.0×10^3
	18	11.5×10^3	7.0×10^3	10×10^3	5.4×10^3	4.0×10^3	8.0×10^3

(二)竹胶合板模板

(1)构造和规格。混凝土模板用竹胶合板由面板与芯板刷酚醛树脂胶,经热压固化而胶合成型。芯板是将竹子劈成竹条,在软化池中进行高温软化处理后,可用人工或编织机编织而成；面板是将竹子劈成篾片，由编工编成竹席。混凝土模板用竹胶合板的厚度常为 9 mm、12 mm、15 mm、18 mm。

行业标准《竹胶合板模板》(JG/T 156—2004)规定，竹胶合板的规格见表 11-10。

表 11-10 竹胶合板宽、长规格

宽度/mm	长度/mm	宽度/mm	长度/mm
915	1 830	1 220	2 440
915	2 135	1 500	3 000
1 000	2 000	—	—

（2）承载力。由于各地所产竹材的材质不同，同时又与胶粘剂的胶种、胶层厚度、涂胶均匀程度以及热固化压力等生产工艺有关，因此，竹胶合板的物理力学性能差异较大。《建筑施工模板安全技术规范》(JGJ 162—2008)规定竹胶合板的主要技术性能，见表 11-11。在正常情况下，木材的强度设计值和弹性模量按表 11-12 选用。

表 11-11 覆面竹胶合板抗弯强度设计值和弹性模量

项 目	板厚度/mm	板 的 层 数	
		3层	5层
抗弯强度设计值/(N·mm^{-2})	15	37	35
弹性模量/(N·mm^{-2})	15	10 584	9 898

表 11-12 木材的强度设计值和弹性模量　　　　　　　　　　N/mm^2

强度	组别	抗弯 f_m	顺纹抗拉 f_t	顺纹抗剪 f_v	弹性模量 E	适用树种
TC17	A	17	10	1.7	10 000	柏木、长叶松、湿地松、粗皮落叶松
	B	17	9.5	1.6	10 000	东北落叶松、欧洲赤松、欧洲落叶松
TC15	A	15	9.0	1.6	10 000	铁杉、油杉、太平洋海岸黄柏 花旗松—落叶松、细部铁杉、南方松
	B	15	9.0	1.5	10 000	鱼鳞云杉、西南云杉、南亚松
TC13	A	13	8.5	1.5	10 000	油松、新疆落叶松、云南松、马尾松、扭叶松 北美落叶松、海岸松
	B	13	8.0	1.4	9 000	红皮云杉、丽江云杉、樟子松、红松、西加云杉 俄罗斯红松、欧洲云杉、北美山地云杉、北美短叶松
TC11	A	11	7.5	1.4	9 000	西北云杉、新疆云杉、北美黄松、云杉—松—冷杉 铁—冷杉、东部冷杉、杉木
	B	11	7.0	1.2	9 000	冷杉、速生杉木、速生马尾松、新西兰辐射松
TB20	—	20	12	2.8	12 000	青冈、枫木、门格里斯木、卡普木、沉水稍克隆 绿心木、紫心木、李叶豆、塔特布木
TB17	—	17	11	2.4	11 000	栎木、达荷玛木、萨佩莱木、苦油树、毛罗藤黄

续表

强度	组别	抗弯 f_m	顺纹抗拉 f_t	顺纹抗剪 f_v	弹性模量 E	适用树种
TB15	—	15	10	2.0	10 000	锥栗、桦木、黄梅兰蒂、梅萨瓦木、水曲柳、红劳罗木
TB13	—	13	9.0	1.4	8 000	深红梅兰蒂、浅红梅兰蒂、白梅兰蒂、巴西红厚壳木
TB11	—	11	8.0	1.3	7 000	大叶椴、小叶椴

11.2.2 胶合板模板施工工艺

胶合板模板施工工艺适用于工业与民用建筑现浇混凝土框架结构(柱、梁、板)、剪力墙结构及筒体结构模板的安装与拆除施工。

(一)施工准备

1. 技术准备

(1)根据工程结构的形式及特点进行模板设计,确定竹、木胶合板模板制作的几何形状,尺寸要求,龙骨的规格、间距,选用支撑系统。

(2)依据施工图绘制模板设计图,包括模板平面布置图、剖面图、组装图、节点大样图、零件加工图等。

(3)根据模板设计要求和工艺标准,向班组进行安全、技术交底。

2. 材料准备

按照模板设计图或明细及说明进行以下材料准备。

(1)胶合板。木胶合板或竹胶合板。

(2)方木。落叶松烘干方木,规格 50×100、60×80、100×100。

(3)连接件。如"3形"扣件、蝶形扣件、对拉螺栓、钉子、铁丝、海绵胶条等。

(4)支撑件。如 $\phi 48 \times 3.5$ 钢管支架、扣件、碗扣式脚手架、底座、可调丝杠等。

(5)脱模剂。宜采用水性脱模剂。配合比为海藻酸钠:滑石粉:洗衣粉:水=1:13.3:1:53.3(质量比)。先将海藻酸钠浸泡 2~3 d,再加滑石粉、洗衣粉和水搅拌均匀即可使用,刷涂、喷涂均可。

3. 施工机具准备

(1)施工机械。塔吊、电刨、电锯、手电钻。

(2)工具用具。如榔头、套口扳子、托线板、轻便爬梯、脚手板、撬杠等。

(3)检测设备。经纬仪、水平尺、钢卷尺、线坠等。

4. 作业条件准备

(1)墙、柱钢筋绑扎完毕,水电管及预埋件已安装,绑好钢筋保护层垫块,并办完隐蔽验收手续。

(2)根据图纸要求,放好轴线和模板边线,定好水平控制标高。钢筋绑扎完毕,水电管线箱盒和预埋件埋设到位,固定好保护层垫块,钢筋隐蔽验收合格。

(3)下层混凝土必须养护至其强度达到 1.2 N/mm² 以上,才准在上面行人和架设支架、安装模板,但不得冲击混凝土。

(4)模板涂刷脱模剂,并分规格堆放。

5. 施工组织及人员准备

(1)健全现场各项管理制度,专业技术人员持证上岗。
(2)班组已进场到位并进行了技术、安全交底。
(3)班组工人一般中、高级工不少于60%,并应具有同类工程的施工经验。
(4)班组生产效率可参考胶合板模板综合施工定额,见表11-13。

表 11-13　胶合板模板综合施工定额

项　目		单位	时间定额	每工产量	备　注
柱	矩形柱	10 m²	2.92	0.342	1. 班组最小劳动组合:14人。 2. 模板工程包括安装和拆除
	多边柱	10 m²	4.6	0.217	
梁	连续梁	10 m²	2.16	0.463	
	异形梁	10 m²	3.49	0.287	
墙	直形墙	10 m²	1.95	0.513	
	弧形墙	10 m²	2.78	0.36	
板	有梁板	10 m²	2.1	0.476	

(二)施工工艺流程

胶合板模板安装施工工艺流程,如图11-15、图11-17、图11-20、图11-21所示。

(三)操作要求

(1)柱模板安装。柱胶合板模板施工工艺流程,如图11-15所示。

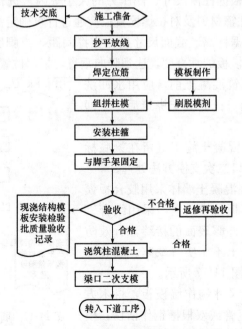

图 11-15　柱胶合板模板施工工艺流程

1)模板制作。按图纸尺寸制作柱侧模板,如图11-16所示;模板的吊钩设于模板上部,吊环应将面板和竖肋木方连接在一起。

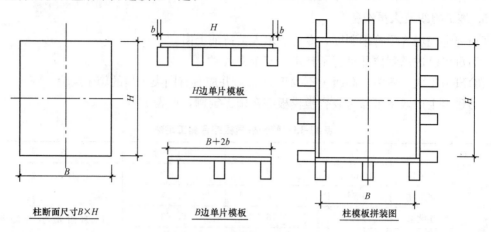

图 11-16　柱模板加工拼装示意图

2)焊定位筋。在柱四边离地 50~80 mm 处的主筋上点焊水平定位筋,每边不少于两点,从四面顶住模板,以固定模板位置,防止位移。

3)刷脱模剂。模板安装前宜涂刷水性脱模剂,主要是海藻酸钠;严禁在模板上涂刷废机油。

4)组拼柱模。通排柱模板安装时,应先搭设双排脚手架;用起重机吊装已制作好的柱模板,在施工楼层按放线位置组拼柱模板;将柱脚和柱顶与脚手架固定并向垂直方向吊正垂直,校正柱顶对角线。

5)安装柱箍。柱箍应根据柱模尺寸、侧压力的大小等因素进行设计选择(有角钢柱箍、钢管柱箍);柱箍间距、柱箍材料及对拉螺栓直径应通过计算确定。

6)与脚手架固定。根据柱高、截面尺寸确定支撑间距,与脚手架固定;用经纬仪、线坠控制,调节支撑,校正模板的垂直度,达到竖向垂直,根部位置准确。

7)封堵清扫口。在浇筑混凝土前,应用水冲洗柱模板内部,再封堵清扫口;混凝土浇筑后,立即对柱模板进行二次校正。

8)梁口二次支模。柱混凝土施工缝留在梁底标高,有梁板结构可采用梁口二次支模方法处理。

(2)墙模板安装。现浇混凝土墙体采用胶合板模板,是目前常用的一种模板技术,它与采用组合钢模板相比,减少了混凝土外露表面的接缝,有效防止漏浆、蜂窝麻面或混凝土不密实等缺陷。墙胶合板模板施工工艺流程,如图 11-17 所示。

1)模板制作。按图纸尺寸制作墙模板,将木方作竖楞,双根 $\phi 48 \times 3.5$ 钢管或双根槽钢作横楞;模板底部应留清扫口;模板的吊钩设于模板上部,吊环应将面板和竖肋木方连接在一起。

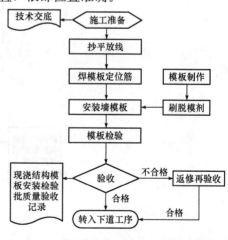

图 11-17　墙胶合板模板施工工艺流程

2)抄平放线。清理墙插筋底部,弹出墙边线和墙模板安装控制线,墙模板安装控制线与墙边线平行，两线相距 150 mm。

3) 焊定位筋。在墙两侧纵筋上点焊定位筋，间距依据支模方案确定。

4) 刷脱模剂。模板安装前宜涂刷水性脱模剂，主要是海藻酸钠；严禁在模板上涂刷废机油。

5) 安装墙模板。胶合板面板外侧用 50 mm×100 mm 方木做竖楞，用 $\phi 48\times 3.5$ 脚手钢管或方木（一般为 100 mm 方木）做横楞，两侧模板用穿墙螺栓拉结，如图 11-18 所示。

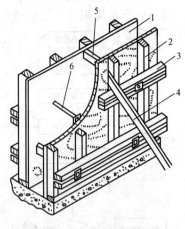

图 11-18　胶合板面板的墙模板
1—胶合板；2—竖楞；3—横楞；
4—斜撑；5—横撑；6—对拉螺栓

①按位置线安装门窗洞口模板和预埋件。

②为了保证墙体的厚度准确，截取 $\phi 12$ 短钢筋，长度等于墙厚，沿墙高和墙纵向每间隔 1.2~1.5 m 点焊在墙的纵筋上，以梅花形布置；防水混凝土墙，短钢筋中间加有止水板。

③将预先拼装好的一面墙模板按控制线就位，然后安装斜撑；安装套管和对拉螺栓，对拉螺栓的规格和间距，在模板设计时应明确规定。

④清扫墙内杂物，再安另一侧模板，调整斜撑，使模板垂直后，拧紧穿墙螺栓，最后与脚手架连接固定。

⑤墙模板立缝、角缝设于木方位置，以防漏浆和错台；墙模板的水平缝背面应加木方拼接。

6) 模板检验。安装完毕后，检查一遍扣件、螺栓是否紧固，模板拼缝及下口是否严密，并进行检验。

(3) 梁模板安装。梁模板由梁底模、梁侧模及支架系统组成，施工操作要求同前述"组合钢模板施工"中梁模板安装的相关要求。梁胶合板模板支模示意图，如图 11-19 所示。

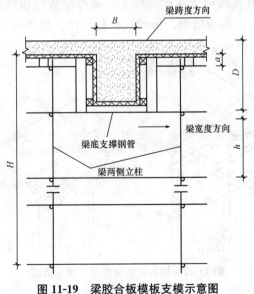

图 11-19　梁胶合板模板支模示意图

梁胶合板模板施工工艺流程，如图 11-20 所示。

(4)楼板模板安装。楼板模板及其支架系统,主要承受钢筋、混凝土的自重及其施工荷载。楼板胶合板模板施工工艺流程,如图 11-21 所示。

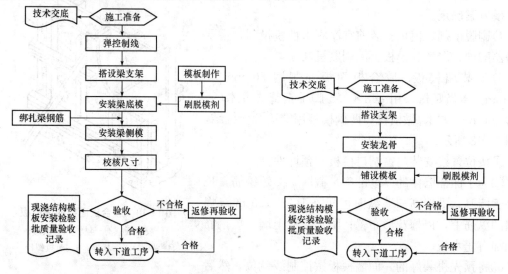

图 11-20　梁胶合板模板施工工艺流程　　　图 11-21　楼板胶合板模板施工工艺流程

1)搭设支架。支架立杆采用满堂红脚手架,间距 900～1 200 mm 为宜,一般要求与梁脚手架立杆间距一致;支架立柱中间安装大横杆与梁支架拉通,连接成整体,最下一层扫地杆(横杆)距离地面 200 mm。

2)刷脱模剂。模板安装前宜涂刷水性脱模剂,主要是海藻酸钠;严禁在模板上涂刷废机油。

3)安装龙骨。在钢管脚手架顶端插接可调节支座,通线调节支柱的高度;在可调节支座规定大龙骨,大龙骨可采用 $\phi 48 \times 3.5$ 钢管或 100 mm×100 mm 木方;架设小龙骨 50 mm×100 mm 木方,间距为 300～400 mm。

4)铺设模板。楼板模板四周压在梁侧模上,角位模板应通线钉固;楼面模板铺完后,应认真检查支架是否牢固,模板梁面、板面应清扫干净。楼板胶合板模板支模示意图,如图 11-22 所示。

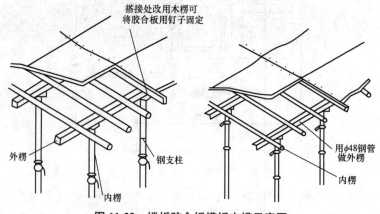

图 11-22　楼板胶合板模板支模示意图

(四)模板拆除

胶合板模板拆除要求同前述"组合钢模板施工"中模板拆除的相关内容。

11.2.3 胶合板模板工程施工质量验收标准

胶合板模板工程质量检验标准同前述"组合钢模板施工"。

11.2.4 胶合板模板工程施工质量记录

胶合板模板工程施工质量记录同前述"组合钢模板施工"。

任务 11.3 模板结构设计

模板及支架是施工过程中的临时结构,应根据结构形式、荷载大小等结合施工过程的安装、使用和拆除等主要工况进行设计。《混凝土结构工程施工规范》(GB 50666—2011)规定:"模板工程应编制专项施工方案。模板及支架应根据施工过程中的各种工况进行设计,应具有足够的承载力和刚度,并应保证其整体稳固性。"

11.3.1 模板设计的内容与规定

(一)模板设计的内容

模板及支架设计应包括下列内容:
(1)模板及支架的选型及构造设计。
(2)模板及支架上的荷载及其效应计算。
(3)模板及支架的承载力、刚度验算。
(4)模板及支架的抗倾覆验算。
(5)绘制模板及支架施工图。

模板及支架的形式和构造应根据工程结构形式、荷载大小、地基土类别、施工设备和材料供应等条件确定。

(二)模板专项施工方案

根据住房和城乡建设部建质〔2009〕87号文《危险性较大的分部分项工程安全管理办法》规定:"施工单位应当在危险性较大的分部分项工程前需编制专项方案;对于超过一定规模的危险性较大的分部分项工程,施工单位并应由施工单位组织专家进行论证。"

1. 危险性较大的分部分项工程

(1)各类工具式模板工程。包括大模板、滑模、爬模、飞模等工程。
(2)混凝土模板支撑工程。搭设高度 5 m 及以上;搭设跨度 10 m 及以上;施工总荷载 10 kN/m^2 及以上;集中线荷载 15 kN/m^2 及以上;高度大于支撑水平投影宽度且相对独立无连系构件的混凝土模板支撑工程。
(3)承重支撑体系。用于钢结构安装等满堂支撑体系。

2. 超过一定规模的危险性较大的分部分项工程

(1)工具式模板工程。包括滑模、爬模、飞模工程。
(2)混凝土模板支撑工程。搭设高度 8 m 及以上;搭设跨度 18 m 及以上;施工总荷载 15 kN/m^2 及以上;集中线荷载 20 kN/m^2 及以上。
(3)承重支撑体系。用于钢结构安装等满堂红支撑体系,承受单点集中荷载 700 kg 以上。

3. 专项施工方案

专项施工方案应包括下列内容：

(1)工程概况。危险性较大的分部分项工程概况、施工平面布置、施工要求和技术保证条件。

(2)编制依据。包括相关法律、法规、规范性文件、标准、规范及图纸(国标图集)、施工组织设计等。

(3)施工计划。包括施工进度计划、材料与设备计划。

(4)施工工艺技术。包括技术参数、工艺流程、施工方法、检查验收等。

(5)施工安全保证措施。包括组织保障、技术措施、应急预案、监测监控等。

(6)劳动力计划。包括专职安全生产管理人员、特种作业人员等。

(7)计算书及相关图纸。

11.3.2 荷载及荷载组合

《混凝土结构工程施工规范》(GB 50666—2011)规定："模板及支架设计时，应根据实际情况计算不同工况下的各项荷载及其组合。各项荷载的标准值可按《混凝土结构工程施工规范》(GB 50666—2011)附录A确定。"

(一)各项荷载的标准值

作用在模板及支架上的荷载可以分为永久荷载和可变荷载两类。

1. 永久荷载标准值

(1)模板及其支架自重(G_1)的标准值。模板及其支架自重标准值应根据模板施工图确定。肋形或无梁楼板模板自重标准值，可按表11-14采用。

表11-14 模板及支架自重标准值　　　　　　　　　　　　　　　　　kN/m²

模板构件名称	木模板	定型组合钢模板
无梁楼板的模板及小楞	0.30	0.50
楼板模板(其中包括梁的模板)	0.50	0.75
楼板模板及其支架(层高4m以下)	0.75	1.10

(2)新浇筑混凝土自重(G_2)的标准值。新浇筑混凝土自重标准值宜根据混凝土实际重力密度γ_c确定，普通混凝土γ_c可取24 kN/m³。

(3)钢筋自重(G_3)的标准值。钢筋自重的标准值应根据施工图确定。对一般梁板结构，楼板的钢筋自重可取1.1 kN/m³，梁的钢筋自重可取1.5 kN/m³。

(4)新浇筑混凝土对模板的侧压力(G_4)的标准值。采用插入式振捣器且浇筑速度不大于10 m/h、混凝土坍落度不大于180 mm时，新浇筑混凝土对模板的侧压力的标准值，按下列两式分别计算，并取其中的较小值。

$$F = 0.28\gamma_c t_0 \beta V^{1/2}$$

$$F = \gamma_c H$$

当浇筑速度大于10 m/h，或混凝土坍落度不大于180 mm时，侧压力标准值可按公式$F = \gamma_c H$计算。

式中　F——新浇筑混凝土作用于模板的最大侧压力标准值(kN/m^2);

　　　γ_c——混凝土的重力密度(kN/m^3);

　　　t_0——新浇筑混凝土的初凝时间(h),可按实测确定;当缺乏试验资料时,可采用 t_0=200/(T+15)计算,T 为混凝土的温度(℃);

　　　β——混凝土坍落度影响修正系数,当坍落度大于 50 mm 且不大于 90 mm 时,β 取 0.85;坍落度大于 90 mm 且不大于 130 mm 时,β 取 0.9;坍落度大于 130 mm 且不大于 180 mm 时,β 取 1.0;

　　　V——混凝土浇筑速度(m/h),取混凝土浇筑高度(厚度)与浇筑时间的比值;

　　　H——混凝土侧压力计算位置处至新浇筑混凝土顶面的总高度(m)。

2. 可变荷载标准值

(1)施工人员及施工设备产生的荷载(Q_1)的标准值。施工人员及施工设备产生的荷载标准值,可按实际情况计算,且不应小于 $2.5kN/m^2$。

(2)混凝土下料产生的水平荷载(Q_2)的标准值。混凝土下料产生的水平荷载标准值可按表 11-15 采用,其作用范围可取新浇筑混凝土侧压力的有效压头高度之内。

表 11-15　混凝土下料产生的水平荷载标准值　　　　　　　　　　kN/m^2

下料方式	水平荷载
溜槽、串筒、导管或泵管下料	2
吊车配备斗容器下料或小车直接倾倒	4

(3)泵送混凝土或不均匀堆载产生的附加水平荷载(Q_3)的标准值。泵送混凝土或不均匀堆载等因素产生的附加水平荷载的标准值,可取计算工况下竖向永久荷载标准值的 2%,并应作用在模板支架上端水平方向。

(4)风荷载(Q_4)的标准值。风荷载的标准值,按现行国家标准《建筑结构荷载规范》(GB 50009—2012)有关规定确定,此时基本风压可按十年一遇的风压取值,但基本风压不应小于 $0.2 kN/m^2$。

(二)承载力计算的荷载组合

(1)荷载组合效应设计值。模板及支架的荷载基本组合的效应设计值,按下式计算:

$$S = 1.35\alpha \sum_{i \geqslant 1} S_{G_{ik}} + 1.4\psi_{cj} \sum_{j \geqslant 1} S_{Q_{jk}}$$

式中　$S_{G_{ik}}$——第 i 个永久荷载标准值产生的效应值;

　　　$S_{Q_{jk}}$——第 j 个可变荷载标准值产生的效应值;

　　　α——模板及支架的类型系数。对侧面模板,取 0.9;对底面模板及支架,取 1.0;

　　　ψ_{cj}——第 j 个可变荷载的组合值系数,宜取 $\psi_{cj} \geqslant 0.9$。

注:对于荷载组合效应设计值计算结果,应乘以结构重要性系数(γ_0),对于重要的模板及支架宜取 $\gamma_0 \geqslant 1.0$;对于一般的模板及支架应取 $\gamma_0 \geqslant 0.9$。

(2)承载力计算的荷载组合。模板及其支架设计应考虑下列荷载:

1)模板及支架自重(G_1)。

2)新浇筑混凝土自重(G_2)。

3)钢筋自重(G_3)。

4)新浇筑混凝土对模板的侧压力(G_4)。

5)施工人员及施工设备产生的荷载(Q_1)。
6)混凝土下料产生的水平荷载(Q_2)。
7)泵送混凝土或不均匀堆载等因素产生的附加水平荷载(Q_3)。
8)风荷载(Q_4)。

参与模板及支架承载力计算的各项荷载按表 11-16 的确定,并采用最不利的荷载基本组合进行设计。

表 11-16　参与模板及支架承载力计算的各项荷载

	计算内容	参与荷载项
模板	底面模板的承载力	$G_1+G_2+G_3+Q_1$
	侧面模板的承载力	G_4+Q_2
支架	支架水平杆及节点的承载力	$G_1+G_2+G_3+Q_1$
	立杆的承载力	$G_1+G_2+G_3+Q_1+Q_4$
	支架结构的整体稳定	$G_1+G_2+G_3+Q_1+Q_3$ $G_1+G_2+G_3+Q_1+Q_4$

注:表中的"+"仅表示各项荷载参与组合,而不表示代数相加。

(三)模板及支架变形验算

(1)模板及支架变形验算的荷载组合。参与模板及支架变形验算的各项荷载按表 11-17 的确定。

表 11-17　参与模板及支架变形验算的各项荷载

模板及支架变形验算		参与荷载项
梁板结构底模板	模板面板的变形验算	$G_{1k}+G_{2k}+G_{3k}$
	面板背侧支撑的变形验算	$G_{1k}+G_{2k}+G_{3k}$
墙、柱和梁侧模板	模板面板的变形验算	G_{4k}
	面板背侧支撑的变形验算	G_{4k}

注:表中的"+"仅表示各项荷载参与组合,而不表示代数相加;G_k—表示永久荷载标准值。

(2)模板及支架变形限值。模板及支架变形限值应根据结构工程要求确定,并宜符合下列规定:

1)对结构表面外露的模板,其挠度限值宜取为模板构件计算跨度的 1/400。
2)对结构表面隐蔽的模板,其挠度限值宜取为模板构件计算跨度的 1/250。
3)支架的轴向压缩变形值或侧向挠度限值,宜取为计算高度或计算跨度的 1/1 000。

(四)支架稳固性及抗倾覆验算

(1)支架稳固性措施。模板支架的高宽比不宜大于 3;当高宽比大于 3 时,应加强稳固性措施。限定模板支架的高宽比主要是为了保证在周边无法提供有效侧向刚性连接的条件下,防止细高型的支架倾覆的整体失稳。整体稳固性措施包括支架内加强竖向和水平剪刀撑的设置;支架体外设置抛撑、型钢桁架撑、缆风绳等措施。

(2)支架抗倾覆验算。模板支架的抗倾覆验算,应考虑混凝土浇筑前和浇筑时两种工况进行抗倾覆验算,主要是针对支架顶部大面积模板在风荷载水平荷载作用下的抗倾覆验算。

混凝土浇筑工况下的抗倾覆验算，主要是针对在不对称荷载以及泵送混凝土管抖动等引发的水平荷载作用下的抗倾覆验算。

支架抗倾覆验算应满足下式要求：

$$\gamma_0 M_0 \leqslant M_r$$

式中　γ_0——结构重要性系数，对于重要的模板及支架宜取 $\gamma_0 \geqslant 1.0$；对于一般的模板及支架应取 $\gamma_0 \geqslant 0.9$；

　　　M_0——支架的倾覆力矩设计值，按荷载基本组合计算，其中永久荷载的分项系数取 1.35，可变荷载的分项系数取 1.4；

　　　M_r——支架的抗倾覆力矩设计值，按荷载基本组合计算，其中永久荷载的分项系数取 0.9，可变荷载的分项系数取 1.0。

(五) 模板设计计算公式

根据《建筑施工模板安全技术规范》(JGJ 162—2008)现浇混凝土模板计算要求，模板面板可按简支跨计算；次楞一般为两跨以上连续梁，可按《建筑施工模板安全技术规范》(JGJ 162—2008)附录 C 计算；主楞可根据实际情况按连续梁、简支梁或悬臂梁计算。常用的简支梁和连续梁在不同荷载条件下和支承条件下的弯矩、剪力和挠度公式，见表 11-18。

表 11-18　简支梁与连续梁的最大弯矩、剪力和挠度

简支梁或等跨连续梁	荷载图示	弯矩 M	剪力 V	挠度 w
简支梁	均布荷载 q	$\dfrac{1}{8}ql^2$	$\dfrac{1}{2}ql$	$\dfrac{5ql^4}{384EI}$
简支梁	跨中集中荷载 P	$\dfrac{1}{4}Pl$	$\dfrac{1}{2}P$	$\dfrac{Pl^3}{48EI}$
二跨等跨连续梁	均布荷载 q	$0.125ql^2$	$0.625ql$	$\dfrac{0.521ql^4}{100EI}$
二跨等跨连续梁	均布荷载 q（带悬臂 a）	$0.105ql^2$	$0.5ql$	$\dfrac{0.273ql^4}{100EI}$
二跨等跨连续梁	每跨跨中集中荷载 F	$0.188Pl$	$0.688P$	$\dfrac{0.911Pl^3}{100EI}$
二跨等跨连续梁	每跨三分点集中荷载 F	$0.333Pl$	$1.333P$	$\dfrac{1.466Pl^3}{100EI}$

续表

简支梁或等跨连续梁	荷载图示	弯矩 M	剪力 V	挠度 w
三跨等跨连续梁	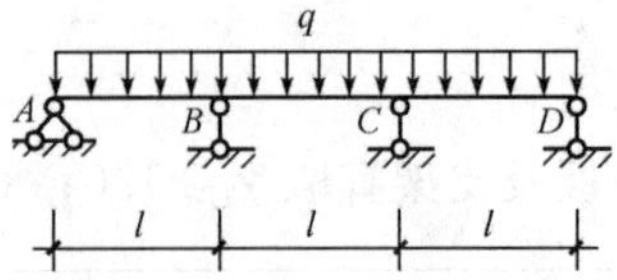	$0.1ql^2$	$0.6ql$	$\dfrac{0.677ql^4}{100EI}$
	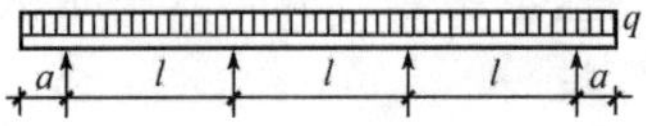	$0.084ql^2$	$0.5ql$	$\dfrac{0.273ql^4}{100EI}$
	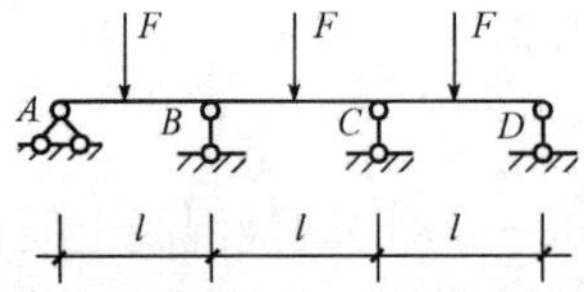	$0.175Pl$	$0.65P$	$\dfrac{1.146Pl^3}{100EI}$
	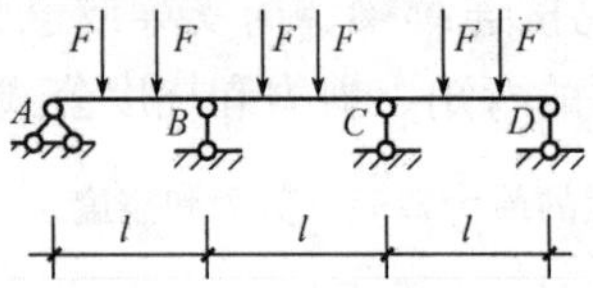	$0.267Pl$	$1.267P$	$\dfrac{1.883Pl^3}{100EI}$
四跨等跨连续梁	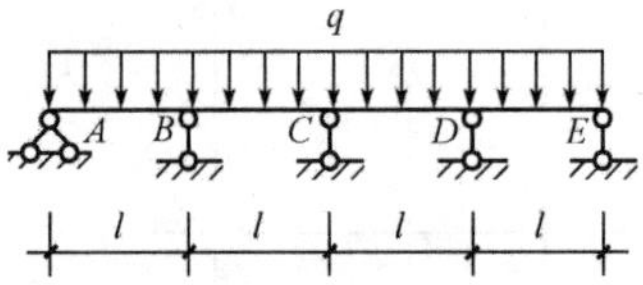	$0.107ql^2$	$0.607ql$	$\dfrac{0.632ql^4}{100EI}$
	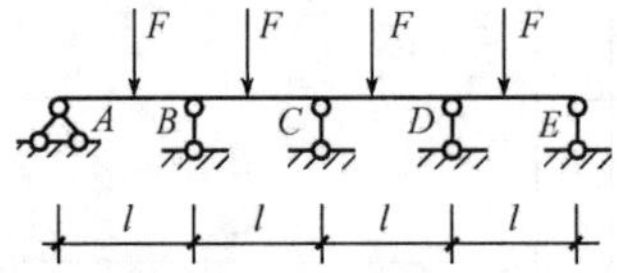	$0.169Pl$	$0.661P$	$\dfrac{1.079Pl^3}{100EI}$
	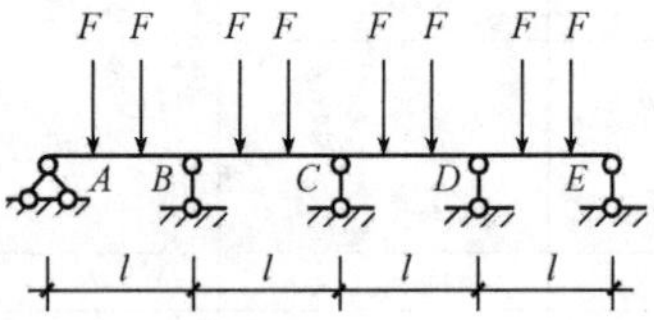	$0.286Pl$	$1.286P$	$\dfrac{1.764Pl^3}{100EI}$

11.3.3 模板结构设计示例

某建筑工程为剪力墙结构,墙高2.8 m,墙厚200 mm。墙模板面板采用15 mm厚覆面竹胶合板,次楞采用50 mm×100 mm方木,主楞采用双肢 $\phi 48\times 3.5$ 圆钢管,对拉螺栓规格为M14。墙模板结构设计参数,详见表11-19。墙模板设计简图,如图11-23所示。以《混凝土结构工程施工规范》(GB 50666—2011)为计算依据,试验算剪力墙模板结构是否设计要求。

表 11-19 墙模板结构设计参数

基本参数			
计算依据	《混凝土结构工程施工规范》(GB 50666—2011)		
混凝土墙厚度 h/mm	200	混凝土墙计算高度 H/mm	2 800
混凝土墙计算长度 L/mm	3 900	次梁布置方向	竖直方向
次梁间距 a/mm	250	次梁悬挑长度 a_1/mm	50
主梁间距 b/mm	600	主梁悬挑长度 b_1/mm	50
次梁合并根数	1	主梁合并根数	2
对拉螺栓横向间距/mm	500	对拉螺栓竖向间距/mm	600
混凝土初凝时间 t_0/h	4	混凝土浇筑速度 V/(m·h^{-1})	2
混凝土浇筑方式	泵管下料	结构表面要求	表面隐藏
材料参数			
主梁类型	圆钢管	主梁规格	48×3.5
次梁类型	矩形木楞	次梁规格	50×100
面板类型	覆面竹胶合板	面板规格	5层(15 mm)
对拉螺栓规格	M14		
荷载参数			
混凝土坍落度	150	结构重要性系数 γ_0	0.9
可变荷载组合系数 ψ_{cj}	0.9	模板及支架的类型系数 α	0.9

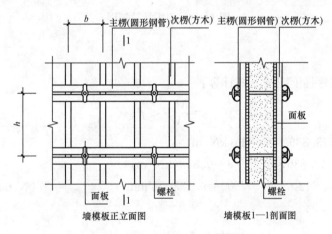

图 11-23 墙模板设计简图

(一)荷载统计

1. 作用于模板上的荷载标准值

(1)新浇混凝土侧压力标准值。新浇混凝土对模板的侧压力标准值(G_{4k}),按下列两式分别计算,并取其中较小值。

$F_1 = 0.28\gamma_c t_0 \beta V^{1/2} = 0.28 \times 24 \times 4 \times 1 \times 2^{\frac{1}{2}} = 38.014 (\text{kN/m}^2)$

$F_2 = \gamma_c H = 24 \times 2\ 800/1\ 000 = 67.2 (\text{kN/m}^2)$

$G_{4k} = \min[F_1, F_2] = 38.014\ \text{kN/m}^2$

(2)混凝土下料产生的水平荷载标准值。本工程混凝土浇筑采用泵管下料，因此，$Q_{2k}=2\ kN/m^2$。

2. 荷载组合效应设计值

(1)承载能力极限状态设计值。
$S=\gamma_0(1.35\alpha G_{4k}+1.4\psi_{cj}Q_{2k})=0.9\times(1.35\times0.9\times38.014+1.4\times0.9\times2)=43.836(kN/m^2)$

(2)正常使用极限状态设计值。
$S_k=G_{4k}=38.014(kN/m^2)$

(二)面板验算

根据有关规范规定面板可按简支跨计算，墙截面宽度可取任意宽度，为便于验算，取 $b=1.0\ m$ 单位面板宽度为计算单元。面板计算简图，如图11-24所示。面板采用5层(15 mm)覆面竹胶合板，截面抵抗矩 W 和截面惯性矩 I 分别为：

$W=bh^2/6=1\ 000\times15^2/6=37\ 500(mm^3)$
$I=bh^3/12=1\ 000\times15^3/12=281\ 250(mm^4)$
$E=9\ 898(N/mm^2)$

式中　　h——面板厚度(mm)。

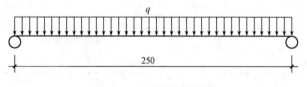

图11-24　面板计算简图

1. 强度验算

胶合板面板抗弯强度应按下式计算：

$$\sigma=\frac{M_{max}}{W}<f_{jm}$$

$q=bS=1.0\times43.836=43.836(kN/m)$
$M_{max}=ql^2/8=43.836\times0.25^2/8=0.342(kN/m)$
$\sigma=M_{max}/W=0.342\times10^6/37\ 500=9.133(N/mm^2)\leqslant[f_{jm}]=35(N/mm^2)$

满足要求。

2. 挠度验算

简支梁挠度应按下式进行验算：

$$w=\frac{5ql^4}{384EI_x}\leqslant[w]=l/250$$

$q_k=bS_k=1.0\times38.014=38.014(kN/m)$
$w=5ql^4/(384EI)$
　$=5\times38.014\times10^{-3}\times0.25^4/(384\times9\ 898\times281\ 250)$
　$=0.695(mm)\leqslant[w]=250/250=1(mm)$

满足要求。

(三)次梁验算

内楞直接承受模板传递的荷载,内楞悬挑长度(50 mm)与其基本跨度(600 mm)之比,50/600=0.08<0.4,故可按近似四跨连续梁计算,内楞计算简图,如图 11-25 所示。内龙骨采用 50 mm×100 mm 木楞,截面抵抗矩 W 和截面惯性矩 I 分别为:

$W = bh^2/6 = 50 \times 100 \times 100/6 = 83\ 333 (mm^3)$

$I = bh^3/12 = 50 \times 100 \times 100 \times 100/12 = 4\ 166\ 667 (mm^4)$

图 11-25　内楞计算简图

1. 抗弯强度验算

实木截面构件,抗弯强度应按下式计算:

$$\sigma = \frac{M_{max}}{W} < f_m$$

$q = aS = 250/1\ 000 \times 43.836 = 10.959 (kN/m)$

$M_{max} = 0.107 ql^2 = 0.107 \times 10.959 \times 0.6^2 = 0.422 (kN \cdot m)$

$\sigma = M_{max}/W = 0.422 \times 10^6/83\ 333 = 5.066 (N/mm^2) \leqslant [f_m] = 17 (N/mm^2)$

满足要求。

2. 抗剪强度验算

实木截面构件,抗剪强度应按下式计算:

$$\tau = \frac{VS_0}{Ib} < f_v$$

式中　S_0——计算剪力应力处以上毛截面对中和轴的面积矩。

$V_{max} = 0.607 ql = 0.607 \times 10.959 \times 0.6 = 3.991 (kN)$

$\tau = V_{max} S_0/(Ib)$

　　$= 3.991 \times 10^3 \times 62.5 \times 10^3/(416.667 \times 10^4 \times 50)$

　　$= 1.197 (N/mm^2) \leqslant [f_v] = 1.7 (N/mm^2)$

满足要求。

3. 挠度验算

均布荷载四跨连续梁挠度,应按下式进行验算:

$$w = \frac{0.632 \times ql^4}{100 EI} \leqslant [w] = l/250$$

$q_k = aS_k = 250/1\ 000 \times 38.014 = 9.504 (kN/m)$

$w = 0.632 ql^4/(100 EI)$

　　$= 0.632 \times 9.504 \times 600^4/(100 \times 10\ 000 \times 4\ 166\ 667)$

　　$= 0.186 (mm) \leqslant [w] = 600/250 = 2.4 (mm)$

满足要求。

(四)主梁验算

外楞承受内楞传递的荷载,外楞悬挑长度(50 mm)与其基本跨度(500 mm)之比,

50/500=0.1<0.4，故可按近似四跨连续梁计算，内楞计算简图，如图 11-26 所示。外龙骨采用 $\phi48\times3.5$ 双肢圆钢管，截面抵抗矩 W 和截面惯性矩 I 分别为：

$W=10.16\times10^3 \text{ mm}^3$

$I=24.38\times10^4 \text{ mm}^4$

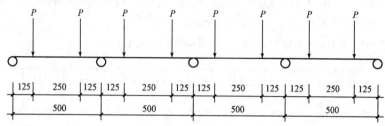

图 11-26　外楞计算简图

1. 抗弯强度验算

钢楞主梁抗弯强度应按下式计算：

$$\sigma=\frac{M_{max}}{W}<f$$

$P=abS=0.25\times0.60\times43.836=6.58(\text{kN})$

$M_{max}=0.286Pl=0.286\times6.58\times0.5=0.94(\text{kN/m})$

$\sigma=M_{max}/W=0.94\times10^6/10.16\times10^3=92.53(\text{N/mm}^2)\leqslant [f]=205(\text{N/mm}^2)$

满足要求。

2. 抗剪强度验算

钢楞主梁抗剪强度应按下式计算：

$$\tau=\frac{VS_0}{Ib}<f_v$$

式中　S_0——计算剪力应力处以上毛截面对中和轴的面积矩。

$V_{max}=1.286P=1.286\times6.56=8.436(\text{kN})$

$\tau=V_{max}S_0/(Ib)$

　$=8.436\times10^3\times6.946\times10^3/(24.38\times10^4\times1.4\times10)$

　$=17.168(\text{N/mm}^2)\leqslant [f_v]=120(\text{N/mm}^2)$

满足要求。

3. 挠度验算

跨中双集中荷载四跨连续梁挠度，应按下式进行验算：

$$w=\frac{1.764\times Pl^3}{100EI}\leqslant [w]=l/250$$

$P_k=abS_k=0.25\times0.6\times38.014=5.702(\text{kN/m})$

$w=1.764P_kl^3/(100EI)$

　$=1.764\times5.702\times500^3/(100\times210\,000\times24.38\times10^4)$

　$=0.246(\text{mm})\leqslant [w]=500/250=2.0(\text{mm})$

满足要求。

(五)对拉螺栓验算

对拉螺栓强度，应按下式计算：

$$N=abF_s<N_t^b$$

式中　a——对拉螺栓横向间距；

　　　b——对拉螺栓竖向间距；

　　　F_s——作用于模板的侧压力，$F_s=0.95\times(1.2G_{4k}+1.4Q_{2k})$；

　　　N_t^b——对拉螺栓轴向拉力值设计值。

对拉螺栓拉力值 N：

$N=ab\times 0.95(1.2G_{4k}+1.4Q_{2k})$

　$=0.5\times 0.6\times 0.95\times(1.2\times 38.014+1.4\times 2)$

　$=13.799(kN)\leqslant N_t^b=17.8(kN)$

满足要求。

单元 12 钢筋工程施工

任务 12.1 钢筋品种与检验

混凝土结构用的热轧钢筋,分为热轧光圆钢筋和热轧带肋钢筋两种。热轧光圆钢筋应符合国家标准《钢筋混凝土用钢 第1部分:热轧光圆钢筋》(GB 1499.1—2008)的规定。热轧带肋钢筋应符合国家标准《钢筋混凝土用钢 第2部分:热轧带肋钢筋》(GB 1499.2—2007)的规定。

12.1.1 热轧光圆钢筋

(一)牌号及化学成分

热轧光圆钢筋牌号及化学成分(熔炼分析)应符合表12-1的规定。

表12-1 热轧光圆钢筋牌号及化学成分

牌 号	化学成分(质量分数)/% 不大于				
	C	Si	Mn	P	S
HPB235	0.22	0.30	0.65	0.045	0.050
HPB300	0.25	0.55	1.50		
注:HPB—热轧光圆钢筋的英文(Hot rolled Plain Bars)缩写。					

(二)直径、重量及允许偏差

热轧光圆钢筋直径、理论重量以及直径、不圆度允许偏差和实际重量允许偏差应符合表12-2的规定。

表12-2 热轧光圆钢筋直径、理论重量以及允许偏差

公称直径 /mm	理论重量 /(kg·m^{-1})	直径允许偏差 /mm	不圆度允许偏差 /mm	实际重量与理论重量的允许偏差/%
6 (6.5)	0.222 (0.260)	±0.3	≤0.4	±7
8	0.395			
10	0.617			
12	0.888			

续表

公称直径/mm	理论重量/(kg·m^{-1})	直径允许偏差/mm	不圆度允许偏差/mm	实际重量与理论重量的允许偏差/%
14	1.21	±0.4	≤0.4	±5
16	1.58			
18	2.00			
20	2.47			
22	2.98			

注：理论重量按密度为 7.85 g/cm³ 计算。公称直径 6.5 mm 的产品为过渡性产品。

(三)力学性能

钢筋的屈服强度 R_{eL}、抗拉强度 R_m、断后伸长率 A、最大力总伸长率 A_{gt} 等力学性能特征值应符合表 12-3 的规定。力学性能特征值作为交货检验的最小保证值。弯曲性能按规定的弯芯直径弯曲 180°后，钢筋受弯曲部位表面不得产生裂纹。

表 12-3 热轧光圆钢筋的力学性能、弯曲性能

牌号	屈服强度 R_{eL}/MPa	抗拉强度 R_m/MPa	断后伸长率 A/%	最大力总伸长率 A_{gt}/%	冷弯试验 180° d—弯芯直径 a—钢筋公称直径
	不小于				
HPB235	235	370	25.0	10.0	$d=a$
HPB300	300	420			

注：根据供需双方协议，伸长率类型可从 A 或 A_{gt} 中选定。如伸长率类型未经协议确定，则伸长率采用 A，仲裁检验时采用 A_{gt}。

(四)交货检验

热轧光圆钢筋进场后，应按《钢筋混凝土用钢 第 1 部分：热轧光圆钢筋》(GB 1499.1—2008)的要求，组成钢筋验收批进行交货检验。

(1)组批规则。

1)钢筋应按批进行检查和验收，每批由同一牌号、同一炉罐号、同一尺寸的钢筋组成。每批质量通常不大于 60 t。超过 60 t 的部分，每增加 40 t(或不足 40 t 的余数)，增加一个拉伸试验试样和一个弯曲试验试样。

2)允许由同一牌号、同一冶炼方法、同一浇注方法的不同炉罐号组成混合批。各炉罐号含碳量之差不大于 0.02%，含锰量之差不大于 0.15%。混合批的质量不大于 60 t。

(2)检验项目。钢筋进场后，每批钢筋检验合格后方可使用。检验项目包括查对标牌、外观检查、重量偏差、力学性能、工艺性能。

1)标牌查对。对照产品合格证(质量证明书或质量证明书抄件)，逐捆(盘)查对标牌是

否一致。

2)外观检查

①直径检查。用游标卡尺逐捆(盘)检查钢筋直径,测量应精确到 0.1 mm。检查结果应符合表 12-2 的规定。

②表面检查。每批抽取 5% 进行外表检查。用目视方法检查钢筋应平直、无损伤,表面不得有裂纹、油污、颗粒状或片状锈蚀。

3)重量偏差。测量钢筋重量偏差时,试样应从不同根钢筋上截取,数量不少于 5 支,每支试样长度不小于 500 mm。长度应逐支测量,精确到 1 mm。测量试样总重量,钢筋实际重量与理论重量的偏差应符合表 12-2 的规定。如重量偏差大于允许偏差,则应与供应商交涉,以免损害用户利益。

钢筋实际重量与理论重量的偏差(%),按下式计算:

$$重量偏差=\frac{试样实际总重量-(试样总长度\times 理论重量)}{试样总长度\times 理论重量}\times 100\%$$

4)力学性能。每批钢筋中任选两根钢筋,每根取两个试件分别进行拉伸试验(包括屈服点、抗拉强度和伸长率)和冷弯试验。如有一项试验结果不符合表 12-3 的要求,则从同一批中另取双倍数量的试件重作各项试验。如仍有一个试件不合格,则该批钢筋为不合格品。

12.1.2 热轧带肋钢筋

(一)牌号及化学成分

热轧带肋钢筋牌号及化学成分(熔炼分析)应符合表 12-4 的规定。

表 12-4 热轧带肋钢筋牌号及化学成分

牌号	化学成分(质量分数)/%　　不大于					
	C	Si	Mn	P	S	Ceq
HRB335 HRBF335	0.25	0.80	1.65	0.045	0.045	0.52
HRB400 HRBF400						0.54
HRB500 HRBF500						0.55

注:Ceq—碳当量。
　　HRB—热轧带肋钢筋的英文(Hot rolled Ribbed Bars)缩写。
　　HRBF—细晶粒热轧带肋钢筋,在热轧带肋钢筋的英文缩写后加"细"的英文(Fine)首位字母。

(二)尺寸、理论重量及允许偏差

热轧带肋钢筋尺寸及允许偏差、理论重量及允许偏差应符合表 12-5 的规定。月牙肋钢筋外形如图 12-1 所示。

表 12-5 热轧带肋钢筋尺寸、理论重量以及允许偏差

公称直径 /mm	内径 d_1 /mm 公称尺寸	内径 d_1 /mm 允许偏差	横肋高 h /mm 公称尺寸	横肋高 h /mm 允许偏差	纵肋高 h_1 (≤) /mm	横肋高 b /mm	纵肋高 a /mm	间距 l /mm 公称尺寸	间距 l /mm 允许偏差	理论重量 /(kg·m^{-1})	实际重量与理论重量的允许偏差 /%
6	5.8	±0.3	0.6	±0.3	0.8	0.4	1.0	4.0	±0.5	0.222	±7
8	7.7		0.8	+0.4 −0.3	1.1	0.5	1.5	5.5		0.395	
10	9.6		1.0	±0.4	1.3	0.6	1.5	7.0		0.617	
12	11.5	±0.4	1.2		1.6	0.7	1.5	8.0		0.888	±5
14	13.4		1.4	+0.4 −0.5	1.8	0.8	1.8	9.0		1.21	
16	15.4		1.5		1.9	0.9	1.8	10.0		1.58	
18	17.3		1.6	±0.5	2.0	1.0	2.0	10.0		2.00	
20	19.3		1.7		2.1	1.2	2.0	10.0		2.47	
22	21.3	±0.5	1.9		2.4	1.3	2.5	10.5	±0.8	2.98	
25	24.2		2.1	±0.6	2.6	1.5	2.5	12.5		3.85	
28	27.2		2.2		2.7	1.7	3.0	12.5		4.83	
32	31.0	±0.6	2.4	+0.8 −0.7	3.0	1.9	3.0	14.0		6.31	±4
36	35.0		2.6	+1.0 −0.8	3.2	2.1	3.5	15.0	±1.0	7.99	
40	38.7	±0.7	2.9	±1.1	3.5	2.2	3.5	15.0		9.87	
50	48.5	±0.8	3.2	±1.2	3.8	2.5	4.0	16.0		15.42	

注：尺寸 a、b 为参考数据。理论重量按密度为 7.85 g/cm³ 计算。

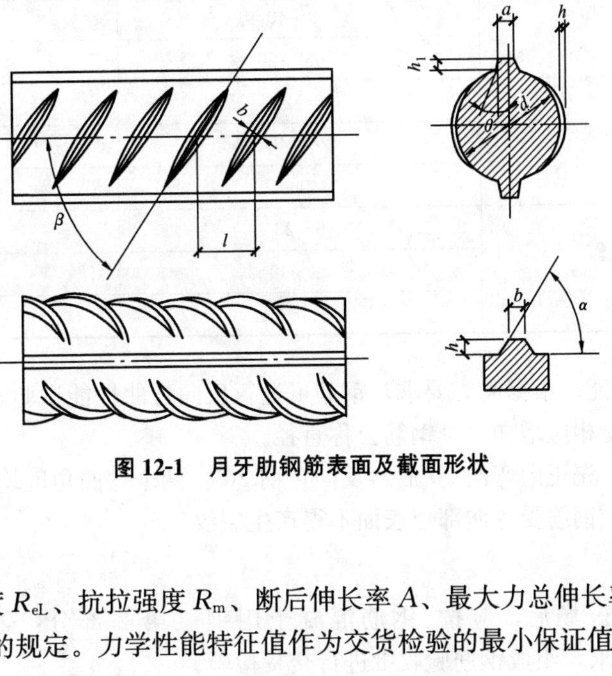

图 12-1 月牙肋钢筋表面及截面形状

(三) 力学性能

钢筋的屈服强度 R_{eL}、抗拉强度 R_m、断后伸长率 A、最大力总伸长率 A_{gt} 等力学性能特征值应符合表 12-6 的规定。力学性能特征值作为交货检验的最小保证值。

表 12-6 热轧带肋钢筋的力学性能

牌号	屈服强度 R_{eL} /MPa	抗拉强度 R_m /MPa	断后伸长率 A /%	最大力总伸长率 A_{gt} /%
	不小于			
HRB335 HRBF335	335	455	17	7.5
HRB400 HRBF400	400	540	16	
HRB500 HRBF500	500	630	15	

注：1. 根据供需双方协议，伸长率类型可从 A 或 A_{gt} 中选定。如伸长率类型未经协议确定，则伸长率采用 A，仲裁检验时采用 A_{gt}。

2. 有较高要求的抗震结构适用牌号为：在表 12-6 中已有牌号后加 E（例如：HRB400E、HRBF400E）的钢筋。该类钢筋除应满足以下要求外，其他要求与相对应的已有牌号钢筋相同。
(1) 钢筋实测抗拉强度与实测屈服强度之比 R_m^0/R_{eL}^0 不小于 1.25。
(2) 钢筋实测屈服强度与屈服强度特征值之比 R_{eL}^0/R_{eL} 不大于 1.30。
(3) 钢筋的最大力总伸长率 A_{gt} 不小于 9％。

(四) 工艺性能

(1) 弯曲性能。弯曲性能按规定的弯芯直径弯曲 180°后，钢筋受弯曲部位表面不得产生裂纹。弯芯直径见表 12-7。

表 12-7 热轧带肋钢筋的弯曲性能

牌号	公称直径 d/mm	弯芯直径
HRB335 HRBF335	6～25	3d
	28～40	4d
	>40～50	5d
HRB400 HRBF400	6～25	4d
	28～40	5d
	>40～50	6d
HRB500 HRBF500	6～25	6d
	28～40	7d
	>40～50	8d

(2) 反向弯曲性能。根据需方要求，钢筋可进行反向弯曲性能试验。反向弯曲试验的弯芯直径，比弯曲试验相应增加一个钢筋公称直径。

反向弯曲试验：先正向弯曲 90°后再反向弯曲 20°。两个弯曲角度均应在去载之前测量。经反向弯曲试验后，钢筋受弯曲部位表面不得产生裂纹。

(五) 交货检验

热轧光圆钢筋进场后，应按《钢筋混凝土用钢 第 2 部分：热轧带肋钢筋》(GB 1499.2—2007)的要求，组成钢筋验收批进行交货检验。

(1) 组批规则。

1) 钢筋应按批进行检查和验收,每批由同一牌号、同一炉罐号、同一规格的钢筋组成。每批重量通常不大于 60 t。超过 60 t 的部分,每增加 40 t(或不足 40 t 的余数),增加一个拉伸试验试样和一个弯曲试验试样。

2) 允许由同一牌号、同一冶炼方法、同一浇筑方法的不同炉罐号组成混合批。各炉罐号含碳量之差不大于 0.02%,含锰量之差不大于 0.15%。混合批的重量不大于 60 t。

3) 为了鼓励使用通过产品认证的材料或选取质量稳定的生产厂家的产品,钢筋、成型钢筋进场检验,当满足下列条件之一时,其检验批容量可扩大一倍。

①获得认证的钢筋、成型钢筋。

②同一厂家、同一牌号、同一规格的钢筋,连续三批均一次检验合格。

③同一厂家、同一类型、同一钢筋来源的成型钢筋,连续三批均一次检验合格。

(2) 检验项目。钢筋进场后,每批钢筋检验合格后方可使用。检验项目包括标牌查对、外观检查、重量偏差、力学性能、工艺性能。

1) 标牌查对。对照产品合格证(质量证明书或质量证明书抄件),逐捆(盘)查对标牌是否一致。

2) 外观检查。

①直径检查。用游标卡尺逐捆(盘)检查钢筋直径,测量应精确到 0.1 mm。检查结果应符合表 12-5 的规定。

②表面检查。每批抽取 5% 进行外表检查。用目视方法检查,钢筋应平直、无损伤,表面不得有裂纹、油污、颗粒状或片状锈蚀。

3) 重量偏差。测量钢筋重量偏差时,试样应从不同根钢筋上截取,数量不少于 5 支,每支试样长度不小于 500 mm。长度应逐支测量,精确到 1 mm。测量试样总重量,钢筋实际重量与理论重量的偏差应符合表 12-5 的规定。如重量偏差大于允许偏差,则应与供应商交涉,以免损害用户利益。

钢筋实际重量与理论重量的偏差(%),按下式计算:

$$重量偏差 = \frac{试样实际总重量-(试样总长度 \times 理论重量)}{试样总长度 \times 理论重量} \times 100\%$$

4) 力学性能。每批钢筋中任选 2 根钢筋,每根截取 2 个试件分别进行拉伸试验和弯曲试验,再截取一个试件进行反向弯曲试验。如有一项试验结果不符合表 12-6 的要求,则从同一批中另取双倍数量的试件重作各项试验。如仍有一个试件不合格,则该批钢筋为不合格品。

12.1.3 钢筋原材料质量验收标准

1. 主控项目

(1) 钢筋进场时,应按国家现行相关标准的规定抽取试件作屈服强度、抗拉强度、伸长率、弯曲性能和重量偏差检验,检验结果应符合相应标准的规定。

检查数量:按进场批次和产品的抽样检验方案确定。

检验方法:检查质量证明文件和抽样检验报告。

(2) 成型钢筋进场时,应抽取试件作屈服强度、抗拉强度、伸长率和重量偏差检验,检验结果应符合国家现行相关标准的规定。

对由热轧钢筋制成的成型钢筋,当有施工单位或监理单位的代表驻厂监督生产过程,并提供原材钢筋力学性能第三方检验报告时，可仅进行重量偏差检验。

检查数量：同一厂家、同一类型、同一钢筋来源的成型钢筋，不超过30 t为一批，每批中每种钢筋牌号、规格均应至少抽取1个钢筋试件，总数不应少于3个。

检验方法：检查质量证明文件和抽样检验报告。

(3)对按一、二、三级抗震等级设计的框架和斜撑构件(含梯段)中的纵向受力普通钢筋应采用 HRB335E、HRB400E、HRB500E、HRBF335E、HRBF400E 或 HRBF500E 钢筋，其强度和最大力下总伸长率的实测值应符合下列规定：

1)抗拉强度实测值与屈服强度实测值的比值不应小于1.25。
2)屈服强度实测值与屈服强度标准值的比值不应大于1.30。
3)最大力下总伸长率不应小于9%。

检查数量：按进场的批次和产品的抽样检验方案确定。

检验方法：检查抽样检验报告。

2. 一般项目

(1)钢筋应平直、无损伤、表面不得有裂纹、油污、颗粒状或片状老锈。

检查数量：全数检查。

检验方法：观察。

(2)成型钢筋的外观质量和尺寸偏差应符合国家现行相关标准的规定。

检查数量：同一厂家、同一类型的成型钢筋，不超过30 t为一批，每批随机抽取3个成型钢筋试件。

检验方法：观察，尺量。

(3)钢筋机械连接套筒、钢筋锚固板以及预埋件等的外观质量应符合国家现行相关标准的规定。

检查数量：按国家现行相关标准的规定确定。

检验方法：检查产品质量证明文件；观察；尺量。

12.1.4 钢筋原材料验收质量记录

钢筋原材料验收应形成以下质量记录：

(1)表C3-4-1 钢材力学性能、重量偏差检测报告；
(2)表G3-04 钢筋原材料检验批质量验收记录。

注：以上表式采用《河北省建筑工程资料管理规程》[DB13(J)/T 145—2012]所规定的表式。

任务12.2 钢筋配料与代换

12.2.1 钢筋配料

钢筋配料是根据结构施工图，先绘出各种形状和规格的单根钢筋简图并加以编号，然后分别计算钢筋下料长度和根数，填写配料单，申请加工。

(一)钢筋下料长度计算

钢筋因弯曲或弯钩会使其长度变化，在配料中不能直接根据图纸中尺寸下料；必须了

解其对混凝土保护层、钢筋弯曲、弯钩等规定,再根据图中尺寸计算其下料长度。各种钢筋下料长度计算如下:

直钢筋下料长度＝构件长度－保护层厚度＋弯钩增加长度

弯起筋下料长度＝直段长度＋斜段长度－弯曲调整值＋弯钩增加长度

箍筋下料长度＝箍筋外包周长－弯曲调整值＋弯钩增加长度

(1)弯曲调整值。结构施工图中注明钢筋的尺寸是钢筋的外包尺寸。钢筋弯曲后,在弯曲处内皮收缩、外皮延伸、中心线长度不变,中心线长度为钢筋下料长度。因此,外包尺寸大于钢筋下料长度,两者之间的差值称为弯曲调整值。

根据《混凝土结构工程施工质量验收规范》(GB 50204—2015)规定:"335 MPa级、400 MPa级带肋钢筋,钢筋弯折的弯弧内直径不应小于钢筋直径的4倍。"因此,当$D=5d_0$时,根据理论推导常见钢筋弯折角度的弯曲量度差值。

1)钢筋弯折90°角。钢筋弯折90°角时,推算弯曲调整值,如图12-2所示。

外包尺寸:
$$A'C'+C'B'=2\left(\frac{D}{2}+d\right)=D+2d=7d$$

中心线长:
$$ACB=\frac{\pi\times 2\times\left(\frac{D}{2}+\frac{d}{2}\right)}{4}=\frac{\pi}{4}(D+d)=4.71d$$

弯曲调整值:
$$(A'C'+C'B')-ACB=7d-4.71d=2.29d\approx 2d$$

实际工作中,为了计算方便常取弯曲调整值为$2d$。

2)钢筋弯折45°角。钢筋弯折45°角时,推算弯曲调整值,如图12-3所示。

外包尺寸:
$$A'C'+C'B'=2\times\tan 22.5°\times\left(\frac{D}{2}+d\right)=2.9d$$

中心线长:
$$ACB=\frac{1}{8}\times\pi\times 2\times\left(\frac{D}{2}+\frac{d}{2}\right)=2.36d$$

弯曲调整值:
$$(A'C'+C'B')-ACB=2.9d-2.36d=0.54d\approx 0.5d$$

实际工作中,为了计算方便常取弯曲调整值为$0.5d$。

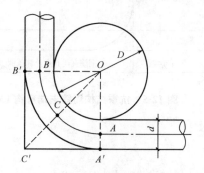

图12-2 钢筋弯折90°角

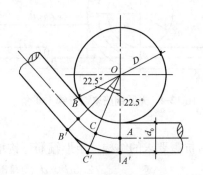

图12-3 钢筋弯折45°角

其他角度不再一一推导,根据理论推算并结合实践经验,钢筋弯曲调整值见表12-8。

表12-8 钢筋弯曲调整值

钢筋弯曲角度	30°	45°	60°	90°	135°
钢筋弯曲调整值	0.35d	0.5d	0.85d	2d	2.5d

(2)末端弯钩增加值。

1)光圆钢筋末端弯钩180°角。根据《混凝土结构工程施工质量验收规范》(GB 50204—2015)规定,光圆钢筋末端应作180°弯钩,其弯弧内直径不应小于钢筋直径的2.5倍,弯钩的平直段长度不应小于钢筋直径的3倍。

光圆钢筋末端弯钩180°角时,推算弯钩增加值,如图12-4所示。

中心线长:

$$ABC+CF=\frac{\pi}{2}(D+d)+3d=8.5d$$

弯弧中心至弯弧顶点:

$$AE=\frac{D}{2}+d=2.25d$$

弯钩增加值:

$$(ABC+CF)-AE=8.5d-2.25d=6.25d$$

2)箍筋末端弯钩135°角。根据《混凝土结构工程施工质量验收规范》(GB 50204—2015)规定,箍筋、拉筋的末端应按设计要求作弯钩,并应符合下列规定:

①箍筋弯钩的弯弧内直径:光圆钢筋不小于箍筋直径的2.5倍,HRB335、HRB400级钢筋不小于箍筋直径的4倍,且不应小于受力钢筋直径。

②箍筋弯钩的弯折角度:对一般结构不应小于90°;对有抗震等要求的结构应为135°。

③箍筋弯后平直部分长度:对一般结构,不宜小于箍筋直径的5倍;对有抗震要求的结构,不应小于箍筋直径的10倍。

箍筋末端弯钩135°角时,推算弯钩增加值,如图12-5所示。

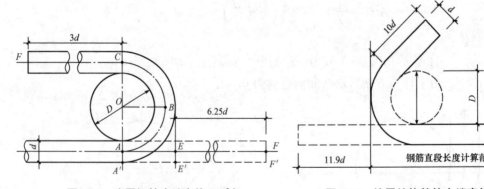

图12-4 光圆钢筋末端弯钩180°角   图12-5 抗震结构箍筋末端弯钩135°角

对有抗震要求的结构,矩形箍筋弯钩增加值:

$$\left[\pi\times 2\times\left(\frac{2.5d}{2}+\frac{d}{2}\right)\times\frac{135°}{360°}+10d\right]-\left(\frac{2.5d}{2}+d_0\right)=11.9d$$

因此，对有抗震要求的结构，箍筋下料长度：

$2\times[(b-2c)+(h-2c)]+2\times11.9d-3\times2.29d=2\times[(b-2c)+(h-2c)]+17d$

对非抗震要求的结构，箍筋弯钩增加值：

$$\left[\pi\times2\times\left(\frac{2.5d}{2}+\frac{d}{2}\right)\times\frac{135°}{360°}+5d\right]-\left(\frac{2.5d}{2}+d_0\right)=6.9d$$

因此，对非抗震要求的结构，矩形箍筋下料长度：

$2\times[(b-2c)+(h-2c)]+2\times6.9d-3\times2.29d=2\times[(b-2c)+(h-2c)]+7d$

对非抗震要求的结构，矩形箍筋下料长度也可以按箍筋调整值计算。箍筋调整值即为弯钩增加长度和弯曲调整值两项之和，根据箍筋量外包尺寸或内皮尺寸确定，如图 12-6 与表 12-9 所示。

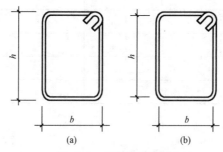

图 12-6 箍筋量度方法

(a)量外包尺寸；(b)量内皮尺寸

表 12-9 箍筋调整值

箍筋量度方法	箍筋直径/mm			
	4~5	6	8	10~12
量外包尺寸	40	50	60	70
量内皮尺寸	80	100	120	150~170

(3)弯起钢筋斜长。弯起钢筋斜长计算简图，如图 12-7 所示。弯起钢筋斜长系数见表 12-10。

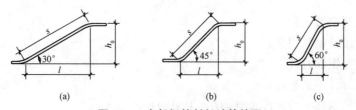

图 12-7 弯起钢筋斜长计算简图

(a)弯起角度 30°；(b)弯起角度 45°；(c)弯起角度 60°

表 12-10 弯起钢筋斜长系数

弯起角度	$\alpha=30°$	$\alpha=45°$	$\alpha=60°$
斜边长度 s	$2h_0$	$1.41h_0$	$1.15h_0$
底边长度 l	$1.732h_0$	h_0	$0.575h_0$
增加长度 $s-l$	$0.268h_0$	$0.41h_0$	$0.575h_0$

注：h_0 为弯起高度。

(二)钢筋配料单与料牌

钢筋配料计算完毕,填写配料单,详见表 12-11。

列入加工计划的配料单,将每一编号的钢筋制作一块料牌,作为钢筋加工的依据与钢筋安装的标志。钢筋配料单和料牌应严格校核,且必须准确无误,以免返工浪费。

表 12-11 钢筋配料单

构件名称:

钢筋编号	钢筋简图	牌号	直径/mm	下料长度/mm	根数	合计	质量/kg

12.2.2 钢筋代换

当施工中遇有钢筋的品种或规格与设计要求不符时,可参照以下原则进行钢筋代换,钢筋代换应办理设计变更文件。

(1)等强度代换。当构件受强度控制时,钢筋可按强度相等原则进行代换。

(2)等面积代换。当构件按最小配筋率配筋时,钢筋可按面积相等原则进行代换。

(3)当构件受裂缝宽度或挠度控制时,代换后应进行裂缝宽度或挠度验算。

(一)等强度代换

等强度代换,应满足代换后的钢筋拉力大于对于代换前的钢筋拉力,即:

$$A_{s2} \times f_{y2} \geqslant A_{s1} \times f_{y1}$$

即:

$$n_2 \geqslant \frac{n_1 d_1^2 f_{y1}}{d_2^2 f_{y2}}$$

式中 n_2——代换钢筋根数;

n_1——原设计钢筋根数;

d_2——代换钢筋直径;

d_1——原设计钢筋直径;

f_{y2}——代换钢筋抗拉强度设计值(表 12-12);

f_{y1}——原设计钢筋抗拉强度设计值。

表 12-12 钢筋抗拉、抗压强度设计值　　　　　　　　　　　　　　N/mm²

项次	钢筋种类	符号	抗拉强度设计值 f_y	抗压强度设计值 f'_y
1	热轧钢筋	HPB300　Φ	270	270
		HRB335　Φ	300	300
		HRB400　Φ	360	360
		RRB400　Φ^R	360	360

续表

项次	钢筋种类		符号	抗拉强度设计值 f_y	抗压强度设计值 f'_y
2	冷轧带肋钢筋	LL550		360	360
		LL650		430	380
		LL800		530	380

(二)等面积代换

等面积代换，应满足代换后的钢筋截面面积大于等于代换前的钢筋截面面积，即：

$$A_{s2} \geqslant A_{s1}$$

即：

$$n_2 \geqslant n_1 \times \frac{d_1^2}{d_2^2}$$

式中 n_2——代换钢筋根数；

n_1——原设计钢筋根数；

d_2——代换钢筋直径；

d_1——原设计钢筋直径。

(三)钢筋代换注意事项

钢筋代换时，必须充分了解设计意图和代换材料性能，并严格遵守现行《混凝土结构设计规范》(GB 50010—2010)的各项规定；凡重要结构中的钢筋代换，应征得设计单位同意。

(1)对某些重要构件，如吊车梁、薄腹梁、桁架下弦等，不宜用 HPB300 级光圆钢筋代替 HRB335 和 HRB400 级带肋钢筋。

(2)钢筋代换后，应满足配筋构造规定，如钢筋的最小直径、间距、根数、锚固长度等。

(3)同一截面内，可同时配有不同种类和直径的代换钢筋，但每根钢筋的拉力差不应过大(如同品种钢筋的直径差值一般不大于 5 mm)，以免构件受力不匀。

(4)梁的纵向受力钢筋与弯起钢筋应分别代换，以保证正截面与斜截面强度。

(5)偏心受压构件(如框架柱、有吊车厂房柱、桁架上弦等)或偏心受拉构件作钢筋代换时，不取整个截面配筋量计算，应按受力面(受压或受拉)分别代换。

(6)当构件受裂缝宽度控制时，如以小直径钢筋代换大直径钢筋，强度等级低的钢筋代替强度等级高的钢筋，则可不作裂缝宽度验算。

任务 12.3 钢筋加工与检验

12.3.1 钢筋加工设备

(一)钢筋除锈设备

钢筋表层仅有轻微的铁锈薄膜，可以不用除锈直接使用。但是，如果钢筋进场较长时间，尤其历经雨期后，钢筋外表面会形成较厚的锈斑或老锈皮，因此，使用前应进行钢筋除锈。

钢筋的除锈，一般可通过以下两个途径实现：一是在钢筋冷拉或钢丝调直过程中除锈，对大量钢筋的除锈较为经济省力；二是用机械方法除锈，如采用电动除锈机除锈，对钢筋的局部除锈较为方便。此外，还可采用手工除锈（用钢丝刷、砂盘）、喷砂和酸洗除锈等。

（二）钢筋调直设备

(1)钢筋调直机。GT6/12型钢筋调直机外形，如图12-8所示。钢筋调直机的技术性能见表12-13。

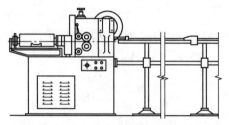

图12-8　GT6/12型钢筋调直机

表12-13　钢筋调直机技术性能

机械型号	钢筋直径/mm	调直速度/(m·min^{-1})	断料长度/mm	电机功率/kW	外形尺寸/mm 长×宽×高	机重/kg
GT3/8	3~8	40、65	300~6 500	9.25	1 854×741×1 400	1 280
GT6/12	6~12	36、54、72	300~6 500	12.6	1 770×535×1 457	1 230

(2)卷扬机调直设备。如图12-9所示。两端采用地锚承力。冷拉滑轮组回程采用荷重架，标尺量伸长。该法设备简单，宜用于施工现场。

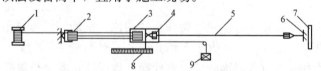

图12-9　卷扬机调直设备布置

1—卷扬机；2—滑轮组；3—冷拉小车；4—钢筋夹具；
5—钢筋；6—地锚；7—防护壁；8—标尺；9—荷重架

（三）钢筋切断设备

(1)钢筋切断机。GQ40型钢筋切断机外形如图12-10所示。钢筋切断机的技术性能，见表12-14。

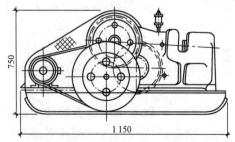

图12-10　GQ40型钢筋切断机

表 12-14　钢筋切断机技术性能

机械型号	钢筋直径/mm	每分钟切断次数	切断力/kN	工作压力/(N·mm^{-2})	电机功率/kW	外形尺寸/mm 长×宽×高	质量/kg
GQ40	6～40	40	—	—	3.0	1 150×430×750	600
GQ40B	6～40	40	—	—	3.0	1 200×490×570	450
GQ50	6～50	30	—	—	5.5	1 600×690×915	950
DYQ32B	6～32	—	320	45.5	3.0	900×340×380	145

(2)手动切断器。手动切断器又称压剪,可切断直径 16 mm 以下的钢筋。这种机具体积小,操作简单,便于携带。

(四)钢筋弯曲设备

(1)钢筋弯曲机。GW-40 型钢筋弯曲机外形如图 12-11 所示。GW-40 型钢筋弯曲机每次弯曲根数,见表 12-15。钢筋弯曲机的技术性能,见表 12-16。

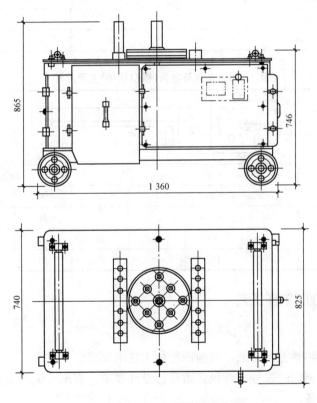

图 12-11　GW-40 型钢筋弯曲机

表 12-15　GW-40 型钢筋弯曲机每次弯曲根数

钢筋直径/mm	10～12	14～16	18～20	22～40
每次弯曲根数	4～6	3～4	2～3	1

表 12-16 钢筋弯曲机技术性能

弯曲机类型	钢筋直径 /mm	弯曲速度 /(r·min^{-1})	电机功率 /kW	外形尺寸/mm 长×宽×高	质量 /kg
GW—32	6～32	10/20	2.2	875×615×945	340
GW—40	6～40	5	3.0	1 360×740×865	400
GW—40A	6～40	0	3.0	1 050×760×828	450
GW—50	25～50	2.5	4.0	1 450×760×800	580

(2)手工弯曲工具。在缺乏机具设备的条件下，也可采用手摇扳手弯制细钢筋、卡盘与扳头弯制粗钢筋。手动弯曲工具的尺寸，详见表12-17与表12-18。

表 12-17 手摇扳手主要尺寸   mm

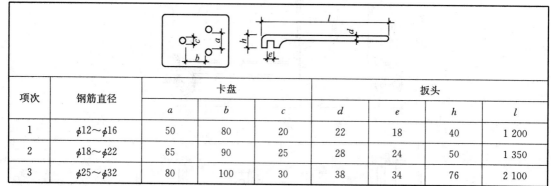

项次	钢筋直径	a	b	c	d
1	φ6	500	18	16	16
2	φ8～φ10	600	22	18	20

表 12-18 卡盘与扳头(横口扳手)主要尺寸   mm

项次	钢筋直径	卡盘			扳头			
		a	b	c	d	e	h	l
1	φ12～φ16	50	80	20	22	18	40	1 200
2	φ18～φ22	65	90	25	28	24	50	1 350
3	φ25～φ32	80	100	30	38	34	76	2 100

12.3.2 钢筋加工制作工艺

(一)施工准备

(1)技术准备。熟悉施工图纸，编制钢筋加工技术交底。

(2)材料准备。钢筋的牌号、直径必须符合设计要求，有出厂证明书及复试报告单。

(3)施工机具准备。

1)施工机械。钢筋除锈机、钢筋调直机、钢筋切断机、钢筋弯曲机、对焊机及电弧焊机。

2)工具用具。如钢筋加工操作台、钢筋扳子、石笔等。

3)检测设备。钢卷尺、直尺和量角器。

(4)作业条件准备。

1)检查钢筋的出厂合格证，按规定进行复试，并经检验合格。

2)钢筋的规格、数量、几何尺寸经检验合格。

3)钢筋外表面的铁锈,应在绑扎前清除干净,锈蚀严重的钢筋不得使用。

4)钢筋加工场地及设施搭设安装完毕,经验收和试运转符合规定的要求。

(二)施工工艺流程

钢筋加工制作工艺流程,如图12-12所示。

(三)施工操作要求

(1)钢筋翻样。根据设计图纸和相关标准图集进行钢筋翻样,并绘制出钢筋加工简图,出具钢筋加工配料单。钢筋加工简图中的各部分尺寸应经过计算应符合设计要求。

(2)钢筋除锈。

1)钢筋表面的油渍、漆污和用锤击时能剥落的铁锈等应在使用前清除干净。

2)钢筋除锈可通过两种途径实现:一是在钢筋冷拉或钢丝调直过程中除锈;二是利用电动除锈机对钢筋局部进行除锈;此外还可采用钢丝刷,砂盘手工除锈。

3)在除锈过程中,发现钢筋表面的氧化铁皮鳞落现象严重并已损伤钢筋截面,或在除锈后钢筋表面有严重的麻坑、斑点伤蚀截面时,应征得设计、监理同意后,降级使用或剔除不用。

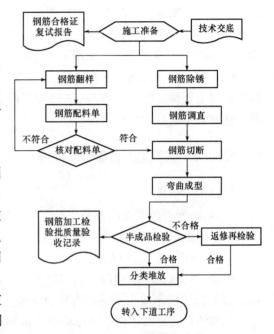

图12-12 钢筋加工制作工艺流程

(3)钢筋调直。

1)钢筋调直一般采用钢筋调直机进行调直,对局部弯曲可采用人工调直。

2)当采用冷拉方法调直时,HPB300级钢筋不宜大于4%,HRB335、HRB400级钢筋不宜大于1%,调直后应进行力学性能和重量偏差检验。

3)经调直的钢筋应平直,无局部曲折。

(4)钢筋切断。

1)钢筋切断应以钢筋配料单为依据,钢筋配料单应计算出各种钢筋的下料长度。

2)钢筋切断一般采用钢筋切断机或手动液压切断机进行。

3)将同规格钢筋根据不同长度长短搭配,统筹排料,一般应先断长料,后断短料,减少损耗。

4)断料时应避免用短尺量长料,防止断料过程中产生累积误差,为此,可在工作台上标出尺寸刻度线并设置控制断料尺寸用的挡板。

5)在切断过程中,如发现钢筋有劈裂、缩头严重的弯头等必须切除,如发现钢筋的硬度与该钢种有较大的出入时,应及时向有关人员反映,查明原因。

6)钢筋的断口不得有马蹄形或起弯等现象。钢筋的长度应力求准确,其允许偏差为±10mm的钢筋。

(5)弯曲成型。

1)钢筋弯曲成型前,对形状复杂的钢筋应根据钢筋配料单上标明的尺寸,用石笔将各弯曲点的位置划出。划线时应注意以下几点。

①根据不同的弯曲角度扣除弯曲调整值,其扣法是从相邻两段长度中各扣一半。

②钢筋端部带半圆弯钩时,该段长度划线时应增加 $0.5d$。

③划线工作宜从钢筋中点开始向两边进行,两边不对称的钢筋也可从钢筋一端开始划线,划到另一端有出入时则应重新调整。

2)钢筋弯曲成型一般采用钢筋弯曲机进行,在缺乏机具设备的条件下,也可采用手摇扳手弯制细钢筋($\phi 6 \sim \phi 8$),采用卡盘与横口扳手弯制粗钢筋($\phi 12$ 以上)。

(6)钢筋半成品检验。对已经加工成型的钢筋半成品,必须经专职质检员检验合格后,报送监理工程师验收,并填写《钢筋加工检验批质量验收记录》。钢筋半成品应分类堆放,并且挂钢筋半成品检验标识牌。

12.3.3 钢筋加工质量验收标准

(一)主控项目

(1)钢筋弯折的弯弧内直径应符合下列规定:

1)光圆钢筋,不应小于钢筋直径的 2.5 倍。

2)335 MPa 级、400 MPa 级带肋钢筋,不应小于钢筋直径的 4 倍。

3)500 MPa 级带肋钢筋,当直径为 28 mm 以下时不应小于钢筋直径的 6 倍,当直径为 28 mm 及以上时不应小于钢筋直径的 7 倍。

4)箍筋弯折处尚不应小于纵向受力钢筋直径。

检查数量:按每工作班同一类型钢筋、同一加工设备抽查不应少于 3 件。

检验方法:尺量。

(2)纵向受力钢筋的弯折后平直段长度应符合设计要求。光圆钢筋末端作 180°弯钩时,弯钩的平直段长度不应小于钢筋直径的 3 倍。

检查数量:按每工作班同一类型钢筋、同一加工设备抽查不应少于 3 件。

检验方法:尺量。

(3)箍筋、拉筋的末端应按设计要求作弯钩,并应符合下列规定:

1)对一般结构构件,箍筋弯钩的弯折角度不应小于 90°,弯折后平直段长度不应小于箍筋直径的 5 倍;对有抗震设防要求或设计有专门要求的结构构件,箍筋弯钩的弯折角度不应小于 135°,弯折后平直段长度不应小于箍筋直径的 10 倍。

2)圆形箍筋的搭接长度不应小于其受拉锚固长度,且两末端弯钩的弯折角度不应小于 135°,弯折后平直段长度对一般结构构件不应小于箍筋直径的 5 倍,对有抗震设防要求的结构构件不应小于箍筋直径的 10 倍。

3)梁、柱复合箍筋中单肢箍筋两端弯钩的弯折角度均不应小于 135°,弯折后平直段长度应符合上述 1)对箍筋的有关规定。

检查数量:按每工作班同一类型钢筋、同一加工设备抽查不应少于 3 件。

检验方法:尺量。

(4)盘卷钢筋调直后应进行力学性能和重量偏差检验,其强度应符合国家现行有关标准的规定,其断后伸长率、重量偏差应符合表 12-19 的规定。力学性能和重量偏差检验应符合下列规定:

1)应对 3 个试件先进行重量偏差检验,再取其中 2 个试件进行力学性能检验。
2)重量偏差应按下式计算:

$$\Delta = \frac{W_d - W_0}{W_0} \times 100$$

式中　Δ——重量偏差(%);
　　　W_d——3 个调直钢筋试件的实际重量之和(kg);
　　　W_0——钢筋理论重量(kg),取每米理论重量(kg/m)与 3 个调直钢筋试件长度之和(m)的乘积。

3)检验重量偏差时,试件切口应平滑并与长度方向垂直,其长度不应小于 500 mm;长度和重量的量测精度分别不应低于 1 mm 和 1 g。

采用无延伸功能的机械设备调直的钢筋,可不进行 2)选项规定的检验。

表 12-19　盘卷钢筋调直后的断后伸长率、重量偏差要求

钢筋牌号	断后断伸长率 A /%	重量偏差/%	
		直径 6~12 mm	直径 14~16 mm
HPB300	≥21	≥-10	—
HRB335、HRBF335	≥16	≥-8	≥-6
HRB400、HRBF400	≥15		
RRB400	≥13		
HRB500、HRBF500	≥14		

注:断后伸长率 A 的量测标距为 5 倍钢筋直径。

检查数量:同一加工设备、同一牌号、同一规格的调直钢筋,重量不大于 30 t 为一批,每批见证取样 3 个试件。

检验方法:检查抽样检验报告。

(二)一般项目

钢筋加工的形状、尺寸应符合设计要求,其偏差应符合表 12-20 的规定。
检查数量:按每工作班同一类型钢筋、同一加工设备抽查不应少于 3 件。
检验方法:尺量。

表 12-20　钢筋加工的允许偏差

项　目	允许偏差/mm
受力钢筋沿长度方向的净尺寸	±10
弯起钢筋的弯折位置	±20
箍筋外廓尺寸	±5

12.3.4　钢筋加工质量记录

钢筋加工应形成以下质量记录:
表 G3-5　钢筋加工检验批质量验收记录。
注:以上表式采用《河北省建筑工程资料管理规程》[DB13(J)/T 145—2012]所规定的表式。

任务12.4 钢筋焊接与检验

常用的钢筋焊接方法有电弧焊、闪光对焊、电渣压力焊、气压焊等焊接工艺。钢筋焊接应遵循以下规范规程：
(1)《建筑工程施工质量验收统一标准》(GB 50300—2013)。
(2)《混凝土结构工程施工质量验收规范》(GB 50204—2015)。
(3)《钢筋焊接及验收规程》(JGJ 18—2012)。

12.4.1 电弧焊焊接工艺与接头检验

(一)施工准备

1. 技术准备

(1)从事电弧焊的焊工必须持有电弧焊焊工考试合格证书才能上岗操作。
(2)编制电弧焊钢筋焊接施工技术交底。
(3)选择合适的焊条型号、直径和电焊机。

2. 材料准备

(1)钢筋。钢筋的牌号、直径必须符合设计要求，有出厂证明书及复试报告单。
(2)焊条或焊丝。钢筋电弧焊所用焊条和二氧化碳气体保护焊所用焊丝的型号应符合设计规定，焊条、焊丝必须有出厂合格证。如设计无规定时，可按表12-21选用。

表12-21 钢筋电弧焊所采用焊条、焊丝型号

钢筋牌号	电弧焊接头形式			
	帮条焊 搭接焊	坡口焊 熔槽帮条焊 预埋件穿孔塞焊	窄间隙焊	钢筋与钢板搭接焊 预埋件T形角焊
HPB300	E4303 ER50—X	E4303 ER50—X	E4316 E4315 ER50—X	E4303 ER50—X
HRB335 HRBF335	E5003 E4303 E5016 E5015 ER50—X	E5003 E5016 E5015 ER50—X	E5016 E5015 ER50—X	E5003 E4303 E5016 E5015 ER50—X
HRB400 HRBF400	E5003 E5516 E5515 ER50—X	E5503 E5516 E5515 ER50—X	E5516 E5515 ER55—X	E5003 E5516 E5515 ER50—X

续表

钢筋牌号	电弧焊接头形式			
	帮条焊 搭接焊	坡口焊 熔槽帮条焊 预埋件穿孔塞焊	窄间隙焊	钢筋与钢板搭接焊 预埋件T形角焊
HRB500 HRBF500	E5503 E6003 E6016 E6015 ER55-X	E6003 E6016 E6015	E6016 E6015	E5503 E6003 E6016 E6015 ER55-X
RRB400W	E5003 E5516 E5515 ER50-X	E5503 E5516 E5515 ER55-X	E5516 E5515 ER55-X	E5003 E5516 E5515 ER50-X

注：字母 E(Electrode)表示焊条；前两位数字表示熔敷金属抗拉强度的最小值；第三位数字表示焊条的焊接位置；第三位和第四位数字组合表示焊接电流种类及药皮类型。凡后两位数字为"03"的焊条，为钛钙型药皮焊条，交流、直流焊机均可，工艺性能良好，是最常用焊条之一。

3. 施工机具准备

(1)施工机械。弧焊机有直流与交流之分，常用的是交流弧焊机。建筑工地常用交流弧焊机的技术性能，见表12-22。

(2)工具用具。如面罩、錾子、钢丝刷、锉刀、尖头、榔头等。

(3)检测设备。钢尺。

表 12-22 常用交流弧焊机的技术性能

项 目		BX_3-12-1	BX_3-300-2	BX_3-500-2	BX_2-1000 (BC-1000)
额定焊接电流/A		120	300	500	1 000
初级电压/V		220/380	380	380	220/380
次级空载电压/V		70~75	70~78	70~75	69~78
额定工作电压/V		25	32	40	42
额定初级电流/A		41/23.5	61.9	101.4	340/196
焊接电流调节范围/A		20~160	40~400	60~600	400~1 200
额定持续率/%		60	60	60	60
额定输入功率/(kV·A)		9	23.4	38.6	76
各持续率时功率	100%/(kV·A)	7	18.5	30.5	—
	额定持续率/(kV·A)	9	23.4	38.6	76

续表

项　　目		BX₃-12-1	BX₃-300-2	BX₃-500-2	BX₂-1000 (BC-1000)
各持续率时焊接电流	100%/(kV·A)	93	232	388	775
	额定持续率/(kV·A)	120	300	500	1 000
功率因数 $\cos\varphi$		—	—	—	0.62
效率/%		80	82.5	87	90
外形尺寸(长×宽×高)/mm		485×470×680	730×540×900	730×540×900	744×950×1 220
质量/kg		100	183	225	560

4. 作业条件准备

(1)正式焊接前，每个电焊工应对其在工程中准备进行电弧焊的主要规格的钢筋各焊3个模拟试件，做拉伸试验，试验合格后，方可进行焊接作业。

(2)电源应符合要求。

(3)作业场地要有安全防护设施、防火和必要的通风措施。

(二)电弧焊焊接工艺

电弧焊焊接工艺流程，如图12-13所示。

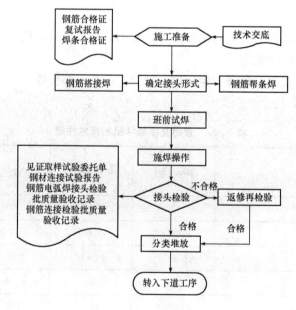

图 12-13　电弧焊焊接工艺流程

(三)电弧焊焊接操作要求

(1)确定接头形式。电弧焊可分为搭接焊、帮条焊、坡口焊、窄间隙焊和熔槽帮条焊5种接头形式，如图12-14所示。其中，搭接焊、帮条焊是钢筋电弧焊常用焊接接头。

1)钢筋帮条焊。

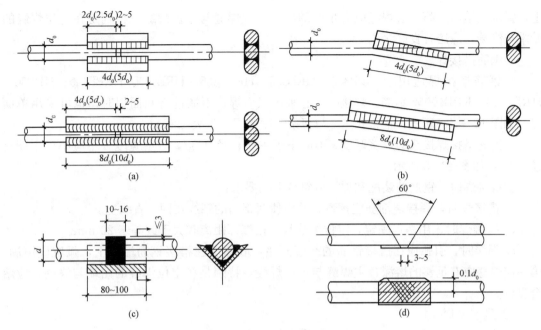

图 12-14 电弧焊接头形式
(a)搭接焊;(b)帮条焊;(c)熔槽帮条焊;(d)坡口焊

①钢筋帮条焊适用于 HPB300、HRB335、HRBF335、HRB400、HRBF400、HRB500、HRBF500、RRB400W 钢筋。钢筋帮条焊宜采用双面焊,不能进行双面焊时,也可采用单面焊,如图 12-14(a)所示。帮条长度 l 应符合表 12-23 的规定。当帮条牌号与主筋相同时,帮条直径可与主筋相同或小一个规格;当帮条直径与主筋相同时,帮条牌号可与主筋相同或低一个牌号。

表 12-23 钢筋帮条长度

钢筋牌号	焊缝形式	帮条长度 l
HPB300	单面焊	$\geqslant 8d$
	双面焊	$\geqslant 4d$
HRB335、HRBF335、HRB400、HRBF400、HRB500、HRBF500、RRB400W	单面焊	$\geqslant 10d$
	双面焊	$\geqslant 5d$

注:d 为主筋直径(mm)。

②钢筋帮条焊接头的焊缝厚度 s 不应小于主筋直径 $0.3d$,焊缝宽度 b 不应小于主筋直径 $0.8d$,如图 12-15 所示。

③钢筋帮条焊时,钢筋的装配和焊接应符合下列要求:

a. 帮条焊时,两主筋端面的间隙应留 2~5 mm。

b. 帮条焊时,帮条与主筋之间应用四点定位焊固定,定位焊缝与帮条端部的距离宜大于或等于 20 mm。

c. 焊接时,引弧从帮条的一端开始,收弧在帮条钢筋端头

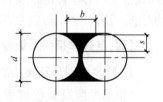

图 12-15 焊缝尺寸示意图
b—焊缝宽度;s—焊缝厚度;
d—钢筋直径

上，弧坑应填满。第一层焊缝应有足够的熔深，主焊缝与定位焊缝，特别是在定位焊缝的始端与终端，应熔合良好。

2)钢筋搭接焊。

①钢筋搭接焊适用于 HPB300、HRB335、HRBF335、HRB400、HRBF400、HRB500、HRBF500、RRB400W 钢筋。焊接时，宜采用双面焊，不能进行双面焊时，也可采用单面焊，如图 12-14(a)所示。搭接长度 l 与帮条长度相同，见表 12-23。

②钢筋搭接焊接头的焊缝厚度 s 不应小于主筋直径 $0.3d$，焊缝宽度 b 不应小于主筋直径 $0.8d$，如图 12-15 所示。

③搭接焊时，钢筋的装配和焊接应符合下列要求：

a. 搭接焊时，焊接端钢筋应预弯，并应使两钢筋的轴线在同一直线上。

b. 搭接焊时，用两点固定，定位焊缝与搭接端部距离宜大于或等于 20 mm。

c. 焊接时，引弧应在搭接钢筋的一端开始，收弧应在搭接钢筋端头上，弧坑应填满。第一层焊缝应有足够的熔深，主焊缝与定位焊缝，特别是在定位焊缝的始端与终端，应熔合良好。

(2)班前试焊。

1)检查电源、焊机及工具。焊接地线应与钢筋接触良好，防止因起弧而烧伤钢筋。

2)选择焊接参数。根据钢筋级别、直径、接头形式和焊接位置，选择适宜焊条型号、直径、焊接层数和焊接电流，保证焊缝与钢筋熔合良好。

(3)施焊操作。

1)定位。焊接时应先焊定位点再施焊。

2)引弧。带有垫板或帮条的接头，引弧应在钢板或帮条上进行。无钢筋垫板或无帮条的接头，引弧应在形成焊缝的部位，防止烧伤主筋。

3)运条。平焊时，一般采用右焊法，焊条与工作表面成 70°，熔池控制成椭圆形；运条时的直线前进、横向摆动和送进焊条三个动作要协调平稳；焊接过程中应有足够的熔深，避免气孔、夹渣和烧伤缺陷。

4)收弧。收弧时，应将熔池填满。拉灭电弧时，注意不要在工作表面造成电弧擦伤。

5)多层焊。如钢筋直径较大、需要进行多层施焊时，应分层间断施焊，每焊一层后应清渣再焊接下一层。应保证焊缝的高度和长度。

(4)过程检验。在钢筋焊接过程中，首先应由焊工对所焊接头认真进行自检；然后由施工单位专业质量检查员检验，监理(建设)单位进行验收。抽取焊接接头试件时，应在监理人员见证下取样。委托指定试验单位试验，并出具《钢材连接试验报告》。钢筋焊接接头经外观检查和力学性能检验合格后，填写《钢筋电弧焊接头检验批质量验收记录》。焊接钢筋绑扎完成后，经隐蔽验收再填写《钢筋连接检验批质量验收记录》。

(四)电弧焊接头质量检验

1. 验收批划分及接头取样

《钢筋焊接及验收规程》(JGJ 18—2012)规定电弧焊接头检验批划分及接头取样规则如下：

(1)在现浇混凝土结构中，应以 300 个同牌号钢筋、同形式接头作为一批；在房屋结构中，应在不超过两楼层中 300 个同牌号钢筋、同形式接头作为一批。每批随机切取 3 个接头，做拉伸试验。

（2）在装配式结构中，可按生产条件制作模拟试件，每批 3 个，做拉伸试验。

（3）钢筋与钢板电弧搭接焊接头可只进行外观检查。

（4）当模拟试件试验结果不符合要求时，应进行复验。复验应从现场焊接接头中切取，其数量和要求与初始试验时相同。

注：在同一批中，若有 3 种不同直径的钢筋焊接接头，应在最大直径钢筋接头和最小直径钢筋接头中分别切取 3 个试件进行拉伸试验。

2. 主控项目

电弧焊接头试件拉伸试验，应从每一检验批接头中随机切取 3 个接头进行试验，并按下列规定对试验结果进行评定。

（1）符合下列条件之一的，应评定该检验批接头拉伸试验合格。

1）3 个试件均断于钢筋母材，呈延性断裂，其抗拉强度大于或等于钢筋母材抗拉强度标准值。

2）2 个试件断于钢筋母材，呈延性断裂，其抗拉强度大于或等于钢筋母材抗拉强度标准值；另一试件断于裂缝，呈脆性断裂，其抗拉强度大于或等于钢筋母材抗拉强度标准值的 1.0 倍。

注：试件断于热影响区，呈延性断裂，应视作断于钢筋母材等同；试件断于热影响区，呈延性断裂，应视作断于焊缝等同。

（2）符合下列条件之一的，应进行复验。

1）2 个试件断于钢筋母材，呈延性断裂，其抗拉强度大于或等于钢筋母材抗拉强度标准值；另一试件断于裂缝或热影响区，呈脆性断裂，其抗拉强度小于钢筋母材抗拉强度标准值的 1.0 倍。

2）1 个试件断于钢筋母材，呈延性断裂，其抗拉强度大于或等于钢筋母材抗拉强度标准值；另 2 个试件断于裂缝或热影响区，呈脆性断裂，其抗拉强度小于钢筋母材抗拉强度标准值的 1.0 倍。

（3）3 个试件均断于裂缝，呈脆性断裂，其抗拉强度小于钢筋母材抗拉强度标准值的 1.0 倍，应进行复验；当 3 个试件中有 1 个试件抗拉强度小于钢筋母材抗拉强度标准值的 1.0 倍，应评定该检验批接头拉伸试验不合格。

（4）复验时，应切取 6 个试件进行试验。试验结果，若有 4 个或 4 个以上试件断于钢筋母材，呈延性断裂，其抗拉强度大于或等于钢筋母材抗拉强度标准值，另 2 个或 2 个以下试件断于裂缝，呈脆性断裂，其抗拉强度大于或等于钢筋母材抗拉强度标准值的 1.0 倍，应评定该检验批接头拉伸试验复验合格。

3. 一般项目

电弧焊接头外观检查，其检查结果应符合下列要求：

（1）焊缝表面应平整，不得有凹陷或焊瘤。

（2）焊接接头区域不得有肉眼可见的裂纹。

（3）焊缝余高应为 2～4 mm。

（4）咬边深度、气孔、夹渣等缺陷允许值及接头尺寸的允许偏差，应符合表 12-24 的规定。

焊接接头外观检查时，首先应由焊工对所焊接头或制品进行自检；在自检合格的基础上由施工单位专业质量检查员检查，并填写《钢筋焊接接头检验批质量验收记录》，由监理（建设）单位对检验批有关资料进行检查，组织项目专业质量检查员等进行验收，并填写记录。

表 12-24　钢筋电弧焊接头尺寸偏差及缺陷允许值

名称		单位	接头形式		
			帮条焊	搭接焊、钢筋与钢板搭接焊	坡口焊、窄间隙焊、熔槽帮条焊
帮条沿接头中心线的纵向偏移		mm	$0.3d$	—	—
接头处弯折角度		°	2	2	2
接头处钢筋轴线的偏移		mm	$(0.1d, 1)$	$(0.1d, 1)$	$(0.1d, 1)$
焊缝宽度		mm	$+0.1d$	$+0.1d$	—
焊缝长度		mm	$-0.3d$	$-0.3d$	—
横向咬边深度		mm	0.5	0.5	0.5
在长 $2d$ 焊缝表面上的气孔及夹渣	数量	个	2	2	—
	面积	mm²	6	6	—
在全部焊缝表面上的气孔及夹渣	数量	个	—	—	2
	面积	mm²	—	—	6

注：d 为钢筋直径(mm)。

1）纵向受力钢筋焊接接头外观检查时，每一检验批中应随机抽取 10% 的焊接接头。检查结果，当外观质量各小项不合格数均小于或等于抽检数的 15% 时，则该批焊接接头外观质量评为合格。

2）当某一小项不合格数超过抽检数的 15% 时，应对该批焊接接头该小项逐个进行复检，并剔出不合格接头；对外观检查不合格接头采取修整或焊补措施后，可提交二次验收。

12.4.2　闪光对焊焊接工艺与接头检验

闪光对焊是将两钢筋安放成对接形式，利用电阻热使接触点金属熔化，产生强烈飞溅，形成闪光，迅速施加顶锻力完成的一种压焊方法。闪光对焊既适用于竖向钢筋的连接，又适用于水平钢筋的连接。

(一)施工准备

1. 技术准备

(1)从事闪光对焊的焊工必须持有闪光对焊焊工考试合格证书才能上岗操作。
(2)根据钢筋牌号、直径以及钢筋端面平整情况，选择焊接工艺。
(3)通过班前试焊，合理选择焊接参数。
(4)编制闪光对焊钢筋焊接施工技术交底。

2. 材料准备

钢筋的牌号、直径必须符合设计要求，有出厂证明书及复试报告单。

3. 施工机具准备

(1)施工机械。对焊机及配套的对焊平台。常用的 UN_1—75 型手动对焊机，如图 12-16

所示。常用对焊机的技术性能，见表12-25。

（2）工具用具。防护深色眼镜、电焊手套、绝缘鞋、钢丝刷。

（3）检测设备。钢尺。

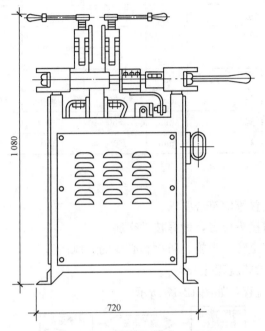

图 12-16 UN_1-75 型手动对焊机

表 12-25 常用对焊机技术性能

项次	项目	单位	焊机型号			
			UN_1-75	UN_1-100	UN_2-150	UN_{17}-150-1
1	额定容量	kV·A	75	100	150	150
2	初级电压	V	220/380	380	380	380
3	次级电压调节范围	V	3.52～7.94	4.5～7.6	4.05～8.1	3.8～7.6
4	次级电压调节级数		8	8	15	15
5	额定持续率	%	20	20	20	50
6	钳口夹紧力	kN	20	40	100	160
7	最大顶锻力	kN	30	40	65	80
8	钳口最大距离	mm	80	80	100	90
9	动钳口最大行程	mm	30	50	27	80
10	动钳口最大烧化行程	mm				20
11	焊件最大预热压缩量	mm			10	
12	连续闪光焊时钢筋最大直径	mm	12～16	16～20	20～25	20～25
13	预热闪光焊时钢筋最大直径	mm	32～36	40	40	40
14	生产率	次/h	75	20～30	80	120

续表

项次	项目	单位	焊机型号			
			UN_1-75	UN_1-100	UN_2-150	UN_{17}-150-1
15	冷却水消耗量	L/h	200	200	200	500
16	压缩空气：压力	N/mm^2			5.5	6
	压缩空气：消耗量	m^3/h			15	5
17	焊机重量	kg	445	465	2 500	1 900
18	外形尺寸：长	mm	1 520	1 800	2 140	2 300
	外形尺寸：宽	mm	550	550	1 360	1 100
	外形尺寸：高	mm	1 080	1 150	1 380	1 820

4. 作业条件准备

(1)对焊机及配套装置等应符合要求。

(2)熟悉料单，弄清接头位置，做好技术交底。

(3)作业场地要有安全防护设施、防火和必要的通风措施。

(二)闪光对焊焊接工艺流程

闪光对焊焊接工艺流程，如图 12-17 所示。

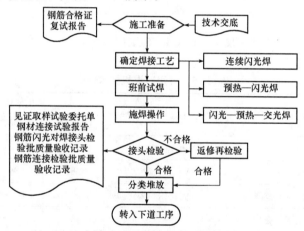

图 12-17 闪光对焊焊接工艺流程

4.2.3 闪光对焊焊接操作要求

(1)确定焊接工艺。焊接工艺方法选择，应符合下列要求：

1)连续闪光焊。若钢筋直径较小、钢筋牌号较低，可采用连续闪光焊。采用连续闪光焊所能焊接的最大钢筋直径应符合表 12-26 的规定。

表 12-26 连续闪光焊钢筋直径上限

焊机容量/(kV·A)	钢筋牌号	钢筋直径/mm
160 (150)	HPB300	22
	HRB335、HRBF335	22
	HRB400、HRBF400	20

续表

焊机容量/(kV·A)	钢筋牌号	钢筋直径/mm
100	HPB300	20
	HRB335、HRBF335	20
	HRB400、HRBF400	18
80 (75)	HPB300	16
	HRB335、HRBF335	14
	HRB400、HRBF400	12

2)预热—闪光焊。当超过表12-26中规定,且钢筋端面较平整,宜采用预热—闪光焊。

3)闪光—预热—闪光焊。当超过表12-26中规定,且钢筋端面不够平整,宜采用闪光—预热—闪光焊。

(2)班前试焊。

1)检查电源、焊机及工具。焊接电极应与钢筋接触良好。

2)选择焊接参数。闪光对焊时,应合理选择调伸长度、烧化留量、顶锻留量以及变压器级数等焊接参数。连续闪光焊的留量如图12-18所示。

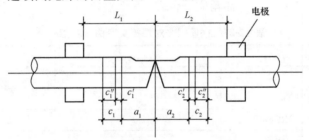

图12-18 连续闪光焊各项留量图解

L_1、L_2—调伸长度;a_1+a_2—闪光留量;c_1+c_2—顶段留量;
$c_1'+c_2'$—有电顶段留量;$c_1''+c_2''$—无电顶段留量

调伸长度是指焊接前,两钢筋端部从电极钳口伸出的长度。调伸长度的选择与钢筋品种和直径有关,应使接头能均匀加热,并使钢筋顶锻时不致发生旁弯。调伸长度取值:HPB300级钢筋为$(0.75\sim1.25)d$(d—钢筋直径),HRB335与HRB400级钢筋为$(1.0\sim1.5)d$;直径小的钢筋取大值。

(3)施焊操作。

1)连续闪光焊。通电后,借助操作杆使两钢筋端面轻微接触,使其产生电阻热,钢筋端面的凸出部分熔化,熔化的金属颗粒向外喷射形成闪光,徐徐不断地移动钢筋形成连续闪光,达到预定的烧化留量,迅速进行顶锻,完成整个连续闪光焊接。

2)预热—闪光焊。通电后应使两根钢筋端面交替接触和分开,使钢筋端面之间发生间断闪光,形成预热过程。当预热过程完成,应立即转入连续闪光和顶锻。

3)闪光—预热—闪光焊。通电后,应首先进行闪光,当钢筋端面平整时,应立即进行预热、闪光及顶锻过程。

(4)过程检验。在钢筋焊接过程中,首先应由焊工对所焊接头认真进行自检,然后由施工单位专业质量检查员检验,监理(建设)单位进行验收。抽取焊接接头试件时,应在监理人员见证下取样。委托指定试验单位试验，并出具《钢材连接试验报告》。钢筋焊接接头经外观检查和力学性能检验合格后，填写《钢筋闪光对焊接头检验批质量验收记录》。焊接钢筋绑扎完成后，经隐蔽验收再填写《钢筋连接检验批质量验收记录》。

(四)闪光对焊接头质量检验

1. 检验批划分及接头取样

《钢筋焊接及验收规程》(JGJ 18—2012)规定，闪光对焊检验批划分及接头取样规则。

(1)在同一台班内，由同一焊工完成的300个同牌号、同直径钢筋焊接接头应作为一批。当同一台班内焊接的接头数量较少，可在一周之内累计计算；累计仍不足300个接头时，应按一批计算。

(2)力学性能检验时，应从每批接头中随机切取6个接头，其中3个做拉伸试验、3个做弯曲试验。

(3)异直径钢筋接头可只做拉伸试验。

2. 主控项目

(1)闪光对焊接头试件拉伸试验，其试验结果同电弧焊接头拉伸试验结果。

(2)闪光对焊接头试件弯曲试验，应从每一个检验批接头中随机切取3个接头，焊缝应处于弯曲中心点，弯心直径和弯曲角应符合表12-27规定。

表12-27　钢筋闪光对焊接头弯曲试验指标

钢筋牌号	弯心直径	弯曲角/°
HPB300	$2d$	90
HRB335、HRBF335	$4d$	90
HRB400、HRBF400、RRB400W	$5d$	90
HRB500、HRBF500	$7d$	90

注：1. d 为钢筋直径(mm)。
　　2. 直径大于25 mm的钢筋焊接接头，弯心直径应增加1倍钢筋直径。

3. 一般项目

闪光对焊接头外观质量检查，其检查结果应符合下列要求：

(1)对焊接头表面应呈圆滑、带毛刺状，不得有肉眼可见的裂纹。

(2)与电极接触处的钢筋表面不得有明显烧伤。

(3)接头处的弯折角不得大于2°。

(4)接头处的轴线偏移不得大于钢筋直径的0.1倍，且不得大于1 mm。

焊接接头外观检查时，首先应由焊工对所焊接头或制品进行自检；在自检合格的基础上由施工单位专业质量检查员检查，并填写《钢筋焊接接头检验批质量验收记录》。由监理(建设)单位对检验批有关资料进行检查，组织项目专业质量检查员等进行验收并填写记录。

1)纵向受力钢筋焊接接头外观检查时，每一检验批中应随机抽取10%的焊接接头。检查结果，当外观质量各小项不合格数均小于或等于抽检数的15%时，则该批焊接接头外观质量评为合格。

2)当某一小项不合格数超过抽检数的15%时，应对该批焊接接头该小项逐个进行复检，并剔出不合格接头；对外观检查不合格接头采取修整或焊补措施后，可提交二次验收。

(五)箍筋闪光对焊接头质量检验

1. 检验批划分及接头取样

《钢筋焊接及验收规程》(JGJ 18—2012)规定,箍筋闪光对焊检验批划分及接头取样规则如下:

(1)在同一台班内,由同一焊工完成的600个同牌号、同直径箍筋闪光对焊接头应作为一批。如果超出600个接头,其超出部分可以与下一台班完成接头累计计算。

(2)每一检验批中,应随机抽取5%的接头进行外观质量检查。

(3)每个检验批中,应随机切取3个对焊接头做拉伸试验。

2. 主控项目

箍筋闪光对焊接头试件拉伸试验,其试验结果同电弧焊接头拉伸试验结果。

3. 一般项目

箍筋闪光对焊接头外观质量检查,其检查结果应符合下列要求:

(1)对焊接头表面应呈圆滑、带毛刺状,不得有肉眼可见的裂纹。

(2)接头处的轴线偏移不得大于钢筋直径的0.1倍,且不得大于1 mm。

(3)对焊接头所在直线边的顺直度检验结果凹凸不得大于5 mm。

(4)对焊箍筋外皮尺寸应符合设计图纸的规定,允许偏差应为±5 mm。

(5)与电极接触处的钢筋表面不得有明显烧伤。

12.4.3 电渣压力焊焊接工艺与接头检验

电渣压力焊是将钢筋安装成竖向对接形式,利用焊接电流通过两钢筋端面间隙,在焊剂层下形成电弧过程和电渣过程,产生电弧热和电阻热,熔化钢筋并加压完成的一种压焊方法。这种焊接方法适用于现浇钢筋混凝土结构中竖向或斜向(倾斜度不大于10°)钢筋的连接。

(一)施工准备

1. 技术准备

(1)从事电渣压力焊的焊工,必须持有电渣压力焊焊工考试合格证书才能上岗操作。

(2)通过班前试焊,合理选择焊接参数。

(3)编制电渣压力焊钢筋焊接施工技术交底。

2. 材料准备

(1)钢筋。钢筋的牌号、直径必须符合设计要求,有出厂证明书及复试报告单。

(2)焊剂。焊剂必须有出厂合格证。

1)常用焊剂型号HJ431,为一种高锰高硅低氟焊剂,不涉及填充焊丝。

2)焊剂存放在干燥的仓库内,当受潮时,在使用前应经250 ℃~300 ℃烘焙2 h。

3)使用中回收的焊剂,应除去熔渣和杂物,并应与新焊剂混合均匀后使用。

3. 施工机具准备

(1)施工机械。如电渣压力焊机、控制箱、焊接夹具等。钢筋电渣压力焊设备示意图,如图12-19所示。常用电渣压力焊机可采用一般的BX_3-500型与BX_2-1 000型交流弧焊机,也可采用JSD-600型与JSD-1 000型专用焊机。竖向钢筋电渣压力焊电源性能,见表12-28。

(2)工具用具。防护深色眼镜、电焊手套、绝缘鞋、钢丝刷。

(3)检测设备。钢尺。

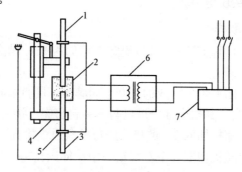

图 12-19 钢筋电渣压力焊设备示意图
1—上钢筋；2—焊剂盒；3—下钢筋；4—焊接机头；5—焊钳；6—焊接电源；7—控制箱

表 12-28 竖向钢筋电渣压力焊电源性能

项 目	单 位	JSD-600 型		JSD-1 000 型	
电源电压	V	380		380	
相数	相	1		1	
输入容量	kV·A	45		76	
空载电压	V	80		78	
负载持续率	%	60	35	60	35
初级电流	A	116		196	
次级电流	A	600	750	1 000	1 200
次级电压	V	22～45		22～45	
焊接钢筋直径	mm	14～32		22～40	

4. 作业条件准备

(1)电渣压力焊机及配套装置等应符合要求。
(2)熟悉料单,弄清接头位置,做好技术交底。

(二)电渣压力焊焊接工艺

电渣压力焊焊接工艺流程,如图 12-20 所示。

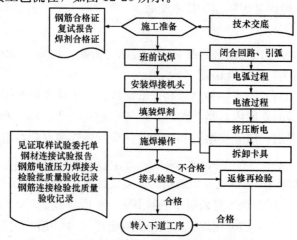

图 12-20 电渣压力焊焊接工艺流程

(三)电渣压力焊焊接操作要求

(1)班前试焊。

1)检查电源、焊机及工具。焊接电极应与钢筋接触良好。

2)选择焊接参数。钢筋电渣压力焊的焊接参数主要包括焊接电流、焊接电压和焊接通电时间。采用HJ431焊剂时,焊接参数参见表12-29。

表12-29 钢筋电渣压力焊焊接参数

钢筋直径/mm	焊接电流/A	焊接电压/V		焊接通电时间/s	
		电弧过程	电渣过程	电弧过程	电渣过程
12	280~320	35~45	18~22	12	2
14	300~350			13	4
16	300~350			15	5
18	300~350			16	6
20	350~400			18	7
22	350~400			20	8
25	350~400			22	9
28	400~450			25	10
32	450~500			30	11

(2)安装焊接机头。

1)夹具下钳口应夹紧于钢筋端部的适当位置,一般为1/2焊剂罐高度偏下5~10 mm,以确保焊接处的焊剂有足够的埋深。

2)不同直径钢筋焊接时,上下两钢筋轴线应在同一直线上。

3)上钢筋放入夹具钳口后,调准动夹头起始点,使上下钢筋的焊接部位处于同轴状态,夹紧钢筋。

4)钢筋一经夹紧,严防晃动,以免上下钢筋错位和夹具变形。

(3)填装焊剂。安放焊剂罐、填装焊剂。

(4)施焊操作。

1)闭合回路、引弧。首先接通电源,再通过操纵杆或操纵盒上的开关,在钢筋端面之间引燃电弧,开始焊接。

2)电弧过程。引燃电弧后,应控制电弧电压值,借助操纵杆使上下钢筋端面之间保持一定的间距,进行电弧过程,使焊剂不断熔化而形成渣池。

3)电渣过程。逐渐下送钢筋,使上钢筋端部插入渣池,电弧熄灭,进入电渣过程的延时,使钢筋全断面加速熔化。

4)挤压断电。迅速下送上钢筋,使其端面与下钢筋端面相互接触,挤出熔渣和熔化金属,同时切断焊接电源。

5)拆卸卡具。接头焊毕,应停歇20~30 s后(在寒冷地区,停歇时间应适当延长),才可回收焊剂和卸下焊接卡具。

(5)过程检验。在钢筋焊接过程中,首先应由焊工对所焊接头认真进行自检,然后由施工单位专业质量检查员检验,监理(建设)单位进行验收。抽取焊接接头试件时,应在监理人员见证下取样。委托指定试验单位试验,并出具《钢材连接试验报告》。钢筋焊接接头经外观检查和力学性能检验合格后,填写《钢筋电渣压力焊接头检验批质量验收记录》。焊接钢筋绑扎完成后,经隐蔽验收再填写《钢筋连接检验批质量验收记录》。

(四)电渣压力焊接头质量检验

1. 检验批划分及接头取样

《钢筋焊接及验收规程》(JGJ 18—2012)规定,电渣压力焊检验批划分及接头取样规则如下:

(1)在现浇钢筋混凝土结构中,应以 300 个同牌号钢筋接头作为一批。

(2)在房屋结构中,应在不超过两楼层中 300 个同牌号钢筋接头作为一批;当不足 300 个接头时,仍应作为一批。

(3)每批随机切取 3 个接头试件做拉伸试验。

2. 主控项目

电渣压力焊接头试件拉伸试验,其试验结果同电弧焊接头拉伸试验结果。

3. 一般项目

电渣压力焊接头外观质量检查,其检查结果应符合下列要求:

(1)四周焊包凸出钢筋表面的高度,当钢筋直径为 25 mm 及以下时,不得小于 4 mm;当钢筋直径为 28 mm 及以上时,不得小于 6 mm。

(2)钢筋与电极接触处,应无烧伤缺陷。

(3)接头处的弯折角不得大于 2°。

(4)接头处的轴线偏移不得大于 1 mm。

焊接接头外观检查时,首先应由焊工对所焊接头或制品进行自检;在自检合格的基础上由施工单位专业质量检查员检查,并填写《钢筋焊接接头检验批质量验收记录》。由监理(建设)单位对检验批有关资料进行检查,组织项目专业质量检查员等进行验收,并填写记录。

纵向受力钢筋焊接接头外观检查时,每一检验批中应随机抽取 10% 的焊接接头。检查结果,当外观质量各小项不合格数均小于或等于抽检数的 15% 时,则该批焊接接头外观质量评为合格。当某一小项不合格数超过抽检数的 15% 时,应对该批焊接接头该小项逐个进行复检,并剔出不合格接头;对外观检查不合格接头采取修整或焊补措施后,可提交二次验收。

12.4.4 气压焊焊接工艺与接头检验

钢筋气压焊是采用氧-乙炔火焰把两钢筋接合部位加热,至塑性状态(固态)或熔化状态(熔态)后,加压完成的一种压焊方法。这种焊接方法既适用于竖向钢筋的连接,又适用于水平钢筋的连接。

(一)施工准备

1. 技术准备

(1)从事气压焊的焊工必须持有气压焊焊工考试合格证书才能上岗操作。

(2)编制气压焊钢筋焊接施工技术交底。

2. 材料准备

(1)钢筋。钢筋的牌号、直径必须符合设计要求，有出厂证明书及复试报告单。

(2)氧气。所使用的瓶装氧气(O_2)纯度必须在99.5%以上。

(3)乙炔。宜使用瓶装乙炔气(C_2H_2)，其纯度必须在98%以上。

3. 施工机具准备

(1)施工机械。如加压器(油缸、油泵)、无齿锯等。气压焊设备工作简图，如图12-21所示。

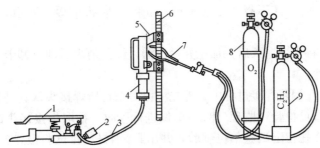

图 12-21　气压焊设备工作简图

1—脚踏液压泵；2—压力表；3—液压胶管；4—活动油缸；5—钢筋卡具；
6—被焊接钢筋；7—多火口烤枪；8—氧气瓶；9—乙炔瓶

(2)工具用具。如防护深色眼镜、钢丝刷、多嘴环管加热器、焊接夹具(固定卡其、活动卡具)等。

(3)检测设备。钢尺、塞尺。

4. 作业条件准备

(1)气压焊配套装置等应符合要求。

(2)熟悉料单，弄清接头位置，做好技术交底。

(3)施焊前搭好操作架子。

(二)气压焊焊接工艺流程

气压焊焊接工艺流程，如图12-22所示。

(三)气压焊焊接操作要求

(1)钢筋端头处理。进行气压焊的钢筋端头不得形成马蹄形、压变形、凹凸不平或弯曲，焊前钢筋端面应切平、打磨露出金属光泽，必要时用无齿锯切割；清除钢筋端头100 mm范围内的锈蚀、油污、水泥等。

(2)安装卡具、钢筋。先将卡具卡在已处理好的两根钢筋上，接好的钢筋上下(或前后)要同心，固定卡具应将顶丝上紧，活动卡具要施加一定的初压力，初压力的大小要根据钢筋直径粗细决定，宜为15～20 MPa。

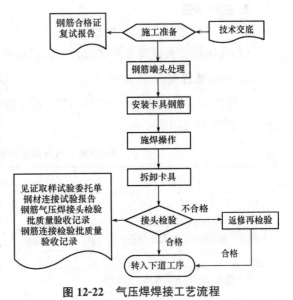

图 12-22　气压焊焊接工艺流程

(3)施焊操作。焊接开始时,火焰应采用碳化焰,以防止钢筋端面氧化。火焰中心对准压焊面缝隙,使钢筋表面温度达到炽白状态(1 100 ℃～1 300 ℃),同时增大对钢筋的轴向压力,按钢筋截面面积计为30～40 MPa,使压焊面间隙闭合。

确认压焊面间隙完全闭合后,在钢筋轴向适当再加压。同时,将火焰调整为中性焰,对钢筋压焊面沿钢筋长度的上下约两倍钢筋直径范围内进行宽幅加热,使温度均匀上升,随后进行最终加压至30～40 MPa,使压焊部位的镦粗直径达到钢筋直径的1.4倍以上,镦粗区长度为钢筋直径为钢筋直径的1.0倍以上。压焊区两钢筋轴线相对偏心量不得超过钢筋直径的0.15倍,且不得大于4 mm。镦粗区形状平缓、圆滑,没有明显凸起和塌陷。

(4)拆卸卡具。将火焰熄灭后,加压并稍延滞,红色消失后即可卸卡具。焊件在空气中自然冷却,不得水冷。

(5)过程检验。在钢筋焊接过程中,首先应由焊工对所焊接头认真进行自检,然后由施工单位专业质量检查员检验,监理(建设)单位进行验收。抽取焊接接头试件时,应在监理人员见证下取样。委托指定试验单位试验,并出具《钢材连接试验报告》。钢筋焊接接头经外观检查和力学性能检验合格后,填写《钢筋气压焊接头检验批质量验收记录》。焊接钢筋绑扎完成后,经隐蔽验收再填写《钢筋连接检验批质量验收记录》。

(四)气压焊接头质量检验

1. 检验批划分及接头取样

《钢筋焊接及验收规程》(JGJ 18—2012)规定,气压焊检验批划分及接头取样规则如下:

(1)在现浇钢筋混凝土结构中,应以300个同牌号钢筋接头作为一批;在房屋结构中,应在不超过两楼层中300个同牌号钢筋接头作为一批;当不足300个接头时,仍应作为一批。

(2)在柱、墙的竖向钢筋连接中,应从每批接头中随机切取3个接头做拉伸试验;在梁、板的水平钢筋连接中,应另切取3个接头做弯曲试验。

(3)在同一批中,异径钢筋气压焊接头可只做拉伸试验。

2. 主控项目

(1)气压焊接头试件拉伸试验,其试验结果同电弧焊接头拉伸试验结果。
(2)气压焊接头试件弯曲试验,其试验结果同闪光对焊接头弯曲试验结果。

3. 一般项目

气压焊接头外观检查,其检查结果应符合表12-30的要求。钢筋气压焊接头外观质量图解,如图12-23所示。

表12-30 气压焊接头外观检查的允许偏差

名称	允许偏差	检查方法	超偏处理
接头处的轴线偏移 e 不同直径钢筋焊接,按较小钢筋直径计算	$\leqslant 0.1d$ $\leqslant 1$ mm	尺量	当大于规定值,但小于$0.3d$时,可加热矫正; 当大于$0.3d$时,应切除重焊
接头处表面不得有肉眼可见的裂纹	—	观察	若有肉眼可见的裂纹,应切除重焊

续表

名称		允许偏差	检查方法	超偏处理
接头处的弯折角		≤2°	尺量	当大于规定值时,应重新加热矫正
镦粗直径 d_c	固态气压焊	≥1.4d	尺量	当小于规定值时,应重新加热镦粗
	熔态气压焊	≥1.2d	尺量	
镦粗长度 L_c		≥1.0d	尺量	凸起部分平缓圆滑; 当小于规定值时,应重新加热镦长

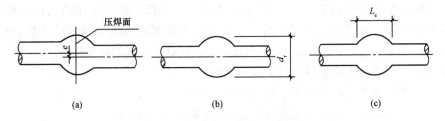

图 12-23 钢筋气压焊接头外观质量图解
(a)轴线偏移 e;(b)镦粗直径 d_r;(c)镦粗长度 L_c

焊接接头外观检查时,首先应由焊工对所焊接头或制品进行自检;在自检合格的基础上由施工单位专业质量检查员检查,并填写《钢筋焊接接头检验批质量验收记录》。由监理(建设)单位对检验批有关资料进行检查,组织项目专业质量检查员等进行验收,并填写记录。

纵向受力钢筋焊接接头外观检查时,每一检验批中应随机抽取10%的焊接接头。检查结果,当外观质量各小项不合格数均小于或等于抽检数的15%时,则该批焊接接头外观质量评为合格。当某一小项不合格数超过抽检数的15%时,应对该批焊接接头该小项逐个进行复检,并剔出不合格接头;对外观检查不合格接头采取修整或焊补措施后,可提交二次验收。

12.4.5 钢筋焊接质量记录

钢筋焊接应形成以下质量记录:
(1)表 C2-4　技术交底记录;
(2)表 C1-5　施工日志;
(3)表 C4-2　钢材连接检测报告;
(4)表 G3-6-1　钢筋电弧焊接头检验批质量验收记录;
(5)表 G3-6-2　钢筋闪光对焊接头检验批质量验收记录;
(6)表 G3-6-3　钢筋电渣压力焊接头检验批质量验收记录;
(7)表 G3-6-4　钢筋气压焊接头检验批质量验收记录;
(8)表 G3-6　钢筋连接检验批质量验收记录。
注:以上表式采用《河北省建筑工程资料管理规程》[DB13(J)/T 145—2012]所规定的表式;《钢筋焊接及验收规程》(JGJ 18—2012)附录 A 的表式。

任务 12.5 钢筋机械连接与检验

钢筋机械连接是指通过连接件的机械咬合作用或钢筋端面的承压作用,将一根钢筋中的力传递至另一根钢筋的连接方法。常用的钢筋机械连接方法有套筒挤压钢筋接头、直螺纹钢筋接头等机械连接工艺。

12.5.1 套筒挤压连接工艺与接头检验

套筒挤压连接是将两根需连接的带肋钢筋插入钢套筒,利用压钳沿径向压缩钢套筒,使之产生塑性变形,靠变形后的钢套筒与被连接的钢筋紧密咬合为整体的连接。套筒挤压钢筋接头适用于 $\phi16\sim\phi40$ 的 HRB335、HRB400、HRB500 级钢筋连接。

带肋钢筋套筒挤压连接应遵循以下规范规程:

(1)《建筑工程施工质量验收统一标准》(GB 50300—2013)。

(2)《混凝土结构工程施工质量验收规范》(GB 50204—2015)。

(3)《钢筋机械连接技术规程》(JGJ 107—2010)。

(4)《钢筋机械连接用套筒》(JG/T 163—2013)。

(一)施工准备

1. 技术准备

(1)施工单位必须提供有效的套筒挤压连接《接头试件形式检验报告》,明确连接工艺参数:套筒长度、外径、内径、挤压道次、压痕总宽度、压痕平均直径、挤压后套筒长度。

(2)操作人员应经专业技术人员培训合格后才能上岗,必须持证上岗。

(3)钢筋连接工程开始前,对不同钢筋生产厂的进场钢筋进行接头工艺检验,以确定工艺参数是否与本工程中的进场钢筋相适应。

2. 材料准备

(1)钢筋。钢筋的牌号、直径必须符合设计要求,有出厂证明书及复试报告单。

(2)套筒。套筒应有出厂合格证。施工现场主要检查套筒合格证是否内容齐全,套筒表面是否有可以追溯产品原材料力学性能和加工质量的生产批号。套筒在运输和储存中,按不同规格分别堆放整齐,不得露天堆放,防止锈蚀和沾污。

3. 施工机具

(1)施工机械。如超高压油泵、油管、压钳、钢筋挤压压模等。

(2)工具用具。如平衡器、角向砂轮、画标志工具等。

(3)检测设备。钢尺、压痕卡板卡尺。

4. 作业条件准备

(1)清除钢筋挤压部位和套筒的锈污、砂浆等杂物。

(2)钢筋与套筒试套,如钢筋有马蹄、飞边、弯折或纵肋尺寸超大者,应先矫正或用角向砂轮修磨,禁止用电气焊切割超大部分。

(3)挤压作业前,检查挤压设备是否能正常工作,经试压符合要求后,方可开始作业。

(二)套筒挤压连接工艺流程

套筒挤压连接工艺流程,如图 12-24 所示。

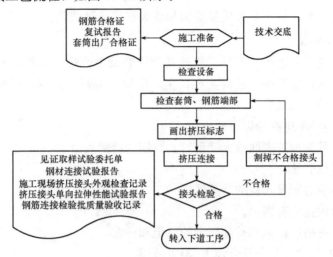

图 12-24 套筒挤压连接工艺流程

(三)套筒挤压连接操作要求

(1)检查设备。检查设备、电源,确保随时处于正常状态。

(2)检查套筒、钢筋端部。对套筒、钢筋挤压部位进行检查,清除表面上的锈斑、油污;钢筋端部若有弯折、扭曲,应予以矫直或切除,但不得用电气焊切割。

(3)画出压接标志。画出钢筋端头压接标志,以确保钢筋伸入套筒的深度。压接标志距钢筋端部的距离是套筒长度的 1/2。

(4)挤压连接。钢筋应按标记插入套筒,钢筋的轴心与套筒轴心应保持同一轴线,防止偏心和弯折。启动超高压油泵,打开下压模卡板,将压钳套入被挤压的钢筋连接套筒中,插入下压模,锁死卡板,压钳口对准钢套筒所需压接的标记处,控制挤压机换向阀进行挤压。

挤压时,压钳的压接应对准套筒压痕标志,并垂直于被压钢筋的横肋。挤压应从套筒中央逐道向端部压接,最后检查压痕。为减少高处作业并加快施工进度,宜先挤压一端套筒,在施工作业区插入待接钢筋后,再挤压另一端。钢筋套筒挤压连接,如图 12-25 所示。

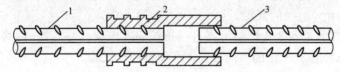

图 12-25 钢筋套筒挤压连接
1—已挤压的钢筋;2—套筒;3—未挤压的钢筋

(5)接头检验。在套筒挤压连接过程中,首先应由操作人员对套筒挤压连接认真进行自检;然后由施工单位专业质量检查员检验;最后监理(建设)单位进行验收。抽取钢筋套筒挤压连接接头试件时,应在监理人员见证下取样。委托指定试验单位试验,并出具《钢材连接试验报告》。钢筋绑扎完成后,经隐蔽验收再填写《钢筋连接检验批质量验收记录》。

(四)套筒挤压连接接头质量检验

《钢筋机械连接技术规程》(JGJ 107—2010)规定套筒挤压连接应进行连接套筒的检验、钢筋连接前的工艺检验、接头安装质量检验和接头抗拉强度试验。

1. 连接套筒的检验

接头安装前,应检查连接件产品合格证及套筒表面生产批号标识;产品合格证应包括适用钢筋直径和接头性能等级、套筒类型、生产单位、生产日期以及可追溯产品原材料力学性能和加工质量的生产批号。

(1)挤压套筒的外观应符合以下要求:

1)套筒外表面可为加工表面或无缝钢管、圆钢的自然表面。

2)应无肉眼可见裂纹。

3)套筒表面不应有明显起皮的严重锈蚀。

4)套筒外圆及内孔应有倒角。

5)套筒表面应有挤压标识和符合规定的标记和标志。

(2)挤压套筒的尺寸偏差应符合表 12-31 的规定。

表 12-31 标准型挤压套筒尺寸允许偏差　　　　　mm

外径 D	允许偏差		
	外径 D	壁厚 t	长度 L
≤50	±0.5	$+0.12t$ $-0.10t$	±2.0
>50	±0.01	$+0.12t$ $-0.10t$	±2.0

2. 钢筋连接前的工艺检验

钢筋连接工程开始前,应对不同钢筋生产厂的进场钢筋进行接头工艺检验;施工过程中,更换钢筋生产厂时,应补充进行工艺检验。工艺检验应符合下列规定:

(1)每种规格钢筋的接头试件不应少于 3 根。

(2)每根试件的抗拉强度和 3 根接头试件的残余变形的平均值均应符合《钢筋机械连接技术规程》(JGJ 107—2010)的规定。

(3)接头试件在测量残余变形后可再进行抗拉强度试验,并宜按《钢筋机械连接技术规程》(JGJ 107—2010)附录 A 中的单向拉伸加载制度进行试验。

(4)第一次工艺检验中,1 根试件抗拉强度或 3 根试件的残余变形平均值不合格时,允许再抽 3 根试件进行复检,复检仍不合格时判为工艺检验不合格。

3. 接头安装质量检验

套筒挤压钢筋接头的安装质量应符合下列要求:

(1)钢筋端部不得有局部弯曲,不得有严重锈蚀和附着物。

(2)钢筋端部应有检查插入套筒深度的明显标记,钢筋端头离套筒长度中点不宜超过 10 mm。

(3)挤压应从套筒中央开始,依次向两端挤压,压痕直径的波动范围应控制在供应商认定的允许波动范围内,并提供专用量规进行检验。

(4)挤压后的套筒不得有肉眼可见裂纹。

4. 接头抗拉强度试验

(1)接头验收批。接头的现场检验应按验收批进行。同一施工条件下,采用同一批材料的同等级、同形式、同规格接头,应以500个为一个验收批进行检验与验收,不足500个也应作为一个验收批。

现场检验连续10个验收批抽样试件抗拉强度试验1次合格率为100%时,验收批接头数量可以扩大1倍。

(2)接头取样及合格性判定。对接头的每一验收批,必须在工程结构中随机截取3个接头试件作抗拉强度试验,按设计要求的接头等级进行评定。当3个接头试件的抗拉强度均符合表12-32中相应等级的强度要求时,该验收批应评为合格。如有1个试件的抗拉强度不符合要求,应再取6个试件进行复检。复检中如仍有1个试件的抗拉强度不符合要求,则该验收批应评为不合格。

表12-32 接头的抗拉强度

接头等级	Ⅰ级		Ⅱ级	Ⅲ级
抗拉强度	$f_{mst}^0 \geq f_{stk}$ 或 $f_{mst}^0 \geq 1.10 f_{stk}$	断于钢筋 断于接头	$f_{mst}^0 \geq f_{stk}$	$f_{mst}^0 \geq 1.25 f_{yk}$

注:f_{mst}^0——接头试件实际抗拉强度;f_{stk}——钢筋抗拉强度标准值;f_{yk}——钢筋屈服强度标准值。

(3)现场截取试件后的补接方法。现场截取抽样试件后,原接头位置的钢筋可采用同等规格的钢筋进行搭接连接,或采用焊接及机械连接方法补接。

(五)套筒挤压连接接头质量记录

套筒挤压连接接头应形成以下质量记录:

(1)表C2-4 技术交底记录;

(2)表C1-5 施工日志;

(3)表C4-2 钢材连接检测报告;

(4)表G3-6 钢筋连接检验批质量验收记录;

(5)附表5-1 接头试件形式检验报告。

注:以上表式采用《河北省建筑工程资料管理规程》[DB13(J)/T 145—2012]所规定的表式;《钢筋机械连接技术规程》(JGJ 107—2010)附录B的表式。

12.5.2 滚轧直螺纹连接工艺与接头检验

滚轧直螺纹连接接是将两根钢筋端头直接滚轧或剥肋后滚轧制作的直螺纹和连接件螺纹咬合形成的接头,按规定的力矩值连接成一体的连接。直螺纹连接接头适用于$\phi16 \sim \phi40$的HRB335、HRB400、HRB500级钢筋连接。

直螺纹连接应遵循以下规范规程:

(1)《建筑工程施工质量验收统一标准》(GB 50300—2013)。

(2)《混凝土结构工程施工质量验收规范》(GB 50204—2015)。

(3)《钢筋机械连接技术规程》(JGJ 107—2010)。

(4)《钢筋机械连接用套筒》(JG/T 163—2013)。

(一)施工准备

1. 技术准备

(1)施工单位必须提供有效的直螺纹连接《接头试件形式检验报告》,明确连接工艺参数:如连接套筒长度、外径、螺纹规格、牙形角、安装时拧紧扭矩等。

(2)操作人员应经专业技术人员培训合格后才能上岗,必须持证上岗。

(3)钢筋连接工程开始前,对不同钢筋生产厂的进场钢筋进行接头工艺检验,以确定工艺参数是否与本工程中的进场钢筋相适应。

2. 材料准备

(1)钢筋。钢筋的牌号、直径必须符合设计要求,有出厂证明书及复试报告单。

(2)套筒。连接套筒应有出厂合格证。施工现场主要检查套筒合格证内容是否齐全,套筒表面是否有可以追溯产品原材料力学性能和加工质量的生产批号。

专用塞规检验:随机抽取同规格接头数的10%进行外观检验,应与钢筋连接套筒的规格匹配,接头丝扣无完整丝扣外露。

连接套筒在运输和储存中应分类包装存放,妥善保护,避免雨淋、沾污或损伤。

3. 施工机具

(1)施工机械。切割机、钢筋剥肋滚丝机(型号:GHG40、GHG50)。GHG40型钢筋剥肋滚丝机主要技术性能见表12-33。

表12-33 GHG40型钢筋剥肋滚丝机技术性能

滚丝头型号	40型[或Z40型(左旋)]			
滚丝轮型号	A20	A25	A30	A35
滚压螺纹螺距/mm	2	2.5	3.0	3.5
钢筋规格	16	18、20、22	25、28、32	36、40
整机质量/kg	590			
主电机功率/kW	4			
水泵电机功率/kW	0.09			
工作电压及频率	380 V 50 Hz			
减速机输出转速/(r·min^{-1})	50/60			
外形尺寸/mm	(长×宽×高)1 200×600×1 200			

(2)工具用具。如钢丝刷、管钳扳手、扭力扳手等。

扭力扳手:校核用扭力扳手的准确度级别可选用10级。力矩扳手需定期经计量管理部门批准生产的扭力仪检定,检定合格后方准使用。检定期限每年一次,且新开工工程必须先进行检定方可使用。

(3)检测设备。钢尺、专用直螺纹量规(环通规、环止规)。

4. 作业条件准备

(1)切割机、钢筋滚轧直螺纹机安装就位,且正常运行。

(2)钢筋连接用的套筒已检查合格,进入现场挂牌,整齐码放。
(3)施工准备已完成,施工人员到位,钢筋连接施工要求等已进行技术交底。

(二)滚轧直螺纹连接工艺流程

钢筋滚轧直螺纹连接工艺流程,如图 12-26 所示。

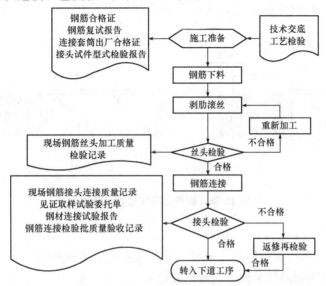

图 12-26　钢筋滚轧直螺纹连接工艺流程

(三)滚轧直螺纹连接操作要求

(1)钢筋下料。钢筋下料可用钢筋切断机或砂轮锯,不得用气割下料。钢筋下料时,要求钢筋端面与钢筋轴线垂直,端头不得弯曲、不得出现马蹄形。

(2)剥肋滚丝。将钢筋夹持在台钳上,扳动手柄减速机向前移动,剥肋机构对钢筋进行剥肋,到调定长度后,停止剥肋。减速机继续向前,涨刀触头缩回,滚丝头开始滚轧螺纹,滚轧到设定长度后,设备自动停机并延时反转,将螺纹钢筋退出滚丝头,扳动手柄后退,减速机退到后极限位置、完成螺纹的加工。直螺纹丝头示意图,如图 12-27 所示。

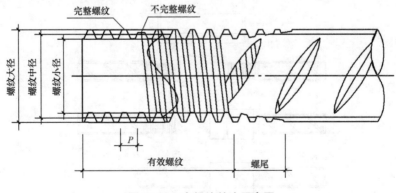

图 12-27　直螺纹丝头示意图

(3)丝头检验。

1)外观质量。丝头表面不得有影响接头性能的损坏及锈蚀。

2)外形质量。丝头有效螺纹数量不得少于设计规定;牙顶宽度大于0.3P的不完整螺纹累计长度不得超过两个螺纹周长;标准型接头的丝头有效螺纹长度应不小于1/2连接套筒长度,且允许误差为+2P;其他连接形式应符合产品设计要求。

3)丝头尺寸的检验。用专用的螺纹环规检验,其环通规应能顺利地旋入,环止规旋入长度不得超过3P。抽检数量10%,检验合格率不应小于95%,直螺纹丝头检验示意图,如图12-28所示。

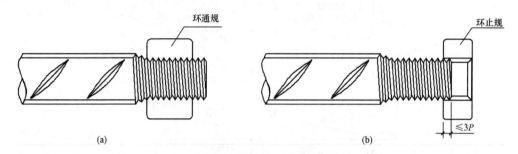

图 12-28　钢筋丝环规检验示意图
(a)环通规检验;(b)环止规检验

已检验合格的丝头,应立即将一端拧上塑料保护帽,按规格分类,堆放整齐待用。检验完成后,填写《现场钢筋丝头加工质量检验记录》。

(4)钢筋连接。

1)检查连接套筒是否与被连接钢筋规格相符;检查钢筋丝头螺纹和连接套筒内螺纹是否干净、完好无损;检查钢筋丝头有效螺纹长度是否符合产品设计的要求。

2)将连接套筒旋入被连接钢筋一端的丝头。

3)将另一根被连接钢筋的钢筋丝头旋入套筒,并使两根钢筋端头在连接套筒中对顶。

4)反向旋转连接套筒,调整连接套筒两端钢筋丝头外露有效螺纹数量不超过2P。

5)用管钳扳手旋转钢筋,使两根被连接钢筋的钢筋丝头在连接套筒中间对顶锁紧。标准型接头的连接,如图12-29所示。

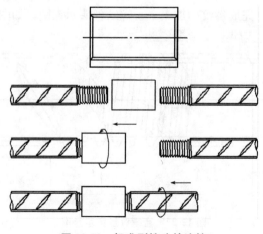

图 12-29　标准型接头的连接

6)连接完的接头必须立即用油漆做上标记,防止漏拧。

(5)接头检验。

1)拧紧扭矩检验。钢筋连接完成后,应使两个丝头在套筒中央位置相互顶紧,用扭力扳手校核拧紧扭矩,拧紧扭矩值应符合表12-34的规定。检验完成后,填写《现场钢筋接头连接质量记录》。

表12-34 直螺纹接头安装时的最小拧紧扭矩值

钢筋直径/mm	12～16	18～20	22～25	28～32	36～40	50
拧紧力矩/(N·m^{-1})	100	200	260	320	360	460

抽检数量:每一验收批抽取10%的接头进行拧紧扭矩校核,拧紧扭矩值不合格数超过被校核接头数的5%时,应重新拧紧全部接头,直到合格为止。

2)抗拉强度检验。钢筋连接完成后,每一验收批必须在工程结构中随机截取3个接头试件作抗拉强度试验,按设计要求的接头等级进行评定。

(四)直螺纹连接接头质量检验

《钢筋机械连接技术规程》(JGJ 107—2010)规定:直螺纹连接应进行连接套筒的检验、钢筋连接前的工艺检验、加工和安装质量检验和抗拉强度试验。

1. 直螺纹连接套筒的检验

接头安装前应检查连接件产品合格证及套筒表面生产批号标识;产品合格证应包括适用钢筋直径和接头性能等级、套筒类型、生产单位、生产日期以及可追溯产品原材料力学性能和加工质量的生产批号。

(1)螺纹套筒的外观应符合以下要求:

1)套筒外表面可为加工表面或无缝钢管、圆钢的自然表面。

2)应无肉眼可见裂纹或其他缺陷。

3)套筒表面允许有锈斑或浮锈,不应有锈皮。

4)套筒外圆及内孔应有倒角。

5)套筒表面应有规定的标记和标志。

(2)螺纹套筒的尺寸偏差应符合表12-35的规定。

表12-35 圆柱形直螺纹套筒尺寸允许偏差　　　　　　　　　　mm

外径(D)允许偏差		螺纹公差	长度(L)允许偏差
加工表面	非加工表面		
±0.5	20<D≤30,±0.5 30<D≤50,±0.6 D>50,±0.80	应符合GB/T 197中6H的规定	±1.0

2. 钢筋连接前的工艺检验

钢筋连接工程开始前,应对不同钢筋生产厂的进场钢筋进行接头工艺检验。施工过程中,更换钢筋生产厂时,应补充进行工艺检验。工艺检验应符合下列规定:

(1)每种规格钢筋的接头试件不应少于3根。

(2)每根试件的抗拉强度和3根接头试件的残余变形的平均值均应符合《钢筋机械连接技术规程》(JGJ 107—2010)的规定。

(3)接头试件在测量残余变形后,可再进行抗拉强度试验,并宜按《钢筋机械连接技术规程》(JGJ 107—2010)附录 A 中的单向拉伸加载制度进行试验。

(4)第一次工艺检验中,1 根试件抗拉强度或 3 根试件的残余变形平均值不合格时,允许再抽 3 根试件进行复检,复检仍不合格时,判为工艺检验不合格。

3. 接头加工质量要求

直螺纹接头的现场加工应符合下列规定:

(1)钢筋端部应切平或镦平后加工螺纹。

(2)镦粗头不得有与钢筋轴线相垂直的横向裂纹。

(3)钢筋丝头长度应满足企业标准中产品设计要求,公差应为$(0\sim2.0)P$(P 为螺距)。

(4)钢筋丝头宜满足 $6f$ 级精度要求,应用专用直螺纹量规检验,环通规能顺利旋入并达到要求的拧入长度,环止规旋入不得超过 $3P$。抽检数量 10%,检验合格率不应小于 95%。

4. 接头安装质量要求

直螺纹钢筋接头的安装质量应符合下列要求:

(1)安装接头时可用管钳扳手拧紧,应使钢筋丝头在套筒中央位置相互顶紧。标准型接头安装后的外露螺纹不宜超过 $2P$。

(2)安装后应用扭力扳手校核拧紧扭矩,拧紧扭矩值应符合表 12-34 的规定。

(3)校核用扭力扳手的准确度级别可选用 10 级。

5. 接头抗拉强度试验

(1)接头验收批。接头的现场检验应按验收批进行。同一施工条件下采用同一批材料的同等级、同形式、同规格接头,应以 500 个为一个验收批进行检验与验收,不足 500 个也应作为一个验收批。

现场检验连续 10 个验收批抽样试件抗拉强度试验 1 次合格率为 100% 时,验收批接头数量可以扩大 1 倍。

(2)接头取样及合格性判定。对接头的每一验收批,必须在工程结构中随机截取 3 个接头试件作抗拉强度试验,按设计要求的接头等级进行评定。当 3 个接头试件的抗拉强度均符合表 12-32 相应等级的强度要求时,该验收批应评为合格。如有 1 个试件的抗拉强度不符合要求,应再取 6 个试件进行复检。复检中如仍有 1 个试件的抗拉强度不符合要求,则该验收批应评为不合格。

(3)现场截取试件后的补接方法。现场截取抽样试件后,原接头位置的钢筋可采用同等规格的钢筋进行搭接连接,或采用焊接及机械连接方法补接。

(五)直螺纹连接接头质量记录

直螺纹连接接头应形成以下质量记录:

(1)表 C2-4　技术交底记录;

(2)表 C1-5　施工日志;

(3)表 C4-2　钢材连接检测报告;

(4)表 G3-6　钢筋连接检验批质量验收记录;

(5)附表 5-2　现场钢筋丝头加工质量检验记录;

(6)附表 5-3　现场钢筋接头连接质量记录。

注:以上表式采用《河北省建筑工程资料管理规程》[DB13(J)/T 145—2012]所规定的表式。

任务 12.6 常见构件钢筋绑扎与检验

在现浇结构主体工程中,常见的钢筋混凝土构件有柱、墙、梁、板等构件。钢筋绑扎应遵循以下规范规程:

(1)《建筑工程施工质量验收统一标准》(GB 50300—2013)。
(2)《混凝土结构工程施工质量验收规范》(GB 50204—2015)。
(3)《混凝土结构工程施工规范》(GB 50666—2011)。

12.6.1 柱钢筋绑扎工艺

(一)施工准备

1. 技术准备

(1)准备工程所需的图纸、规范、标准等技术资料,并确定其是否有效。
(2)熟悉相应的钢筋施工图和钢筋配料单,并认真核对配料单是否正确。
(3)编制钢筋绑扎施工技术交底。

2. 材料准备

(1)钢筋。钢筋的牌号、直径必须符合设计要求,有出厂证明书及复试报告单。
(2)成型钢筋。按配料单核对成型钢筋的规格、尺寸、形状、数量。
(3)绑丝。钢筋绑扎用的铁丝,可采用20~22号铁丝,其中22号铁丝只用于绑扎直径12 mm以下的钢筋。铁丝长度可参考表12-36的数值采用。

表 12-36 钢筋绑扎铁丝长度参考表　　mm

钢筋直径/mm	3~5	6~8	10~12	14~16	18~20	22	25	28	32
3~5	120	130	150	170	190				
6~8		150	170	190	220	250	270	290	320
10~12			190	220	250	270	290	310	340
14~16				250	270	290	310	330	360
18~20					290	310	330	350	380
22						330	350	370	400

(4)垫块。水泥砂浆垫块厚度等于保护层厚度,垫块的平面尺寸 50 mm×50 mm。当在垂直方向使用垫块时,可在垫块中埋入20号铁丝。

塑料卡的形状有两种:塑料垫块和塑料环圈,如图12-30所示。塑料垫块用于水平构件(如梁、板),在两个方向均有凹槽,以便适应两种保护层厚度。塑料环圈用于垂直构件(如柱、墙),使用时钢筋从卡嘴进入卡腔;由于塑料环圈有弹性,可使卡腔的大小能适应钢筋直径的变化。

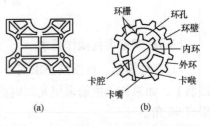

图 12-30 控制混凝土保护层用的塑料卡
(a)塑料垫块;(b)塑料环圈

3. 施工机具准备

(1)施工机械。如塔吊、龙门架等。

(2)工具用具。如钢筋钩、小撬棍、钢筋扳子、绑扎架、钢丝刷子、石笔、墨斗、手推车等。

(3)检测设备。钢卷尺。

4. 作业条件准备

(1)做好抄平放线工作,弹好水平标高线,墙、柱外皮尺寸线。

(2)根据弹好的外皮尺寸线,检查下层预留搭接钢筋的位置、数量、长度,如不符合要求时,应进行处理。绑扎前,先整理调直下层伸出的搭接筋,并将锈蚀、水泥砂浆等污垢清理干净。

(3)根据标高检查下层伸出搭接筋处的混凝土表面标高(柱顶、墙顶)是否符合图纸要求,如有松散不实之处,要剔除并清理干净。

(4)钢筋绑扎用的脚手架操作台已搭设完毕。

(二)柱钢筋绑扎工艺流程

柱钢筋绑扎工艺流程,如图 12-31 所示。

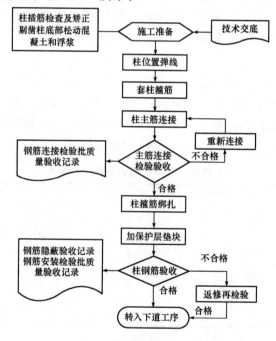

图 12-31 柱钢筋绑扎工艺流程

(三)柱钢筋绑扎操作要求

(1)套柱箍筋。按图纸要求间距,计算好每根柱箍筋数量,先将箍筋套在下层伸出的搭接筋上。如果柱子主筋采用光圆钢筋搭接角部弯钩应与模板成45°,中间钢筋的弯钩应与模板成90°角。

(2)柱主筋连接。

1)柱主筋采用绑扎连接。在搭接长度内,绑扣不少于 3 个;绑扎接头的搭接长度、接头面积百分率应符合设计要求。

2)柱主筋采用焊接或机械连接。将全部主筋连接完成,连接接头质量经验收合格,接头位置、接头面积百分率应符合《混凝土结构工程施工质量验收规范》(GB 50204—2015)的规定。

(3)柱箍筋绑扎。

1)画箍筋间距。在立好的柱子竖向钢筋上,按图纸要求用粉笔画箍筋间距线。

2)按已画好的箍筋位置线,将已套好的箍筋往上移动,由上往下绑扎,宜采用缠扣绑扎。

3)箍筋的弯钩叠合处应沿柱子竖筋螺旋布置,箍筋转角处与主筋交点均要绑扎,主筋与箍筋非转角部分的相交点成梅花交错绑扎。

4)有抗震要求的地区,柱箍筋端头应弯成$135°$,平直部分长度不小于$10d$(d为箍筋直径)。如箍筋采用$90°$搭接,搭接处应焊接,焊缝长度单面焊缝不小于$10d$。

5)柱基、柱顶、梁柱交接处箍筋间距应按设计要求加密。加密区长度及加密区内箍筋间距应符合设计图纸要求。如设计要求箍筋设拉筋时,拉筋应钩住箍筋。

(4)加保护层垫块。柱筋保护层厚度应符合规范要求,垫块应绑在柱竖筋外皮上,间距一般为1 000 mm(或用塑料卡卡在外竖筋上),以保证主筋保护层厚度准确。

12.6.2 墙钢筋绑扎工艺

(一)施工准备

墙钢筋绑扎施工准备同前述"柱钢筋绑扎"的施工准备。

(二)墙钢筋绑扎工艺流程

墙钢筋绑扎工艺流程,如图12-32所示。

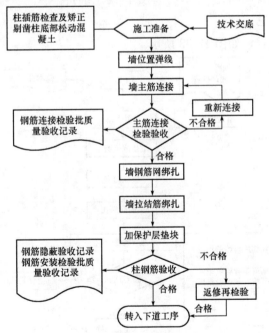

图12-32 墙钢筋绑扎工艺流程

(三)墙钢筋绑扎操作要求

(1)墙主筋连接。

1)墙主筋采用绑扎连接。立2~4根主筋,将主筋与下层伸出的搭接筋绑扎,在搭接长度内,绑扣不少于3个;在主筋上画好水平筋分档标志,在下部及齐胸处绑两根水平筋定位,并在水平筋上画好主筋分档标志,接着绑其余主筋,最后再绑其余横筋。

2)墙主筋采用焊接或机械连接。将全部主筋连接完成,连接接头质量经验收合格;接头位置、接头面积百分率应符合《混凝土结构工程施工质量验收规范》(GB 50204—2015)的规定。

(2)墙钢筋网绑扎。

1)剪力墙全部钢筋的相交点都要扎牢,绑扎时相邻绑扎点的铁丝扣成八字形,以免网片歪斜变形。

2)地下挡土墙水平筋在主筋内侧;剪力墙水平筋在主筋外侧或内侧。

3)剪力墙与框架柱连接处,剪力墙的水平横筋应锚固到框架柱内,其锚固长度要符合设计要求。

(3)墙拉结筋绑扎。按设计要求绑扎拉结筋,以保证双排钢筋之间设计间距;在墙钢筋绑扎中,用梯子筋的方法效果很好,采用比墙体水平筋大一规格钢筋作梯子筋,在原位替代墙体水平筋,竖向间距1 500 mm左右。

(4)加保护层垫块。控制钢筋保护层厚度一般采用塑料卡,以保证主筋保护层厚度准确。合模后对伸出的竖向钢筋应进行修整,宜在搭接处绑一道横筋定位,浇筑混凝土时应有专人看管,浇筑后再次调整以保证钢筋位置。

12.6.3 梁钢筋绑扎工艺

(一)施工准备

梁钢筋绑扎施工准备同前述"柱钢筋绑扎"的施工准备。

(二)梁钢筋绑扎工艺流程

梁钢筋绑扎工艺流程,如图12-33所示。

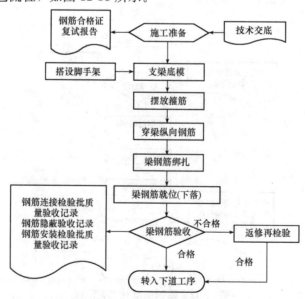

图12-33 梁钢筋绑扎工艺流程

(三)梁钢筋绑扎操作要求

(1)摆放箍筋。搭设脚手架,支梁底模;在梁底模上画出箍筋间距,在梁端两侧摆放箍筋。

(2)穿梁纵向钢筋。先穿梁的下部纵向受力钢筋及弯起钢筋,将箍筋按已画好的间距逐个分开;再放梁的架立筋;隔一定间距将架立筋与箍筋绑扎牢固。

(3)梁钢筋绑扎。

1)用支杠将架立筋架起,调整箍筋间距,梁端第一个箍筋应设置在距离柱节点边缘50 mm处。梁端与柱交接处箍筋应加密,其间距与加密区长度均要符合设计要求。

2)先绑梁上部纵向筋的箍筋,再绑下部纵向钢筋,宜用套扣法绑扎。

3)框架梁上部纵向钢筋应贯穿中间节点,梁下部纵向钢筋伸入中间节点锚固长度及伸过中心线的长度要符合设计要求。框架梁纵向钢筋在端节点内的锚固长度也要符合设计要求。

4)箍筋的弯钩叠合处应沿梁交错布置,简支梁、连续梁设置在梁上部,悬挑梁设置在梁下部;箍筋弯钩为135°,平直部分长度为10d。

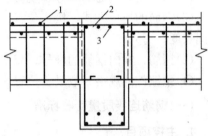

图12-34 板、次梁与主梁交叉处钢筋
1—板的钢筋;2—次梁钢筋;3—主梁钢筋

5)板、次梁与主梁交叉处,板的钢筋在上,次梁的钢筋居中,主梁的钢筋在下,如图12-34所示。

(4)梁钢筋就位。拆除支杠,将梁钢筋就位;在主、次梁受力筋下均应垫垫块,以保证保护层的厚度。受力筋为双排时,可用ϕ25短钢筋垫在两层钢筋之间,钢筋排距应符合设计要求。

12.6.4 板钢筋绑扎工艺

(一)施工准备

板钢筋绑扎施工准备同前述"柱钢筋绑扎"的施工准备。

(二)板钢筋绑扎工艺流程

板钢筋绑扎工艺流程,如图12-35所示。

(三)板钢筋绑扎操作要求

(1)清理模板。清理模板上面的杂物,用石笔在模板上画好主筋、分布筋间距,板边第一个主筋距梁边缘50 mm。

(2)画线摆筋。按画好的间距,先摆放受力主筋、后放分布筋。预埋件、电线管、预留孔等及时配合安装。

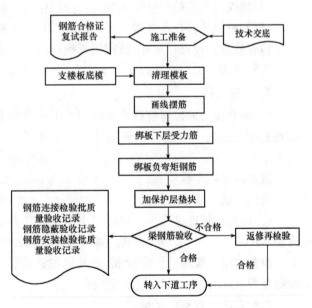

图12-35 板钢筋绑扎工艺流程

(3)绑板下层受力筋。绑扎板筋时一般用顺扣绑扎或八字扣绑扎,除外围两根筋的相交点应全部绑扎外,其余各点可交错绑扎(双向板相交点须全部绑扎)。

(4)绑板负弯矩钢筋。如板为双层钢筋,两层筋之间须加钢筋马凳,以确保上部钢筋的位置。负弯矩钢筋每个相交点均要绑扎。

(5)加保护层垫块。在钢筋的下面垫好砂浆垫块,间距 1.5 m。垫块的厚度等于保护层厚度,应满足设计要求,如设计无要求时,板的保护层厚度应为 15 mm。

12.6.5 钢筋工程质量验收标准

在浇筑混凝土之前,应进行隐蔽工程验收,并填写相关验收记录,其内容包括:

(1)纵向受力钢筋的牌号、规格、数量、位置;

(2)钢筋的连接方式、接头位置、接头质量、接头面积百分率、搭接长度、锚固方式及锚固长度;

(3)箍筋、横向钢筋的牌号、规格、数量、位置,箍筋的弯折角度及平直段长度;

(4)预埋件的规格、数量、位置。

(一)钢筋连接质量验收标准

1. 主控项目

(1)钢筋的连接方式应符合设计要求。

检查数量:全数检查。

检验方法:观察。

(2)钢筋采用机械连接或焊接连接时,钢筋机械连接接头、焊接接头的力学性能、弯曲性能应符合国家现行相关标准的规定。接头试件应从工程实体中截取。

检查数量:按现行行业标准《钢筋机械连接技术规程》(JGJ 107—2010)和《钢筋焊接及验收规程》(JGJ 18—2012)的规定确定。

检验方法:检查质量证明文件和抽样检验报告。

(3)螺纹接头应检验拧紧扭矩值,挤压接头应量测压痕直径,检验结果应符合现行行业标准《钢筋机械连接技术规程》(JGJ 107—2010)的相关规定。

检查数量:现行行业标准《钢筋机械连接技术规程》(JGJ 107—2010)的相关规定。

检验方法:采用专用力矩扳手或专用量规检查。

2. 一般项目

(1)钢筋接头的位置应符合设计和施工方案要求。有抗震设防要求的结构中,梁端、柱端箍筋加密区内不应进行钢筋搭接。接头末端至钢筋弯起点的距离不应小于钢筋直径的 10 倍。

检查数量:全数检查。

检验方法:观察、尺量。

(2)钢筋机械连接接头、焊接接头的外观质量应符合现行行业标准《钢筋机械连接技术规程》(JGJ 107—2010)和《钢筋焊接及验收规程》(JGJ 18—2012)的规定。

检查数量:按现行行业标准《钢筋机械连接技术规程》(JGJ 107—2010)和《钢筋焊接及验收规程》(JGJ 18—2012)的规定确定。

检验方法:观察,尺量。

(3)当纵向受力钢筋采用机械连接接头或焊接接头时,同一连接区段内纵向受力钢筋的接头面积百分率应符合设计要求;当设计无具体要求时,应符合下列规定。

1)受拉接头,不宜大于 50%;受压接头,可不受限制。

2)直接承受动力荷载的结构构件中,不宜采用焊接;当采用机械连接时,不应超过50%。

检查数量：在同一检验批内，对梁、柱和独立基础，应抽查构件数量的10%，且不应少于3件；对墙和板，应按有代表性的自然间抽查10%，且不应少于3间；对大空间结构，墙可按相邻轴线间高度5 m左右划分检查面，板可按纵横轴线划分检查面，抽查10%，且均不应少于3面。

检验方法：观察，尺量。

注：①接头连接区段是指长度为35d且不小于500 mm的区段，d为相互连接两根钢筋的直径较小值。
②同一连接区段内纵向受力钢筋接头面积百分率为接头中心点位于该连接区段内的纵向受力钢筋截面面积与全部纵向受力钢筋截面面积的比值。

(4)当纵向受力钢筋采用绑扎搭接接头时，接头的设置应符合下列规定：
1)接头的横向净距不小于钢筋直径，且不应小于25 mm。
2)同一连接区段内，纵向受拉钢筋的接头面积百分率应符合设计要求；当设计无具体要求时，应符合下列规定：
①梁类、板类及墙类构件，不宜超过25%；基础筏板，不宜超过50%。
②柱类构件，不宜超过50%。
③当工程中确有必要增大接头面积百分率时，对梁类构件，不应大于50%。

检查数量：在同一检验批内，对梁、柱和独立基础，应抽查构件数量的10%，且不少于3件；对墙和板，应按有代表性的自然间抽查10%，且不少于3间；对大空间结构，墙可按相邻轴线间高度5 m左右划分检查面，板可按纵、横轴线划分检查面，抽查10%，且均不少于3面。

检验方法：观察，尺量。

注：①接头连接区段是指长度为1.3倍搭接长度的区段，搭接长度取相互连接两根钢筋中较小直径计算。
②同一连接区段内纵向受力钢筋接头面积百分率为接头中心点位于该连接区段内的纵向受力钢筋截面面积与全部纵向受力钢筋截面面积的比值。

(5)梁、柱类构件的纵向受力钢筋搭接长度范围内箍筋的设置应符合设计要求；当设计无具体要求时，应符合下列规定：
1)箍筋直径不应小于搭接钢筋较大直径的1/4。
2)受拉搭接区段的箍筋间距不应大于搭接钢筋较小直径的5倍，且不应大于100 mm。
3)受压搭接区段的箍筋间距不应大于搭接钢筋较小直径的10倍，且不应大于200 mm。
4)当柱中纵向受力钢筋直径大于25 mm时，应在搭接接头两个端面外100 mm范围内各设置两个箍筋，其间距宜为50 mm。

检查数量：在同一检验批内，应抽查构件数量的10%，且不应少于3件。
检验方法：观察、尺量。

(二)钢筋安装质量验收标准

1. 主控项目

(1)钢筋安装时，受力钢筋的牌号、规格、数量必须符合设计要求。
检查数量：全数检查。
检验方法：观察、尺量。
(2)受力钢筋的安装位置、锚固方式应符合设计要求。

检查数量：全数检查。

检验方法：观察、尺量。

2. 一般项目

钢筋安装位置的偏差应符合表12-37的规定。

梁板类构件上部受力钢筋保护层厚度的合格点率应达到90%及以上，且不得有超过表中数值1.5倍的尺寸偏差。

检查数量：在同一检验批内，对梁、柱和独立基础，应抽查构件数量的10%，且不应少于3件；对墙和板，应按有代表性的自然间抽查10%，且不应少于3间；对大空间结构，墙可按相邻轴线间高度5 m左右划分检查面，板可按纵、横轴线划分检查面，抽查10%，且均应不少于3面。

表12-37 钢筋安装位置的允许偏差和检验方法

项 目		允许偏差/mm	检验方法
绑扎钢筋网	长、宽	±10	尺量
	网眼尺寸	±20	尺量连续三档，取最大偏差值
绑扎钢筋骨架	长	±10	尺量
	宽、高	±5	尺量
绑扎受力钢筋	锚固长度	−20	尺量
	间距	±10	尺量两端、中间各一点，取最大偏差值
	排距	±5	
受力钢筋、箍筋的混凝土保护层厚度	基础	±10	尺量
	柱、梁	±5	尺量
	板、墙、壳	±3	尺量
绑扎箍筋、横向钢筋间距		±20	尺量连续三档，取最大偏差值
钢筋弯起点位置		20	尺量，沿纵、横两个方向量测，并取其中偏差的较大值
预埋件	中心线位置	5	尺量
	水平高差	+3，0	塞尺量测

12.6.6 钢筋工程施工质量记录

钢筋工程施工应形成以下质量记录：

（1）表C2-4 技术交底记录；

（2）表C1-5 施工日志；

（3）表G3-6 钢筋连接检验批质量验收记录；

（4）表G3-7 钢筋安装检验批质量验收记录。

注：以上表式采用《河北省建筑工程资料管理规程》[DB13(J)/T 145—2012]所规定的表式。

单元 13 混凝土工程施工

任务 13.1 混凝土原材料与检验

13.1.1 通用硅酸盐水泥

通用硅酸盐水泥是以硅酸盐水泥熟料和适量的石膏及规定的混合材料制成的水硬性胶凝材料。它按混合材料的品种和掺量分为：硅酸盐水泥、普通硅酸盐水泥、矿渣硅酸盐水泥、火山灰质硅酸盐水泥、粉煤灰硅酸盐水泥和复合硅酸盐水泥。

通用硅酸盐水泥应符合国家标准《通用硅酸盐水泥》(GB 175—2007)的规定。

(一)主要物理指标

(1)强度。不同品种不同强度等级的通用硅酸盐水泥，其各龄期的强度应符合表 13-1 的规定。

表 13-1 通用硅酸盐水泥强度

品种	强度等级	抗压强度/MPa		抗折强度/MPa	
		3 d	28 d	3 d	28 d
硅酸盐水泥	42.5	≥17.0	≥42.5	≥3.5	≥6.5
	42.5R	≥22.0		≥4.0	
	52.5	≥23.0	≥52.5	≥4.0	≥7.0
	52.5R	≥27.0		≥5.0	
	62.5	≥28.0	≥62.5	≥5.0	≥8.0
	62.5R	≥32.0		≥5.5	
普通硅酸盐水泥	42.5	≥17.0	≥42.5	≥3.5	≥6.5
	42.5R	≥22.0		≥4.0	
	52.5	≥23.0	≥52.5	≥4.0	≥7.0
	52.5R	≥27.0		≥5.0	
矿渣硅酸盐水泥 火山灰质硅酸盐水泥 粉煤灰硅酸盐水泥 复合硅酸盐水泥	32.5	≥10.0	≥32.5	≥2.5	≥5.5
	32.5R	≥15.0		≥3.5	
	42.5	≥15.0	≥42.5	≥3.5	≥6.5
	42.5R	≥19.0		≥4.0	
	52.5	≥21.0	≥52.5	≥4.0	≥7.0
	52.5R	≥23.0		≥4.5	

(2)安定性。沸煮法合格。参见《水泥压蒸安定性试验方法》(GB/T 750—1992)。

(3)凝结时间。硅酸盐水泥初凝不小于 45 min,终凝不大于 390 min;普通硅酸盐水泥、矿渣硅酸盐水泥、火山灰质硅酸盐水泥、粉煤灰硅酸盐水泥和复合硅酸盐水泥初凝不小于 45 min,终凝不大于 600 min。

(二)交货与验收

交货时水泥的质量验收,一般以抽取实物试样的检验结果为验收依据以抽取实物试样的检验结果为验收依据时,买卖双方应在发货前或交货地共同取样和签封。

代表批量:按同一生产厂家、同一等级、同一品种、同一批号且连续进场的水泥,袋装不超过 200 t 为一批,散装不超过 500 t 为一批,每批抽样不少于一次。

取样方法:采用取样管随机从 20 个以上不同部位取等量样品,取样数量为 20 kg,缩分为二等份,一份由卖方保存 40 d,一份由买方按标准规定的项目和方法进行检验。

检验项目:水泥进场时应对其品种、级别、包装或散装仓号、出厂日期等进行检查,并应对其强度、安定性及其他必要的性能指标进行复验。

(三)包装与标志

(1)包装。水泥可以散装或袋装,袋装水泥每袋净含量为 50 kg,且应不少于标志质量的 99%;随机抽取 20 袋,其总质量(含包装袋)应不少于 1 000 kg。其他包装形式由供需双方协商确定,但有关袋装质量要求应符合上述规定。水泥包装袋应符合《水泥包装袋》(GB 9774—2010)的规定。

(2)标志。水泥包装袋上应清楚标明:执行标准、水泥品种、代号、强度等级、生产者名称、生产许可证标志(QS)及编号、出厂编号、包装日期、净含量。包装袋两侧应根据水泥的品种采用不同的颜色印刷水泥名称和强度等级,硅酸盐水泥和普通硅酸盐水泥采用红色,矿渣硅酸盐水泥采用绿色,火山灰质硅酸盐水泥、粉煤灰硅酸盐水泥和复合硅酸盐水泥采用黑色或蓝色。

散装发运时应提交与袋装标志相同内容的卡片。

13.1.2 普通混凝土用砂石

普通混凝土用天然砂和碎石应符合行业标准《普通混凝土用砂、石质量及检验方法标准》(JGJ 52—2006)的规定。

(一)砂的质量要求

(1)细度模数。砂的粗细程度按细度模数 μ_f 分为粗、中、细、特细四级,其范围应符合下列规定:

粗砂 $\mu_f=3.7\sim3.1$;中砂 $\mu_f=3.0\sim2.3$;细砂 $\mu_f=2.2\sim1.6$;特细砂 $\mu_f=1.5\sim0.7$。

配制普通混凝土,宜选用中砂。

(2)含泥量。天然砂中含泥量应符合表 13-2 的规定。

表 13-2 天然砂中含泥量

混凝土强度等级	≥C60	C55~C30	≤C25
含泥量(按质量计,%)	≤2.0	≤3.0	≤5.0

注:对于有抗冻、抗渗或其他特殊要求的小于或等于 C25 混凝土用砂,其含泥量不应大于 3.0%。

(3)泥块含量。砂中泥块含泥量应符合表13-3的规定。

表13-3　砂中泥块含量

混凝土强度等级	≥C60	C55～C30	≤C25
泥块含量(按质量计,%)	≤0.5	≤1.0	≤2.0
注：对于有抗冻、抗渗或其他特殊要求的小于或等于C25混凝土用砂，其泥块含量不应大于1.0%。			

(二)石的质量要求

(1)颗粒级配。碎石或卵石的颗粒级配，应符合表13-4的要求。混凝土用石应采用连续粒级。

单粒级宜用于组合成满足要求的连续粒级，也可与连续粒级混合使用，以改善其级配或配成较大粒度的连续粒级。

表13-4　碎石或卵石的颗粒级配范围

级配情况	公称粒级/mm	累计筛余(按质量计,%) 方孔筛筛孔边长尺寸/mm											
		2.36	4.75	9.5	16.0	19.0	26.5	31.5	37.5	53	63	75	90
连续粒级	5～10	95～100	80～100	0～15	0	—	—	—	—	—	—	—	—
	5～16	95～100	85～100	30～60	0～10	0	—	—	—	—	—	—	—
	5～20	95～100	90～100	40～80	—	0～10	0	—	—	—	—	—	—
	5～25	95～100	90～100	—	30～70	—	0～5	0	—	—	—	—	—
	5～31.5	95～100	90～100	70～90	—	15～45	—	0～5	0	—	—	—	—
	5～40	—	95～100	70～90	—	30～65	—	—	0～5	0	—	—	—
单粒级	10～20	—	95～100	85～100	—	0～15	0	—	—	—	—	—	—
	16～31.5	—	95～100	—	85～100	—	—	0～10	0	—	—	—	—
	20～40	—	—	95～100	—	80～100	—	—	0～10	0	—	—	—
	31.5～63	—	—	—	95～100	—	—	75～100	45～75	—	0～10	0	—
	40～80	—	—	—	—	95～100	—	—	70～100	—	30～60	0～10	0

(2)针、片状颗粒含量。碎石或卵石中针、片状颗粒含量应符合表13-5的规定。

表13-5　针、片状颗粒含量

混凝土强度等级	≥C60	C55～C30	≤C25
针、片状颗粒含量(按质量计,%)	≤8	≤15	≤25

(3)含泥量。碎石或卵石中含泥量应符合表13-6的规定。

表13-6　碎石或卵石中含泥量

混凝土强度等级	≥C60	C55～C30	≤C25
含泥量(按质量计,%)	≤0.5	≤1.0	≤2.0
注：对于有抗冻、抗渗或其他特殊要求的混凝土，其所用碎石或卵石中含泥量不应大于1.0%。			

(4)泥块含量。碎石或卵石中泥块含量应符合表 13-7 的规定。

表 13-7　碎石或卵石中泥块含量

混凝土强度等级	≥C60	C55～C30	≤C25
泥块含量(按质量计,%)	≤0.2	≤0.5	≤0.7

注：对于有抗冻、抗渗或其他特殊要求的小于 C30 的混凝土，其所用碎石或卵石中泥块含量不应大于 0.5%。

(三)砂、石的验收

(1)砂、石质量验收。供货单位应提供砂或石的产品合格证及质量检验报告，使用单位应按砂或石的同产地、同规格分批验收。

代表批量：采用大型工具(如火车、货船或汽车)运输的，应以 400 m³ 或 600 t 为一验收批；采用小型工具(如拖拉机等)运输的，应以 200 m³ 或 300 t 为一验收批；不足上述量者，应按一验收批进行验收。

取样方法：每验收批取样方法应按下列规定执行。

1)从料堆上取样时，取样部位应均匀分布。取样前应先将取样部位表层铲除，然后由各部位抽取大致相等的砂 8 份、石子 16 份，组成各自一组样品。

2)从皮带运输机上取样时，应在皮带运输机机尾的出料处用接料器定时抽取砂 4 份、石子 8 份，组成各自一组样品。

3)从火车、汽车、货船上取样时，应从不同部位和深度抽取大致相等的砂 8 份、石子 16 份组成各自一组样品。

对于每一单项检验项目，砂、石的每组样品取样数量应分别满足表 13-8 和表 13-9 的规定。

表 13-8　每一单项检验项目所需砂的最少取样质量　　　　　　　　　　　　kg

检验项目	最少取样质量	检验项目	最少取样质量
筛分析	4.4	含泥量	4.4
氯离子含量	2.0	泥块含量	20.0

表 13-9　每一单项检验项目所需碎石或卵石的最少取样质量　　　　　　　　kg

检验项目	最大公称粒径/mm							
	10.0	16.0	20.0	25.0	31.5	40.0	63.0	80.0
筛分析	8	15	16	20	25	32	50	64
含泥量	8	8	24	24	40	40	80	80
泥块含量	8	8	24	24	40	40	80	80
针、片状颗粒含量	1.2	4	8	12	20	40	—	—

检验项目：每验收批砂石至少应进行颗粒级配、含泥量、泥块含量检验。对于碎石或卵石，还应检验针、片状颗粒含量；对于海砂或有氯离子污染的砂，还应检验其氯离子含量；对于海砂，还应检验贝壳含量；对于人工砂及混合砂，还应检验石粉含量。对于重要工程或特殊工程，应根据工程要求增加检测项目。对其他指标的合格性有怀疑时，应予检验。

(2)砂、石数量验收。砂或石的数量验收，可按质量计算，也可按体积计算。测定质量可用汽车地量衡或船舶吃水线为依据；测定体积，可按车皮或船舶的容积为依据。采用其他小型运输工具时，可按量方确定。

(3)砂、石的堆放。砂、石应按产地、种类和规格分别堆放。碎石或卵石的堆料高度不宜超过 5 m，对于单粒级或最大粒径不超过 20 mm 的连续粒级，其堆料高度可增加到 10 m。

13.1.3 混凝土原材料质量验收标准

1. 主控项目

(1)水泥进场时，应对其品种、代号、强度等级、包装或散装仓号、出厂日期等进行检查，并应对水泥的强度、安定性和凝结时间进行检验，检验结果应符合现行国家标准《通用硅酸盐水泥》(GB 175—2007)的规定。

检查数量：按同一厂家、同一品种、同一代号、同一强度等级、同一批号且连续进场的水泥，袋装不超过 200 t 为一批，散装不超过 500 t 为一批，每批抽样数量不应少于一次。

检验方法：检查质量证明文件和抽样检验报告。

(2)混凝土外加剂进场时，应对其品种、性能、出厂日期等进行检查，并应对外加剂的相关性能进行检验，检验结果应符合现行国家标准《混凝土外加剂》(GB 8076—2008)和《混凝土外加剂应用技术规范》(GB 50119—2013)的规定。

检查数量：按同一厂家、同一品种、同一性能、同一批号且连续进场的混凝土外加剂，不超过 50 t 为一批，每批抽样数量不应少于一次。

检验方法：检查质量证明文件和抽样检验报告。

(3)水泥、外加剂进场检验，当满足下列条件之一时，其检验批容量可扩大一倍。

1)获得认证的产品。

2)同一厂家、同一品种、同一规格的产品，连续三次进场检验均一次检验合格。

2. 一般项目

(1)混凝土用矿物掺合料进场时，应对其品种、性能、出厂日期等进行检查，并应对矿物掺合料的相关性能进行检验，检验结果应符合国家现行有关标准的规定。

检查数量：按同一厂家、同一品种、同一批号且连续进场的矿物掺合料，粉煤灰、矿渣粉、磷渣粉、钢铁渣粉和复合矿物掺合料不超过 200 t 为一批，沸石粉不超过 120 t 为一批，硅灰不超过 30 t 为一批，每批抽样数量不应少于一次。

检验方法：检查质量证明文件和抽样检验报告。

(2)混凝土原材料中的粗骨料、细骨料质量应符合现行行业标准《普通混凝土用砂、石质量及检验方法标准》(JGJ 52—2006)的规定，使用经过净化处理的海砂应符合现行行业标准《海砂混凝土应用技术规范》(JGJ 206—2010)的规定，再生混凝土骨料应符合现行国家标准《混凝土用再生粗骨料》(GB/T 25177—2010)和《混凝土和砂浆用再生细骨料》(GB/T 25176—2010)的规定。

检查数量：按现行行业标准《普通混凝土用砂、石质量及检验方法标准》(JGJ 52—2006)的规定确定。

检验方法：检查抽样检验报告。

(3)混凝土拌制及养护用水应符合现行行业标准《混凝土用水标准》(JGJ 63—2006)的规定。采用饮用水作为混凝土用水时,可不检验;采用中水、搅拌站清洗水、施工现场循环水等其他水源时,应对其成分进行检验。

检查数量:同一水源检查不应少于一次。

检验方法:检查水质检验报告。

13.1.4 混凝土原材料验收质量记录

混凝土原材料检验应形成以下质量记录:

(1)表 C3-4-2 水泥检测报告;

(2)表 C3-4-3 砂子检测报告;

(3)表 C3-4-4 石子检测报告;

(4)表 G3-12 混凝土原材料检验批质量验收记录。

注:以上表式采用《河北省建筑工程资料管理规程》[DB13(J)/T 145—2012]所规定的表式。

任务 13.2 混凝土现场拌制

13.2.1 混凝土现场拌制工艺

(一)准备工作

1. 技术准备

(1)对所有原材料的规格、品种、产地、牌号及质量进行检查,并与混凝土施工配合比进行核对。

(2)现场测定砂、石含水率,及时调整好混凝土施工配合比,并公布于搅拌配料地点的标牌上。

(3)首次使用新的混凝土配合比时,应进行开盘鉴定。开盘鉴定结果符合要求。

2. 材料准备

(1)根据工程量的大小、施工进度计划安排情况,提前做出原材料需求计划、复试计划。

(2)按计划组织原材料进场,并及时取样进行原材料的复试工作。

3. 施工机具准备

(1)施工机械。混凝土搅拌机、装载机、自动砂石输料设备(采用电子计量设备)。

(2)工具用具。如手推车、铁锹等。

(3)检测设备。台秤、磅秤、坍落度筒、试模。

4. 作业条件准备

(1)需浇筑混凝土的部位已办理隐、预检手续,混凝土浇筑申请单已经批准。

(2)搅拌机和配套设备、上料设备应运转灵活,安全可靠。

(3)磅秤下面及周围的砂、石清理干净。计量器具灵敏可靠,并设专人按施工配合比定磅、监磅。

(二)混凝土现场拌制工艺流程

普通混凝土现场拌制工艺流程,如图 13-1 所示。

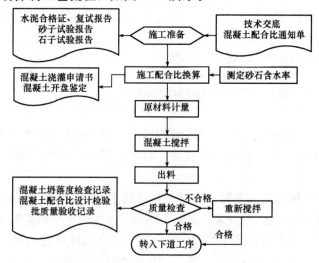

图 13-1 普通混凝土现场拌制工艺流程

(三)混凝土现场拌制操作要求

1. 施工配合比换算

(1)测定现场砂、石含水率,根据《混凝土配合比通知单》换算成施工配合比,并填写《混凝土浇灌申请书》。同时,将换算结果和需拌制的混凝土的强度、浇筑部位、日期等写在标识牌上,挂于混凝土搅拌站醒目位置处。

换算方法:将试验室提供的混凝土配合比用料数量,由每立方用量换算为每盘用量。同时,通过测定现场砂、石的含水率,调整每盘原材料的实际用量。其中,每盘水泥用量一般为每袋水泥质量(50 kg)的整数倍。

$$m'_c = m_c$$
$$m'_s = m_s(1+a\%)$$
$$m'_g = m_g(1+b\%)$$
$$m'_w = m_w - m_s \times a\% - m_g \times b\%$$

式中 $a\%$、$b\%$——现场砂、石的含水率;

m_c、m_s、m_g、m_w——设计配合比每盘用量(kg);

m'_c、m'_s、m'_g、m'_w——施工配合比每盘用量(kg)。

(2)当遇雨天或砂、石等材料的含水率有显著变化时,应增加含水率检测次数,并及时调整混凝土中所用的砂、石、水用量。

(3)首次使用新的混凝土配合比时,应进行开盘鉴定,并填写《混凝土开盘鉴定》记录单。开始生产时,应至少留置一组标准养护试件,作为验证配合比的依据。

2. 原材料计量

(1)各种计量用器具使用前,应进行零点校核,保持计量准确。原材料的计量应按重量计,水和外加剂溶液可按体积计,其允许偏差应符合表 13-10 的规定。

表 13-10 混凝土原材料计量允许偏差

原材料品种	水泥	细骨料	粗骨料	水	矿物掺合料	外加剂
每盘计量允许偏差	±2%	±3%	±3%	±1%	±2%	±1%
累计计量允许偏差	±1%	±2%	±2%	±1%	±1%	±1%

注：1. 每盘计量允许偏差适用于现场搅拌时原材料计量；
2. 累计计量允许偏差适用于计算机控制计量的搅拌站；
3. 骨料含水率应经常测定，雨雪天施工应增加测定次数。

(2)砂石计量。用手推车上料，磅秤计量时，必须车车过磅；当采用自动计量设备时，宜采用小型装载机填料；采用自动或半自动上料时，需调整好斗门关闭的提前量，以保证计量准确。

(3)水泥计量。采用袋装水泥时，应对每批进场水泥进行抽检 10 袋的重量，取实际重量的平均值，少于标定重量的要开袋补足；采用散装水泥时，应每盘精确计量。

(4)外加剂计量。对于粉状的外加剂，应按施工配合比每盘的用料，预先在仓库中进行计量，并以小包装运到搅拌地点备用；液态外加剂要随用随搅拌，并用比重计检查其浓度，用量筒计量。

(5)水计量。水必须每盘计量，一般根据水泵流量和时间计时器控制。

3. 混凝土搅拌

(1)投料顺序。

1)当无外加剂、混合料时，依次进入上料斗的顺序为：石子→水泥→砂子。

2)当掺混合料时，其顺序为：石子→水泥→混合料→砂子。

3)当掺干粉外加剂时，其顺序为：石子→水泥→砂子→外加剂。

(2)第一盘混凝土拌制。每次拌制第一盘混凝土时，先加水使搅拌筒空转数分钟，搅拌筒被充分湿润后，将剩余积水倒净。搅拌第一盘时，由于砂浆粘筒壁而损失。因此，石子的用量应按配合比减 10%。

(3)从第二盘开始，按确定的施工混凝土配合比投料。

(4)搅拌时间。混凝土应搅拌均匀，宜采用强制式搅拌机搅拌。混凝土搅拌的最短时间可按表 13-11 采用，当能保证搅拌均匀时可适当缩短搅拌时间。搅拌强度等级 C60 及以上的混凝土时，搅拌时间应适当延长。

表 13-11 混凝土搅拌的最短时间   s

混凝土坍落度/mm	搅拌机机型	搅拌机出料量/L		
		<250	250～500	>500
≤40	强制式	60	90	120
>40，且<100	强制式	60	60	90
≥100	强制式	60	60	60

注：1. 混凝土搅拌时间指全部材料装入搅拌筒中起，到开始卸料止的时间段；
2. 当掺有外加剂与矿物掺合料时，搅拌时间应适当延长；
3. 采用自落式搅拌机时，搅拌时间宜延长 30 s；
4. 当采用其他形式的搅拌设备时，搅拌的最短时间也可按设备说明书的规定或经试验确定。

4. 出料

出料时,先少许出料,目测拌合物的外观质量,如目测合格,方可出料。每盘混凝土拌合物必须出尽。

5. 质量检查

(1)混凝土在生产前应检查混凝土所用原材料的品种、规格是否与施工配合比一致。在生产过程中应检查原材料实际称量误差是否满足要求,每一工作班应至少2次。

(2)混凝土的搅拌时间应随时检查。

(3)混凝土拌合物的工作性检查每100 m³ 不应少于1次,且每一工作班不应少于2次,必要时可增加检查次数,混凝土拌合物的坍落度允许偏差应符合表13-12的要求。

(4)骨料含水率的检验每工作班不应少于1次;当雨雪天气等外界影响导致混凝土骨料含水率变化时,应及时检验。

表13-12 混凝土拌合物的坍落度允许偏差

坍落度/mm	≤40	50~90	≥100
允许偏差/mm	±10	±20	±30

13.2.2 混凝土拌合物质量验收标准

1. 主控项目

(1)预拌混凝土进场时,其质量应符合现行国家标准《预拌混凝土》(GB/T 14902—2012)的规定。

检查数量:全数检查。

检验方法:检查质量证明文件。

(2)混凝土拌合物不应离析。

检查数量:全数检查。

检验方法:观察。

(3)混凝土中氯离子含量和碱含量应符合现行国家标准《混凝土结构设计规范》(GB 50010—2010)的规定和设计要求。

检查数量:同一配合比混凝土检查不应少于一次。

检验方法:检查原材料试验报告和氯离子、碱的总含量计算书。

(4)首次使用的混凝土配合比应进行开盘鉴定,其原材料、强度、凝结时间、稠度等应满足设计配合比的要求。

检查数量:同一配合比混凝土检查不应少于一次。

检验方法:检查开盘鉴定资料和强度试验报告。

2. 一般项目

(1)混凝土拌合物稠度应满足施工方案的要求。

检查数量:对同一配合比混凝土,取样应符合下列规定:

1)每拌制100盘且不超过100 m³ 时,取样不得少于一次。

2)每工作班拌制不足100盘时,取样不得少于一次。

3)每次连续浇筑超过1 000 m³ 时,每200 m³ 取样不得少于一次。

4)每一楼层取样不得少于一次。

检验方法:检查稠度抽样检查记录。

(2)混凝土有耐久性指标要求时,应在施工现场随机抽取试件进行耐久性检验,其检验结果应符合国家现行有关标准的规定和设计要求。

检查数量:同一配合比的混凝土,取样不应少于一次,留置试件数量应符合国家现行标准《普通混凝土长期性能和耐久性能试验方法标准》(GB/T 50082—2009)、《混凝土耐久性检验评定标准》(JGJ/T 193—2009)的规定。

检验方法:检查试件耐久性试验报告。

(3)混凝土有抗冻要求时,应在施工现场进行混凝土含气量检验,其检验结果应符合国家现行有关标准的规定和设计要求。

检查数量:同一配合比的混凝土,取样不应少于一次,取样数量应符合现行国家标准《普通混凝土拌合物性能试验方法标准》(GB/T 50080—2002)的规定。

检验方法:检查混凝土含气量检验报告。

13.2.3 混凝土现场拌制质量记录

混凝土现场拌制应形成以下质量记录:

(1)表 C2-4　技术交底记录;

(2)表 C1-5　施工日志;

(3)表 C4-9　混凝土配合比通知单;

(4)表 C5-2-7　混凝土浇灌申请书;

(5)表 C5-2-8　混凝土开盘鉴定;

(6)表 C5-2-10　混凝土坍落度检查记录;

(7)表 G3-13　混凝土拌合物检验批质量验收记录。

注:以上表式采用《河北省建筑工程资料管理规程》[DB13(J)/T 145—2012]所规定的表式。

任务 13.3　混凝土浇筑与检验

13.3.1　混凝土浇筑

(一)混凝土浇筑准备工作

1. 技术准备

(1)熟悉设计施工图纸,编制详细的施工技术方案。

(2)认真做好技术交底工作和班前交底工作。

2. 材料准备

(1)当采用现场拌制混凝土进行浇筑时,请参见前述"普通混凝土现场拌制施工工艺"。

(2)当采用预拌混凝土进行浇筑时,应提前与预拌混凝土供应厂家签订供应合同。混凝土质量必须符合国家现行规范及设计文件的要求,进场时对混凝土质量严格检查验收。

(3)准备好混凝土养护用塑料布、养护毡或养护液等。

3. 施工机具准备

(1)施工机械。如塔式起重机、龙门架、混凝土泵送设备、布料机、插入式振捣棒、平板振动器等。

(2)工具用具。如手推车、刮杠、铁锨、胶皮水管等。

(3)检测设备。如坍落度筒、试模、卷尺、经纬仪、靠尺、塞尺等。

4. 作业条件准备

(1)需浇筑混凝土的部位已办理隐、预检手续，混凝土浇筑申请单已经批准。

(2)浇筑前应将模板内木屑、泥土等杂物及钢筋上的水泥浆清除干净。

(3)施工缝处已将混凝土表面的软弱层剔凿、清理干净，并洒水湿润。

(4)浇筑混凝土用的架子、马道及操作平台已搭设完毕，并经检验合格。

(5)夜间施工还需配备照明灯具。

(二)混凝土浇筑工艺流程

混凝土浇筑工艺流程，如图13-2所示。

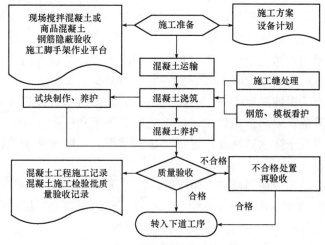

图13-2　混凝土浇筑工艺流程

(三)混凝土浇筑操作要求

1. 混凝土运输

(1)水平运输。当混凝土为现场拌制时，混凝土浆的水平运输宜优先采用混凝土输送泵或塔吊。当采用预拌混凝土时，混凝土浆的水平运输宜采用混凝土罐车和混凝土输送泵。

(2)垂直运输。当混凝土为现场拌制时，混凝土浆的垂直运输宜优先采用混凝土输送泵。当条件受限时，可采用塔吊或物料提升机进行混凝土垂直运输。当采用预拌混凝土时，混凝土浆的垂直运输宜采用混凝土输送泵，应合理确定泵管及布料杆的位置。

2. 混凝土浇筑

浇筑过程中，及时填写《混凝土工程施工记录》。

(1)墙、柱混凝土浇筑。

1)墙、柱浇筑混凝土之前，底部应先垫一层50 mm左右厚与混凝土配合比相同的减石的水泥砂浆，混凝土应分层浇筑，使用插入式振捣器时，每层厚度不大于500 mm，分层厚度用标尺杆控制,振捣棒不得触动钢筋和预埋件。

2)墙、柱高度在3.0 m之内,可直接在顶部下料浇筑,超过3.0 m时,采用串桶、软管等辅助浇筑。

3)振捣时,特别注意钢筋密集处(如墙体拐角处及门洞两侧)及洞口下方混凝土的振捣,宜采用小直径振捣棒,且需在洞口两侧同时振捣,浇筑高度也要大体一致。宽大洞口的下部模板应开口,再补充浇筑振捣。

4)浇筑过程中,随时将外露的钢筋整理到位。

5)施工缝留置:墙体施工缝宜留置在门洞口过梁跨中1/3范围内也可留在纵横墙的交接处。柱施工缝可留置在基础顶面、主梁下面、无梁楼板柱帽下面,如图13-3所示。

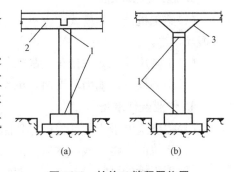

图13-3 柱施工缝留置位置
(a)肋形楼板柱;(b)无梁楼板柱
1—施工缝;2—梁;3—柱帽

(2)梁、板混凝土浇筑。

1)梁、板与柱、墙连续浇筑时,应在柱、墙浇筑完毕后停歇1~1.5 h。

2)梁、板应同时浇筑,浇筑方法应由一端开始用"赶浆压茬法",即先浇筑梁,根据梁高分层浇筑成阶梯形,当达到板底位置时再与板混凝土一起浇筑,向前推进。大截面梁也可单独浇筑,施工缝可留置在板底面以下20~30 mm处。

3)浇筑板混凝土的虚铺厚度略大于板厚,用平板振捣器垂直浇筑方向来回振捣,厚板可用插入式振捣棒顺浇筑方向拖拉振捣。振捣完毕后先用刮杠初次找平,然后再用木抹子找平压实,在顶板混凝土达到初凝前,进行二次找平压实,用木抹子拍打混凝土表面直至泛浆,用力搓压平整。

4)使用插入式振动棒应快插慢拔,插点要均匀排列、逐点移动、顺序进行、振捣密实。移动间距不大于振动棒作用半径的1.5倍(400~500 mm)振捣上一层时应插入下层50 mm左右,以消除层间接缝。每一振点的延续时间应以混凝土表面呈现浮浆为止,防止漏振、欠振及过振。平板振捣器的移动间距,应保证振捣器的平板边缘覆盖以振实部分的边缘。

5)浇筑混凝土应连续进行,如必须间歇,间歇时间应尽量缩短,并应在混凝土初凝之前将次层混凝土浇筑完毕,否则,需按施工缝处理。

6)顶板混凝土浇筑标高应拉对角水平线控制,边找平边测量,尤其注意墙、柱根部混凝土表面的找平,为模板支设创造有利条件。

7)施工缝位置:宜沿次梁方向浇筑楼板,施工缝应留置在次梁跨度的中间1/3范围内,施工缝表面应与梁轴线或板面垂直,不得留斜槎,施工缝宜用多层板或钢丝网封堵,如图13-4所示。

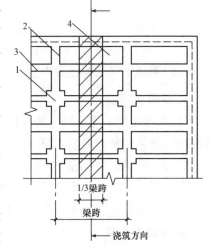

图13-4 有梁板施工缝位置
1—柱;2—主梁;3—次梁;4—板

(3)楼梯混凝土浇筑。

1)楼梯段混凝土自下而上浇筑,先振实底板混凝土,达到踏步位置时再与踏步混凝土一起浇筑，向上推进，并随时用木抹子将踏步上表面抹平。

2)施工缝位置：应留置在楼梯段的1/3内范围，一般留置在第3步台阶处即可。

(4)施工缝处理。待已浇筑的混凝土强度达1.2 N/mm² 后，先将已硬化混凝土表面的水泥薄膜或松散混凝土及砂浆软弱层剔凿，用水冲洗干净并充分湿润。再铺一层与混凝土成分相同的水泥砂浆，然后浇筑混凝土，仔细捣实，保证新旧混凝土结合密实。

3. 混凝土养护

常温施工混凝土一般采用自然养护。自然养护可分为洒水养护和涂刷养护剂两种方法。

(1)洒水养护。楼板混凝土宜采用铺养护毡浇水养护的方法。应在浇筑后12 h以内采取覆盖保湿养护措施，防止脱水、裂缝。养护时间一般不得少于7 d，对于有抗渗要求的混凝土，养护时间不得少于14 d。养护期间应能保证混凝土始终处于湿润状态。

(2)涂刷养护剂。柱、墙混凝土可采用涂刷养护剂的养护方法。柱、墙混凝土拆模后，立即在混凝土表面涂刷过氯乙烯树脂塑料溶液，溶剂挥发后形成一层塑料薄膜，使混凝土与空气隔绝，阻止水分蒸发，以保证水化作用正常进行。

混凝土必须养护至其强度达到1.2 N/mm² 以上，才准在上面行人和架设支架、安装模板，但不得冲击混凝土。当日平均气温低于5 ℃时，不得浇水。

13.3.2 混凝土试块留置与强度评定

(一)混凝土试块留置

试块应在混凝土浇筑地点随机抽取制作。标准养护试块的取样与留置组数应根据浇筑数量、部位、配合比等情况确定，同条件养护试块的留置组数应根据实际需要确定，此外还需针对涉及混凝土结构安全的重要部位，留置同条件养护结构实体检验试块。

(1)混凝土强度试块留置要求。

1)每拌制100盘且不超过100 m³ 的同配合比的混凝土，取样不得少于一次。

2)每工作班拌制的同一配合比的混凝土不足100盘时，取样不得少于一次。

3)当一次连续浇筑超过1 000 m³ 时，同一配合比的混凝土每200 m³ 取样不得少于一次。

4)对房屋建筑，每一楼层、同一配合比的混凝土，取样不得少于一次。

5)每次取样应至少留置一组标准养护试件，同条件养护试件的留置组数应根据实际需要确定。

检验评定混凝土强度用的混凝土试件的尺寸，及强度的尺寸换算系数，应按表13-13取用。

(2)混凝土抗渗试块留置要求。抗渗试块的留置，在同一工程、同一配合比取样不应少于一次，组数可根据实际需要确定。

表13-13 混凝土试件尺寸及强度的尺寸换算系数

骨料最大粒径/mm	试件尺寸/mm	强度的尺寸换算系数
≤31.5	100×100×100	0.95
≤40	150×150×150	1.00
≤63	200×200×200	1.05

注：对强度等级为C60及以上的混凝土试件，其强度的尺寸换算系数可通过试验确定。

(二)混凝土强度评定

根据《混凝土强度检验评定标准》(GB/T 50107—2010)规定，混凝土强度应分批进行检验评定，并填写《混凝土强度评定表》。

1. 混凝土检验批

一个检验批的混凝土应由强度等级相同、试验龄期相同、生产工艺条件和配合比基本相同的混凝土组成。

2. 标准试件强度代表值

用于评定的混凝土强度试件，应采用标准方法成型，之后置于标准养护条件下进行养护，直到设计要求的龄期。当采用非标准尺寸试件时，应将其抗压强度乘以尺寸折算系数，折算成边长为 150 mm 的标准尺寸试件抗压强度。

每组混凝土试件强度代表值的确定，应符合下列规定：

(1)取 3 个试件强度的算术平均值作为每组试件的强度代表值。

(2)当一组试件中强度的最大值或最小值与中间值之差超过中间值的 15% 时，取中间值作为该组试件的强度代表值。

(3)当一组试件中强度的最大值和最小值与中间值之差均超过中间值的 15% 时，该组试件的强度不应作为评定的依据。

注：对掺矿物掺合料的混凝土进行强度评定时，可根据设计规定，可采用大于 28 d 龄期的混凝土强度。

3. 混凝土强度评定

由于施工现场无法维持基本相同的生产条件，或生产周期较短，无法积累强度数据以资计算可靠的标准差。因此，混凝土强度评定采用标准差未知方案。当同一检验批的样本数量不少于 10 组时，采用统计方法评定；当同一检验批的样本数量少于 10 组时，采用统计方法评定非统计方法评定。

(1)采用统计方法评定混凝土强度。当用于评定的样本容量不少于 10 组时，应采用统计方法评定混凝土强度。其强度应同时符合下列要求：

$$m_{f_{cu}} \geqslant f_{cu,k} + \lambda_1 \cdot S_{f_{cu}}$$
$$f_{cu,min} \geqslant \lambda_2 \cdot f_{cu,k}$$

同一检验批混凝土立方体抗压强度的标准差应按下式计算：

$$S_{f_{cu}} = \sqrt{\frac{\sum_{i=1}^{n} f_{cu,i}^2 - n m_{f_{cu}}^2}{n-1}}$$

式中 $f_{cu,k}$——混凝土立方体抗压强度标准值(N/mm²)，精确到 0.1 N/mm²；

$m_{f_{cu}}$——同一检验批混凝土立方体抗压强度平均值(N/mm²)，精确到 0.1 N/mm²；

$f_{cu,min}$——同一检验批中混凝土立方体抗压强度最小值(N/mm²)，精确到 0.1 N/mm²；

$f_{cu,i}$——同一检验批中第 i 组混凝土立方体抗压强度代表值(N/mm²)，精确到 0.1 N/mm²；

$S_{f_{cu}}$——同一检验批混凝土立方体抗压强度的标准差，(N/mm²)，精确到 0.1 N/mm²；当检验批混凝土强度标准差 $S_{f_{cu}}$ 计算值小于 2.5 N/mm² 时，取 $S_{f_{cu}} = 2.5$ N/mm²；

λ_1、λ_2——合格评定系数，按表 13-14 取用。

表 13-14 混凝土强度的合格评定系数

试件组数	10～14	15～19	≥20
λ_1	1.15	1.05	0.95
λ_2	0.90	0.85	

(2)采用非统计方法评定混凝土强度。当用于评定的样本容量小于10组时,应采用非统计方法评定混凝土强度。其强度应同时符合下列规定：

$$m_{f_{cu}} \geqslant \lambda_3 \cdot f_{cu,k}$$

$$f_{cu,min} \geqslant \lambda_4 \cdot f_{cu,k}$$

式中 λ_1、λ_2——合格评定系数,按表13-15取用。

表 13-15 混凝土强度的非统计法合格评定系数

混凝土强度等级	<C60	≥C60
λ_1	1.15	1.10
λ_2	0.95	

(3)混凝土强度的合格性评定。当检验结果满足上述(1)或(2)的规定时,则该批混凝土强度应评定为合格；当不能满足上述规定时,该批混凝土强度应评定为不合格。

对评定为不合格批的混凝土,可按现行国家的有关标准进行处理。

13.3.3 现浇结构外观质量缺陷与处理

1. 现浇结构外观质量缺陷

现浇结构的外观质量缺陷,应由监理(建设)单位、施工单位等各方根据其对结构性能和使用功能影响的严重程度,按表13-16确定。

表 13-16 现浇结构外观质量缺陷

名称	现象	严重缺陷	一般缺陷
露筋	构件内钢筋未被混凝土包裹而外露	纵向受力钢筋有露筋	其他钢筋有少量露筋
蜂窝	混凝土表面缺少水泥砂浆而形成石子外露	构件主要受力部位有蜂窝	其他部位有少量蜂窝
孔洞	混凝土中孔穴深度和长度均超过保护层厚度	构件主要受力部位有孔洞	其他部位有少量孔洞
夹渣	混凝土中夹有杂物且深度超过保护层厚度	构件主要受力部位有夹渣	其他部位有少量夹渣
疏松	混凝土中局部不密实	构件主要受力部位有疏松	其他部位有少量疏松
裂缝	缝隙从混凝土表面延伸至混凝土内部	构件主要受力部位有影响结构性能或使用功能的裂缝	其他部位有少量不影响结构性能或使用功能的裂缝
连接部位缺陷	构件连接处混凝土缺陷及连接钢筋、连接件松动	连接部位有影响结构传力性能的缺陷	连接部位有基本不影响结构传力性能的缺陷
外形缺陷	缺棱掉角、棱角不直、翘曲不平、飞边凸肋等	清水混凝土构件有影响使用功能或装饰效果的外形缺陷	其他混凝土构件有不影响使用功能的外形缺陷

续表

名称	现象	严重缺陷	一般缺陷
外表缺陷	构件表面麻面、掉皮、起砂、沾污等	具有重要装饰效果的清水混凝土构件有外表缺陷	其他混凝土构件有不影响使用功能的外表缺陷

现浇结构拆模后,应由监理(建设)单位、施工单位对外观质量和尺寸偏差进行检查,做出记录,并应及时按施工技术方案对缺陷进行处理。

2. 外观质量缺陷处理方法

(1)抹水泥砂浆修补。对数量不多的蜂窝、麻面、露筋、露石的混凝土表面,可用1:2～1:2.5水泥砂浆抹面修整,主要是保护钢筋和混凝土不受侵蚀。

(2)细石混凝土填补。当蜂窝比较严重、露筋较深或夹渣时,应剔凿掉不密实的混凝土,用清水洗净并充分湿润后,再用比原强度等级高一级的细石混凝土填补并仔细捣实。

13.3.4 混凝土施工质量验收标准

(一)混凝土浇筑质量验收标准

1. 主控项目

(1)混凝土的强度等级必须符合设计要求。用于检验混凝土强度的试件应在浇筑地点随机抽取。

检查数量:对同一配合比混凝土,取样与试件留置应符合下列规定:

1)每拌制100盘且不超过100 m^3 时,取样不得少于一次。

2)每工作班拌制不足100盘时,取样不得少于一次。

3)连续浇筑超过1 000 m^3 时,每200 m^3 取样不得少于一次。

4)每一楼层取样不得少于一次。

5)每次取样应至少留置一组试件。

检验方法:检查施工记录及试件强度试验报告。

2. 一般项目

(1)后浇带的留置位置应符合设计要求,后浇带和施工缝的留设及处理方法应符合施工方案要求。

检查数量:全数检查。

检验方法:观察。

(2)混凝土浇筑完毕后应及时进行养护,养护时间以及养护方法并应符合施工方案要求。

检查数量:全数检查。

检验方法:观察,检查混凝土养护记录。

(二)现浇结构外观质量验收标准

1. 主控项目

现浇结构的外观质量不应有严重缺陷。

对已经出现的严重缺陷,应由施工单位提出技术处理方案,并经监理单位认可后进行处理；对裂缝、连接部位出现的严重缺陷及其他影响结构安全的严重缺陷，技术处理方案尚应经设计单位认可。对经处理的部位应重新验收。

检查数量：全数检查。

检验方法：观察，检查处理记录。

2. 一般项目

现浇结构的外观质量不应有一般缺陷。

对已经出现的一般缺陷，应由施工单位按技术处理方案进行处理。对经处理的部位应重新验收。

检查数量：全数检查。

检验方法：观察，检查处理记录。

(三)现浇结构尺寸偏差验收标准

1. 主控项目

现浇结构不应有影响结构性能或使用功能的尺寸偏差；混凝土设备基础不应有影响结构性能或设备安装的尺寸偏差。

对超过尺寸允许偏差且影响结构性能或安装、使用功能的部位，应由施工单位提出技术处理方案，并经监理、设计单位认可后进行处理。对经处理的部位应重新验收。

检查数量：全数检查。

检验方法：量测，检查处理记录。

2. 一般项目

(1)现浇结构的位置、尺寸偏差及检验方法应符合表 13-17 的规定。

检查数量：按楼层、结构缝或施工段划分检验批。在同一检验批内，对梁、柱和独立基础，应抽查构件数量的 10%，且不应少于 3 件；对墙和板，应按有代表性的自然间抽查 10%，且不应少于 3 间；对大空间结构，墙可按相邻轴线高度 5 m 左右划分检查面，板可按纵、横轴线划分检查面，抽查 10%，且均不少于 3 面；对电梯井，应全数检查。

表 13-17 现浇结构位置、尺寸允许偏差及检验方法

项	目	允许偏差/mm	检验方法
轴线位置	整体基础	15	经纬仪及尺量
	独立基础	10	经纬仪及尺量
	墙、柱、梁	8	尺量
垂直度	层高 ≤6 m	10	经纬仪或吊线、尺量
	层高 >6 m	12	经纬仪或吊线、尺量
	全高(H)≤300 m	$H/30\,000+20$	经纬仪、尺量
	全高(H)>300 m	$H/10\,000$ 且≤80	经纬仪、尺量
标高	层高	±10	水准仪或拉线、尺量
	全高	±30	水准仪或拉线、尺量
截面尺寸	基础	+15，-10	尺量
	柱、梁、板、墙	+10，-5	尺量
	楼梯相邻踏步高差	±6	尺量

续表

项　目		允许偏差/mm	检验方法
电梯井	中心位置	10	尺量
	长、宽尺寸	+25，0	尺量
表面平整度		8	2 m靠尺和塞尺量测
预埋件中心位置	预埋板	10	尺量
	预埋螺栓	5	尺量
	预埋管	5	尺量
	其他	10	尺量
预留洞、孔中心线位置		15	尺量

注：1. 检查轴线、中心线位置时，沿纵、横两个方向量测，并取其中偏差的较大值。
　　2. H 为全高，单位为 mm。

(2)现浇设备基础的位置、尺寸应符合设计和设备安装的要求。其位置和尺寸允许偏差及检验方法应符合表 13-18 的规定。

检查数量：全数检查。

表 13-18　现浇设备基础位置和尺寸允许偏差及检验方法

项　目		允许偏差/mm	检验方法
坐标位置		20	经纬仪及尺量
不同平面标高		0，−20	水准仪或拉线、尺量
平面外形尺寸		±20	尺量
凸台上平面外形尺寸		0，−20	尺量
凹槽尺寸		+20，0	尺量
平面水平度	每米	5	水平尺、塞尺量测
	全长	10	水准仪或拉线、尺量
垂直度	每米	5	经纬仪或吊线、尺量
	全高	10	经纬仪或吊线、尺量
预埋地脚螺栓	中心线位置	2	尺量
	顶标高	+20，0	水准仪或拉线、尺量
	中心距	±2	尺量
	垂直度	5	吊线、尺量
预埋地脚螺栓孔	中心线位置	10	尺量
	截面尺寸	+20，0	尺量
	深度	+20，0	尺量
	垂直度	$h/100$ 且 $\leqslant 10$	吊线、尺量

续表

项 目		允许偏差/mm	检验方法
预埋活动地脚螺栓锚板	中心线位置	5	尺量
	标高	+20,0	水准仪或拉线、尺量
	带槽锚板平整度	5	直尺、塞尺量测
	带螺纹孔锚板平整度	2	直尺、塞尺量测

注：1. 检查坐标、中心线位置时，应沿纵、横两个方向量测，并取其中偏差的较大值。
2. h 为预埋地脚螺栓孔孔深，单位为 mm。

13.3.5 混凝土施工质量记录

混凝土施工应形成以下质量记录：

(1) 表 C2-4　技术交底记录；

(2) 表 C1-5　施工日志；

(3) 表 C5-2-9　混凝土工程施工记录；

(4) 表 C4-10　混凝土试块抗压强度试验报告；

(5) 表 C4-8　混凝土强度评定表；

(6) 表 G3-14　混凝土施工检验批质量验收记录；

(7) 表 G3-15　现浇结构外观质量检验批质量验收记录；

(8) 表 G3-16　现浇结构尺寸允许偏差检验批质量验收记录。

注：以上表式采用《河北省建筑工程资料管理规程》[DB13(J)/T 145—2012]所规定的表式。

单元 14 脚手架搭设与拆除

在主体结构工程施工中,常用的外墙脚手架是落地脚手架和悬挑脚手架。根据住房和城乡建设部建质〔2009〕87号文《危险性较大的分部分项工程安全管理办法》规定,落地式钢管脚手架、悬挑式脚手架、吊篮脚手架、附着式整体和分片提升脚手架、自制卸料平台、移动操作平台以及新型及异型脚手架工程都属于危险性较大的分部分项工程范围,需编制专项施工方案。专项施工方案的内容,同前述"模板工程施工"的相关内容。

脚手架搭设与拆除应符合《建筑施工扣件式钢管脚手架安全技术规范》(JGJ 130—2011)的规定。

14.1.1 钢管落地脚手架的构造

(一)构配件

构配件是用于搭设脚手架的各种钢管、扣件、脚手板、安全网等材料的统称。

(1)钢管。脚手架钢管的尺寸应按表 14-1 采用。每根钢管的最大质量不应大于 25.8 kg,宜采用 $\phi 48.3 \times 3.6$ mm 的钢管。

表 14-1 脚手架钢管尺寸　　　　　　　　　　　　　　　　　　　　　mm

截面尺寸		最大长度	
外径 ϕ	壁厚 t	横向水平杆	其他杆
48.3	3.6	2 200	6 500

(2)扣件。扣件用可锻铸铁制造,在螺栓拧紧扭力矩达 65 N·m 时,不得发生破坏。扣件用于钢管之间的连接,基本形式有对接扣件、旋转扣件和直角扣三种,如图 14-1 所示。对接扣件用于两根钢管的对接连接;旋转扣件用于两根钢管呈任意角度交叉的连接;直角扣件用于两根钢管呈垂直交叉的连接。

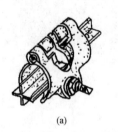 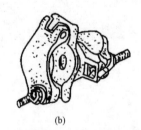 

(a)　　　　　　　　　　(b)　　　　　　　　　　(c)

图 14-1 扣件形式
(a)对接扣件;(b)旋转扣件;(c)直角扣

(3)脚手板。脚手板可采用钢、木、竹材料制作。木脚手板采用杉木或松木制作,厚度不应小于 50 mm,两端各设直两道镀锌钢丝箍(直径 4 mm);冲压钢脚手板应有防滑措施。

(4)安全网。安全网应符合现行国家标准《安全网》(GB 5725—2009)的规定。

(二)构造要求

钢管落地脚手架主要由钢管和扣件组成。主要杆件有立杆、纵向水平杆、横向水平杆、剪刀撑和底座等。

(1)立杆。又称站杆。它平行于建筑物并垂直于地面,是把脚手架荷载传递给基础的受力杆件。其作用是:将脚手架上所堆放的物件和操作人员的全部荷载,通过底座或垫板传到地基上。

通常,立杆纵距 $l_a \leqslant 1.5$ m;立杆横距 $l_b \leqslant 1.05$ m;内立杆离墙面的距离为 0.5 m;搭设高度 $H > 50$ m 时,另行计算。

(2)纵向水平杆。又称顺水(大横杆)。它平行于建筑物并布置在立杆内侧纵向连接各立杆,是承受并传递荷载给立杆的受力杆件。其作用是:与立杆连成整体,将脚手板上的堆放物料和操作人员的荷载传到立杆上。

通常,立杆步距 $h \leqslant 1.8$ m;宜根据安全网的宽度,取 1.5 m 或 1.8 m;搭设高度 $H > 50$ m 时,另行计算。

(3)横向水平杆。又称架拐(小横杆)。它垂直于建筑物并在横向水平连接内、外排立杆,是承受并传递荷载给纵向水平杆(北方)或立杆(南方)的受力杆件。其作用是:直接承受脚手板上的荷载,并将其传到纵向水平杆(北方)或立杆(南方)上。

通常,操作层横向水平杆间距 $s \leqslant 1.0$ m。

(4)剪刀撑。又称十字盖。它设置在脚手架外侧面,用旋转扣件与立杆连接,形成墙面平行的十字交叉斜杆。其作用是:把脚手架连成整体,增加脚手架的纵向刚度。

当脚手架高度 $H < 24$ m 时,在侧立面的两端均应设置,中间每隔 15 m 设一道剪刀撑;每道剪刀撑的宽度 $\geqslant 4$ 跨且 $\geqslant 6$ m,斜杆与地面呈 $45°\sim60°$ 夹角。当双排脚手架 $H \geqslant 24$ m 时,应在外侧立面整个长度上连续设置剪刀撑。

(5)连墙杆。又称连墙件。它是连接脚手架与建筑物的构件,宜优先采用菱形布置,连墙杆的设置应符合表 14-2 的规定。其作用是:不仅防止架子外倾,同时增加立杆的纵向刚度。

表 14-2 连墙件布置最大间距

搭设方法	高度(H)	竖向间距(h)	水平间距(l_a)	每根连墙件覆盖面积/m²
双排落地	$\leqslant 50$ m	$3h$	$3l_a$	$\leqslant 40$
双排悬挑	> 50 m	$2h$	$3l_a$	$\leqslant 27$
单排	$\leqslant 24$ m	$3h$	$3l_a$	$\leqslant 40$

注:h——步距;l_a——纵距。

(6)横向斜撑。在同一节间由底至顶层呈"之"字形连续布置。作用是:增强脚手架的横向刚度。当采用脚手架高度 $H \geqslant 24$ m 的封闭型脚手架,拐角应设置横向斜撑,中间应每隔 6 跨设置一道;当采用双排脚手架 $H < 24$ m 封闭型脚手架,可不设横向斜撑。

(7)纵向扫地杆。它是连接立杆下端的纵向水平杆。其作用是:起约束立杆底端,防止纵向发生位移。通常,位于距底座下皮 200 mm 处。

(8)横向扫地杆。它是连接立杆下端的横向水平杆。其作用是：起约束立杆底端在横向发生位移。通常，位于纵向水平扫地杆上方。

(9)脚手板。又称架板。一般用厚 2 mm 的钢板压制而成或 50 mm 松木板。通常，脚手板从横向水平杆外伸长度取 130~150 mm，严防探头板倾翻；作业层脚手板铺满，离墙 150 mm；中间每隔 12 m 满铺一层。

14.1.2 钢管落地脚手架搭设工艺

(一)搭设工艺流程

钢管落地脚手架搭设工艺流程：夯实平整场地→材料准备→设置通长木垫板→纵向扫地杆→搭设立杆→横向扫地杆→搭设纵向水平杆→搭设横向水平杆→搭设剪刀撑→固定连墙件→搭设防护栏杆→铺设脚手板→绑扎安全网。

(二)搭设操作要求

(1)夯实平整场地。脚手架地基础部位应夯实，采用混凝土进行硬化，强度等级不低于 C15，厚度不小于 10 cm。地基承载能力能够满足外脚手架的搭设要求。

(2)设置通长木垫板。

1)根据构造要求在建筑物四角用尺量出内、外立杆离墙距离，并做好标记。

2)脚手架搭设高度小于 30 m 时，底部应铺设通长脚手板。垫板应准确地放在定位线上，垫板必须铺放平整，不得悬空。用钢卷尺拉直，分出立杆位置，并用粉笔画出立杆标记。

3)搭设高度大于 30 m 时，底部应铺设通长脚手板并增设专用底座。

(3)搭设立杆。

1)搭设底部立杆时，采用不同长度的钢管间隔布置，使钢管立杆的对接接头交错布置，高度方向相互错开 500 mm 以上，且要求相邻接头不应在同步或同跨内，以保证脚手架的整体性。

2)沿着木垫板通长铺设纵向扫地杆，连接于立杆脚点上，距离底座 20 cm 左右。

3)脚手架开始搭设立杆时，应每隔 6 跨设置一根抛撑，直至连墙件安装稳定后，方可根据情况拆除。立杆的垂直偏差应控制在不大于架高的 1/400。

(4)搭设纵向水平杆。

1)纵向水平杆设置在立杆内侧，其长度不宜小于 3 跨，两端外伸 150 mm；纵向水平杆沿高度方向的间距，取 1.5 m 或 1.8 m，以便立网挂设。

2)纵向水平杆的对接扣件应交错布置：两根相邻纵向水平杆的接头不宜设置在同步或同跨内；不同步或不同跨的两个相邻接头在水平方向错开的距离不应小于 500 mm；各接头中心至最近主节点的距离不宜大于纵距的 1/3，如图 14-2 所示。

(5)搭设横向水平杆。

1)外墙脚手架主节点处必须设置一根横向水平杆，用直角扣件扣接且严禁拆除。

2)作业层上非主节点处的横向水平杆，宜根据支承脚手板的需要等间距设置，最大间距不应大于纵距的 1/2。

3)单排脚手架横向水平杆的一端，用直角扣件固定在立杆上，另一端应插入墙内，插入长度不应小于 180 mm。

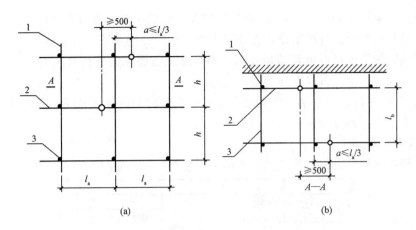

图 14-2 纵向水平杆对接接头布置
(a)接头不在同步内(立面); (b)接头不在同跨内(平面)
1—立杆; 2—纵向水平杆; 3—横向水平杆

(6)搭设剪刀撑。

1)高度在 24 m 以下的脚手架外侧立面的两端各设置一道剪刀撑,并应由底至顶连续设置,中间各道剪刀撑之间的净距离不应大于 15 m,如图 14-3 所示。每道剪刀撑跨越立杆的根数应按表 14-3 的规定确定。每道剪刀撑宽度不应小于 4 跨,且不应小于 6 m,斜杆与地面的倾角应为 45°~60°。

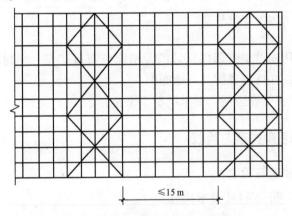

图 14-3 高度 24 m 以下剪刀撑布置

表 14-3 剪刀撑跨越立杆的最多根数

剪刀撑斜杆与地面的倾角 α	45°	50°	60°
剪刀撑跨越立杆的最多根数 n	7	6	5

2)剪刀撑斜杆的接长宜采用搭接,搭接长度不小于 1 m,应采用不少于 2 个旋转扣件固定。

3)剪刀撑斜杆应用旋转扣件固定在与之相交的横向水平杆的伸出端或立杆上,旋转扣件中心线离主节点的距离不宜大于 150 mm。

(7)固定连墙件。

1)连墙件宜采用 $\phi48.3\times3.6$ mm 钢管和扣件,将脚手架与建筑物连接;连接点应保证牢固,防止其移动变形,且尽量设置在外架大横向水平杆接点处。

2)外墙装饰阶段连接点也须满足要求,确因施工需要除去原连接点时,必须重新补设可靠,有效地临时拉结,以确保外架安全可靠。

(8)搭设防护栏杆。脚手架外侧必须设 1.2 m 高的防护栏杆和 30 cm 高踢脚杆,顶排防护栏杆不少于 2 道,高度分别为 0.9 m 和 1.2 m。

(9)铺设脚手板。

1)脚手板的铺设可采用对接平铺,亦可采用搭接铺设,如图 14-4 所示。

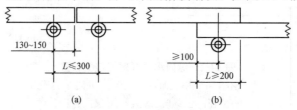

图 14-4 脚手板对接、搭接构造

(a)脚手板对接;(b)脚手板搭接

2)脚手板对接平铺时,接头处必须设两根横向水平杆,脚手板外伸长度取 130~150 mm,两块脚手板外伸长度的和不应大于 300 mm。

3)脚手板搭接铺设时,接头必须支在横向水平杆上,搭接长度应大于 200 mm,其伸出横向水平杆的长度不应小于 100 mm。

(10)绑扎安全网。

1)脚手架外侧使用建设主管部门认证的合格绿色密目式安全网封闭,且将安全网固定在脚手架外立杆里侧;在首层顶绑扎一道兜网。

2)选用 18 号铅丝张挂安全网,要求严密、平整。

14.1.3 钢管脚手架检查与验收

(一)构配件进场检查与验收

构配件质量检查,按表 14-4 要求检查。

表 14-4 构配件质量检查表

项目	要求	抽检数量	检查方法
钢管	应有产品质量合格证、质量检验报告	750 根为一批,每批抽取 1 根	检查资料
	钢管表面应平直、光滑,不应有裂缝、结疤、分层、错位、硬弯、毛刺、压痕、深的划道及严重锈蚀等缺陷,严禁打孔;钢管使用前必须涂刷防锈漆	全数	目测
钢管外径及壁厚	外径 48.3 mm,允许偏差 ±0.5 mm;壁厚 3.6 mm,允许偏差 ±0.36 mm,最小壁厚 3.24 mm	3%	游标卡尺测量

续表

项 目	要 求	抽检数量	检查方法
扣件	应有生产许可证、质量检测报告、产品质量合格证、复试报告	《钢管脚手架扣件》(GB 15831)的规定	检查资料
	不允许有裂缝、变形、螺栓滑丝;扣件与钢管接触部位不应有氧化皮;活动部位应能灵活转动,旋转扣件两旋转面间隙应小于 1 mm;扣件表面应进行防锈处理	全数	目测
扣件螺栓拧紧扭力矩	扣件螺栓拧紧扭力矩值不应小于 40 N·m,且不应大于 65 N·m	按 8.2.5 条	扭力扳手
可调托撑	可调托撑抗压承载力设计值不应小于 40 kN。应有产品质量合格证、质量检验报告	3‰	检查资料
	可调托撑螺杆外径不得小于 36 mm,可调托撑螺杆与螺母旋合长度不得少于 5 扣,螺母厚度不小于 30 mm。插入立杆内的长度不得小于 150 mm。支托板厚不小于 5 mm,变形不大于 1 mm。螺杆与支托板焊接要牢固,焊缝高度不小于 6 mm	3%	游标卡尺、钢板尺测量
	支托板、螺母有裂缝的严禁使用	全数	目测
脚手板	新冲压钢脚手板应有产品质量合格证	—	检查资料
	冲压钢脚手板板面挠曲≤12 mm(l≤4 m)或≤16 mm(l>4 m);板面扭曲≤5 mm(任一角翘起)	3%	钢板尺
	不得有裂纹、开焊与硬弯;新、旧脚手板均应涂防锈漆	全数	目测
	木脚手板材质应符合现行国家标准《木结构设计规范》(GB 50005—2003)中Ⅱ$_a$级材质的规定。扭曲变形、劈裂、腐朽的脚手板不得使用	全数	目测
	木脚手板的宽度不宜小于 200 mm,厚度不应小于 50 mm;板厚允许偏差—2 mm	3%	钢板尺
	竹脚手板宜采用由毛竹或楠竹制作的竹串片板、竹笆板	全数	目测
	竹串片脚手板宜采用螺栓将并列的竹片串连而成。螺栓直径宜为 3~10 mm,螺栓间距宜为 500~600 mm,螺栓离板端宜为 200~250 mm,板宽 250 mm,板长 2 000 mm、2 500 mm、3 000 mm	3%	钢板尺
安全网	安全网绳不得损坏和腐朽。平支安全网宜使用锦纶安全网;密目式阻燃安全网除满足网目要求外,其锁扣间距应控制在 300 mm 以内	全数	目测

(二)扣件拧紧扭力矩检查与验收

钢管扣件式脚手架搭设完后,采用扭力扳手对螺栓拧紧扭力矩进行检查。抽样方法应按随机分布原则进行。抽样检查数量与质量判定标准,应按表 14-5 的规定确定。不合格的必须重新拧紧,直至合格为止。

表 14-5 扣件拧紧抽样检查数目及质量判定标准

项次	检查项目	安装扣件数量/个	抽检数量/个	允许的不合格数/个
1	连接立杆与纵（横）向水平杆或剪刀撑的扣件；接长立杆、纵向水平杆或剪刀撑的扣件	51～90	5	0
		91～150	8	1
		151～280	13	1
		281～500	20	2
		501～1 200	32	3
		1 201～3 200	50	5
2	连接横向水平杆与纵向水平杆的扣件(非主节点处)	51～90	5	1
		91～150	8	2
		151～280	13	3
		281～500	20	5
		501～1 200	32	7
		1 201～3 200	50	10

(三)脚手架搭设过程及使用前的检查与验收

脚手架搭设的技术要求、允许偏差与检验方法，应符合表14-6的规定。

表 14-6 脚手架搭设的技术要求、允许偏差与检验方法

项次	项 目		技术要求	允许偏差/mm			检查方法与工具
1	地基基础	表面	坚实、平整	—			观察
		排水	不积水				
		垫板	不晃动				
		底座	不滑动				
			不沉降	−10			
2	立杆垂直度	最后验收垂直度 20～50 m	—	±100			用经纬仪或吊线和卷尺
		下列脚手架允许水平偏差/mm					
		搭设中检查偏差的高度/m		总高度			
				50 m	40 m	20 m	
		$H=2$		±7	±7	±7	
		$H=10$		±20	±25	±50	
		$H=20$		±40	±50	±100	
		$H=30$		±60	±75		
		$H=40$		±80	±100		
		$H=50$		±100			
		中间档次用插入法					
3	间距	步距	—	±20			钢板尺
		纵距	—	±50			
		横距	—	±20			

续表

项次	项 目		技术要求	允许偏差/mm	检查方法与工具
4	两根纵向水平杆高差	一根杆的两端	—	±20	水平仪或水平尺
		同跨内两根纵向水平杆高差	—	±10	
5	双排脚手架横向水平杆外伸长度偏差		外伸 500 mm	−50	钢板尺
6	扣件安装	主节点处各扣件中心点相互距离	$a \leqslant 150$ mm	—	钢板尺
		同步立杆上两个相隔对接扣件的高差	$a \geqslant 500$ mm	—	钢卷尺
		立杆上的对接扣件至主节点的距离	$a \leqslant h/3$	—	钢卷尺
		纵向水平杆上的对接扣件至主节点的距离	$a \leqslant l_a/3$	—	钢卷尺
		扣件螺栓拧紧扭力矩	40~65 N·m	—	扭力扳手
7	剪刀撑斜杆与地面的倾角		45°~60°	—	角尺
8	脚手板外伸长度	对接	$a = 130$~150 mm $l \leqslant 300$ mm	—	钢卷尺
		搭接	$a \geqslant 100$ mm $l \geqslant 200$ mm	—	钢卷尺

(四)脚手架使用过程中的检查

(1)脚手架使用中,应定期检查下列要求内容:

1)杆件的设置和连接,连墙件、支撑、门洞桁架等的构造应符合规范和专项施工方案的要求。

2)地基应无积水,底座应无松动,立杆应无悬空。

3)扣件螺栓应无松动。

4)高度在 24 m 以上的双排脚手架,其立杆的沉降与垂直度的偏差应符合规范的规定。

5)安全防护措施应符合规范要求。

6)应无超载使用。

(2)在下列情况下应对脚手架重新进行检查验收:

1)遇六级以上大风、大雨后,寒冷地区开冻后。

2)停工超过一个月恢复使用前。

14.1.4 钢管脚手架拆除

(1)脚手架拆除准备工作。

1)应全面检查架体的连接件、支撑体系、连墙件等是否符合构造要求。

2)脚手架拆除顺序和措施,并经主管部门批准后方可实施。

3)应有单位工程负责人进行拆除安全技术交底。

4)应清除脚手架、模板支架上的杂物及地面障碍物。

(2)脚手架拆除安全技术要求。

1)拆架时应划分作业区,周围设绳绑围栏或竖立警戒标志,禁止非作业人员进入,设专人指挥。

2)拆架作业人员应戴安全帽、系安全带、扎裹腿、穿软底防滑鞋。

3)拆架程序应遵守由上而下,先搭后拆的原则,严禁上下同时进行拆架作业。

4)连墙件应随脚手架逐层拆除,分段拆除时高差不得大于两步,否则应增设临时连墙件。

5)拆除时要统一指挥,上下呼应,动作协调,当解开与另一人有关的结扣时,应先通知对方。

6)拆除后的构配件必须妥善运至地面,分类堆放,严禁高空抛掷。

7)如遇强风、雨、雪等特殊气候,不应进行脚手架的拆除,严禁夜间拆除。

14.1.5 钢管落地脚手架计算实例

石家庄市某单位住宅楼,砖混结构,地下一层,地上六层,檐口高度 22.5 m。外墙脚手架采用扣件式钢管落地双排脚手架(图 14-5),脚手架设计参数,见表 14-7。试验算该脚手架方案是否安全可靠。

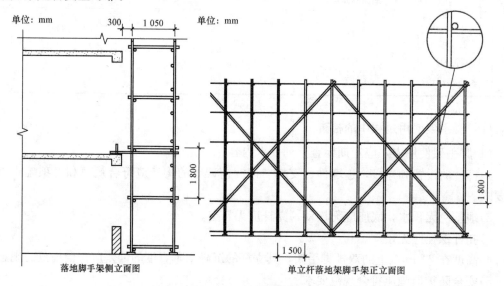

图 14-5 落地脚手架

表 14-7 扣件式脚手架设计参数

一、基本参数			
脚手架搭设方式	双排脚手架	脚手架钢管类型	$\phi 48.3 \times 3.6$
脚手架搭设高度 H/m	24	脚手架沿纵向搭设长度 L/m	50
立杆步距 h/m	1.8	立杆纵距或跨距 l_a/m	1.5
立杆横距 l_b/m	1.05	横向水平杆计算外伸长度 a_1/m	0
内立杆离建筑物距离 a/m	0.3	双立杆计算方法	不设置双立杆

续表

纵、横向水平杆布置方式	横向水平杆在上	纵向水平杆上横向水平杆根数	1
横杆与立杆连接方式	单扣件	扣件抗滑移折减系数	0.85
二、连墙件			
连墙件布置方式	两步两跨	连墙件连接方式	扣件连接
连墙件约束脚手架平面外变形轴向力 N_0/kN	3	立杆计算长度系数 μ	1.5
连墙件计算长度 l_0/mm	600	连墙件截面面积 A_c/mm²	506
连墙件截面回转半径 i/mm	159	连墙件抗压强度设计值 $[f]$/(N·mm^{-2})	205
连墙件与扣件连接方式	双扣件	扣件抗滑移折减系数	0.85
三、施工荷载			
结构脚手架作业层数 n_{jj}	2	结构脚手架荷载标准值 G_{kjj}/(kN·m^{-2})	3
脚手板类型	木脚手板	脚手板自重标准值 G_{kjb}/(kN·m^{-2})	0.35
挡脚板类型	木挡脚板	栏杆与挡脚板自重标准值 G_{kdb}/(kN·m^{-2})	0.17
脚手板铺设方式	2步1设	密目式安全立网自重标准值 G_{kmw}/(kN·m^{-2})	0.01
挡脚板铺设方式	2步1设	每米立杆承受结构自重标准值 g_k/(kN·m^{-1})	0.129
横向斜撑布置方式		5跨1设	
四、地基基础			
地基土类型	黏性土	地基承载力特征值 f_g/kPa	140
垫板底面积 A/m²	0.25	地基承载力调整系数 k_c	1
脚手架放置位置		地基	
五、风荷载			
考虑风荷载	否	地区	河北石家庄市
安全网设置	半封闭	基本风压 w_0/(kN·m^{-2})	0.25
风荷载体型系数 μ_s	1.25	风荷载标准值 w_k/(kN·m^{-2})(连墙件)	0.38

(一)计算依据

(1)《建筑施工扣件式钢管脚手架安全技术规范》(JGJ 130—2011)。
(2)《建筑地基基础设计规范》(GB 50007—2011)。
(3)《建筑结构荷载规范》(GB 50009—2012)。
(4)《钢结构设计规范》(GB 50017—2003)。

(二)小横杆的计算

小横杆按照简支梁进行强度和挠度计算,小横杆在大横杆的上面。小横杆设计参数,见表14-8。小横杆计算简图，如图14-6所示。

表14-8 小横杆设计参数

纵、横向水平杆布置方式	横向水平杆在上	纵向水平杆上横向水平杆根数 n	1
横杆抗弯强度设计值$[f]$/(N·mm^{-2})	205	横杆截面惯性矩 I/mm^4	127 100
横杆弹性模量 E/(N·mm^{-2})	206 000	横杆截面抵抗矩 W/mm^3	5 260

图14-6 小横杆计算简图

(1)均布荷载值计算。

承载能力极限状态：

$q = 1.2 \times [0.04 + G_{kjb} \times l_a/(n+1)] + 1.4 \times G_k \times l_a/(n+1)$
$= 1.2 \times [0.04 + 0.35 \times 1.5/(1+1)] + 1.4 \times 3 \times 1.5/(1+1)$
$= 3.51 (kN/m)$

正常使用极限状态：

$q' = [0.04 + G_{kjb} \times l_a/(n+1)] + G_k \times l_a/(n+1)$
$= [0.04 + 0.35 \times 1.5/(1+1)] + 3 \times 1.5/(1+1)$
$= 2.55 (kN/m)$

(2)强度计算。最大弯矩考虑为简支梁均布荷载作用下的弯矩，计算公式为：

$M_{max} = \dfrac{ql^2}{8} = \dfrac{3.51 \times 1\,050^2}{8} = 0.48 (kN \cdot m)$

$\sigma = M_{max}/W = 0.48 \times 10^6/5\,260 = 91.25 (N/mm^2) \leqslant [f] = 205 (N/mm^2)$，因此，强度满足要求。

(3)挠度计算。最大挠度考虑为简支梁均布荷载作用下的挠度：

$\nu_{max} = \dfrac{5ql^4}{384EI} = \dfrac{5 \times 2.55 \times 1\,050^4}{384 \times 206\,000 \times 127\,100} = 1.543 (mm)$

$\nu_{max} = 1.543 (mm) \leqslant [\nu] = \min[l_b/150, 10] = \min[1\,050/150, 10] = 7 (mm)$因此，挠度满足要求。

(三)大横杆的计算

大横杆按照三跨连续梁进行强度和挠度计算，小横杆在大横杆的上面。大横杆计算简图，如图14-7所示。

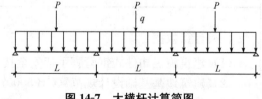

图14-7 大横杆计算简图

(1)荷载值计算。

承载能力极限状态：

$P = ql_b/2 = 3.51 \times 1.05/2 = 1.84 (kN)$

$q = 1.2 \times 0.04 = 0.048 (kN/m)$

正常使用极限状态：

$P'=q'l_b/2=2.55\times1.05/2=1.34(\text{kN})$

$q'=0.04(\text{kN/m})$

(2)强度验算。最大弯矩考虑为大横杆自重均布荷载与小横杆传递荷载的设计值最不利分配的弯矩之和。

$M_{\max}=0.1q'l^2+0.175P'l=0.1\times0.04\times1.5\times1.5+0.175\times1.34\times1.5=0.360(\text{kN}\cdot\text{m})$

$\sigma=M_{\max}/W=0.36\times10^6/5\,260=68.44\text{ N/mm}^2\leqslant[f]=205\text{ N/mm}^2$，因此，强度满足要求。

(3)挠度验算。最大挠度考虑为大横杆自重均布荷载与小横杆传递荷载的设计值最不利分配的挠度之和。

$v_{\max}=\dfrac{0.677ql^4}{100EI}+\dfrac{1.146Pl^3}{100EI}=\dfrac{0.677\times0.048\times1\,500^4}{100\times206\,000\times127\,100}+\dfrac{1.146\times1.84\times1\,500^3}{100\times206\,000\times127\,100}=2.05(\text{mm})$

$v_{\max}=2.05(\text{mm})\leqslant[v]=\min[l_a/150,10]=\min[1\,500/150,10]=10(\text{mm})$因此，挠度满足要求。

(四)扣件抗滑力的计算

横杆与立杆连接方式：单扣件；扣件抗滑移折减系数为0.85。

横向水平杆：$R_{\max}=1.84(\text{kN})\leqslant R_c=0.85\times8=6.8(\text{kN})$，因此，扣件抗滑移满足要求。

纵向水平杆：$R_{\max}=2.2(\text{kN})\leqslant R_c=0.85\times8=6.8(\text{kN})$，因此，扣件抗滑移满足要求。

(五)脚手架立杆荷载计算

(1)立杆静荷载标准值。

1)立杆承受的结构自重标准值 N_{G1k}。

单外立杆：$N_{G1k}=[gk+(l_b+a_1)\times n/2\times0.04/h]\times H$
$=[0.129+(1.05+0)\times1/2\times0.04/1.8]\times24=3.37(\text{kN})$

单内立杆：$N_{G1k}=3.37(\text{kN})$

2)脚手板的自重标准值 N_{G2k1}。

单外立杆：$N_{G2k1}=(H/h+1)\times l_a\times(l_b+a_1)\times G_{kjb}\times1/2/2$
$=(24/1.8+1)\times1.5\times(1.05+0)\times0.35\times1/2/2=1.98(\text{kN})$

单内立杆：$N_{G2k1}=1.98(\text{kN})$

3)栏杆与挡脚板自重标准值 N_{G2k2}。

单外立杆：$N_{G2k2}=(H/h+1)\times l_a\times G_{kdb}\times1/2=(24/1.8+1)\times1.5\times0.17\times1/2=1.83(\text{kN})$

4)围护材料的自重标准值 N_{G2k3}

单外立杆：$N_{G2k3}=G_{kmw}\times l_a\times H=0.01\times1.5\times24=0.36(\text{kN})$

5)构配件自重标准值 N_{G2k} 总计。

单外立杆：$N_{G2k}=N_{G2k1}+N_{G2k2}+N_{G2k3}=1.98+1.83+0.36=4.16(\text{kN})$

单内立杆：$N_{G2k}=N_{G2k1}=1.98(\text{kN})$

(2)立杆施工活荷载标准值。

1)外立杆：$N_{Q1k}=l_a\times(l_b+a_1)\times(n_{jj}\times G_{kjj})/2=1.5\times(1.05+0)\times(2\times3)/2=4.73(\text{kN})$

2)内立杆：$N_{Q1k}=4.73\text{ kN}$

(3)不组合风荷载作用下单立杆轴向力。

1)单外立杆：$N'=1.2\times(N_{G1k}+N_{G2k})+1.4\times N_{Q1k}=1.2\times(3.37+4.16)+1.4\times4.73$
$=15.66(\text{kN})$

2)单内立杆：$N=1.2\times(N_{G1k}+N_{G2k})+1.4\times N_{Q1k}=1.2\times(3.37+1.98)+1.4\times4.73$
$=13.03(kN)$

(六)立杆的稳定性计算

立杆的稳定性验算参数，见表 14-9。

表 14-9　立杆的稳定性验算参数

脚手架搭设高度 H	24	立杆计算长度系数 μ	1.5
立杆截面抵抗矩 W/mm^3	5 260	立杆截面回转半径 i/mm	15.9
立杆抗压强度设计值$[f]/(N \cdot mm^{-2})$	205	立杆截面积 A/mm^2	506
连墙件布置方式	两步两跨	—	—

(1)立杆长细比验算。

立杆计算长度：$l_0=K\mu h=1\times1.5\times1.8=2.7(m)$

长细比：$\lambda=l_0/i=2.7\times10^3/15.9=169.81\leqslant210$

轴心受压构件的稳定系数计算：

立杆计算长度 $l_0=k\mu h=1.155\times1.5\times1.8=3.12(m)$

长细比 $\lambda=l_0/i=3.12\times10^3/15.9=196.13$

查 JGJ 130—2011 表 A.0.6 得，$\varphi=0.188$。

(2)立杆稳定性验算(不组合风荷载作用)。

单立杆的轴心压力设计值：

$N=1.2(N_{G1k}+N_{G2k})+1.4N_{Q1k}=1.2\times(3.37+4.16)+1.4\times4.73=15.66(kN)$

$\sigma=\dfrac{N}{\varphi A}=\dfrac{15\ 660}{0.188\times506}=164.61(N/mm^2)\leqslant[f]=205(N/mm^2)$，因此，满足要求。

(七)脚手架搭设高度验算

不组合风荷载作用，双排脚手架允许搭设高度$[H]$应按下列公式计算。

$$[H]=\dfrac{\varphi A f-(1.2N_{G2k}+1.4\sum N_{Qk})}{1.2g_k}$$

$[H]=[0.188\times506\times205\times10^{-3}-(1.2\times4.16+1.4\times4.73)]\times24/(1.2\times3.37)=46.78(m)>H=24(m)$，因此，满足要求。

(八)连墙件稳定性验算

连墙件稳定性验算参数，见表 14-10。

表 14-10　连墙件稳定性验算参数

连墙件布置方式	两步两跨	连墙件连接方式	扣件连接
连墙件约束脚手架平面外变形轴向力 N_0/kN	3	连墙件计算长度 l_0/mm	600
连墙件截面积 A_c/mm^2	506	连墙件截面回转半径 i/mm	159
连墙件抗压强度设计值$[f]/(N \cdot mm^{-2})$	205	连墙件与扣件连接方式	双扣件
扣件抗滑移折减系数	0.85	—	—

$N_{lw}=1.4\times w_k\times2\times h\times2\times l_a=1.4\times0.38\times2\times1.8\times2\times1.5=5.7(kN)$

长细比 $\lambda = l_0/i = 600/159 = 3.77$,查 JGJ 130—2011 表 A.0.6 得,$\varphi = 0.99$。

$$\frac{N_{lw}+N_0}{\varphi A} = \frac{(5.7+3)\times 10^3}{0.99\times 506} = 17.36(\text{N/mm}^2) \leqslant 0.85f = 0.85\times 205 = 174.25(\text{N/mm}^2),$$

因此,满足要求。

扣件抗滑承载力验算:$N_{lw}+N_0 = 5.7+3 = 8.7 \text{ kN} \leqslant 0.85\times 12 = 10.2 \text{ kN}$,因此,满足要求。

(九)立杆的地基承载力验算

立杆的地基承载力验算参数,见表 14-11。

表 14-11 立杆的地基承载力验算参数

地基土类型	黏性土	地基承载力特征值 f_g/kPa	140
地基承载力调整系数 m_f	1	垫板底面积 A/m²	0.25

单立杆的轴心压力标准值 $N = (N_{G1k}+N_{G2k})+N_{Q1k} = (3.37+4.16)+4.73 = 12.26(\text{kN})$

立柱底垫板的底面平均压力 $p = N/(m_f A) = 12.26/(1\times 0.25) = 49.05(\text{kPa}) \leqslant f_g = 140(\text{kPa})$

因此,满足要求。

单元15 结构实体检验

根据《混凝土结构工程质量验收规范》(GB 50204—2015)规定：混凝土结构子分部工程的质量验收，应在钢筋、预应力、混凝土、现浇结构或装配式结构等相关分项工程验收合格的基础上，进行结构实体检验。结构实体检验由监理单位组织施工单位实施，并见证实施过程。施工单位制定结构实体检验专项方案，并经监理单位审核批准后实施。

对结构实体进行检验，并不是在子分部工程验收前的重新检验，而是在相应分项工程验收合格的基础上，对重要项目进行的验证性检验，其目的是强化混凝土结构的施工质量验收，真实地反映混凝土强度、受力钢筋位置、结构位置与尺寸等质量指标，确保结构安全。

15.1 混凝土强度检验

15.1.1 混凝土强度检验方法

结构实体混凝土强度应按不同强度等级分别检验，检验方法宜采用同条件养护方法；当未取得同条件养护试件强度或同条件养护试件强度不符合要求时，可采用回弹—取芯进行检验。

(1)同条件养护试件的留置。

1)同条件养护试件所对应的结构构件或结构部位，应由施工、监理等各方共同选定，且同条件养护试件的取样宜均匀分布于工程施工周期内。

2)同条件养护试件应在混凝土浇筑入模处见证取样。

3)同条件养护试件应留置在靠近相应结构构件的适当位置，并应采取相同的养护方法。

4)同一强度等级的同条件养护试件不宜少于10组，且不应少于3组。每连续两层楼取样少应于1组；每2 000 m³不得少于1组。

(2)等效养护龄期的确定。等效养护龄期应根据同条件养护试件强度与在标准养护条件下28 d龄期试件强度相等的原则确定。

混凝土强度检验时的等效养护龄期可取日平均温度逐日累计达到600 ℃·d时所对应的龄期，且不应小于14 d。日平均温度0 ℃及以下的龄期不计入。

冬期施工时，等效养护龄期计算时，温度可取结构构件实际养护温度，也可由监理、施工等各方根据等效养护龄期的确定原则共同确定。

15.1.2 混凝土强度合格性判定

(1)每组同条件养护试件的强度值，应根据强度试验结果按现行国家标准《普通混凝土力学性能试验方法标准》(GB/T 50081—2002)的规定确定。

(2)对于同一强度等级的同条件养护试件，其强度值应除以0.88后按现行国家标准《混凝土强度检验评定标准》(GB/T 50107—2010)的有关规定进行评定，评定结果符合要求时可判定结构实体混凝土强度合格。

(3)结构实体检验中,当混凝土强度或钢筋保护层厚度检验结果不满足要求时,应委托具有资质的检测机构按国家现行标准的规定进行检测。

随着检测技术的发展,已有相当多的方法可以检测混凝土强度。一般优先选择非破损检测方法(回弹法),必要时可辅以局部破损检测方法(取芯法)。当采用局部破损检测方法时,检测完成后应及时修补,以免影响结构性能及使用功能。

15.2 钢筋保护层厚度检验

15.2.1 结构实体钢筋保护层厚度检验

(1)检验方法。结构实体钢筋保护层厚度检验,可采用非破损或局部破损的方法,也可采用非破损并用局部破损方法进行校准。当采用非破损方法检验时,所使用的检测仪器应经过计量检验,检测操作应符合相应规程的规定。

钢筋保护层厚度检验的检测误差不应大于 1 mm。

(2)检验数量。钢筋保护层厚度检验的结构部位和构件数量,应符合下列要求:

1)对悬挑构件之外的梁板类构件,应各抽取构件数量的 2% 且不少于 5 个构件进行检验。

2)对悬挑梁,应抽取构件数量的 5% 且不少于 10 个构件进行检验;当悬挑梁数量少于 10 个时,应全数检查。

3)对悬挑板,应抽取构件数量的 10% 且不少于 20 个构件进行检验;当悬挑板数量少于 20 个时,应全数检查。

(3)允许偏差。钢筋保护层厚度检验时,纵向受力钢筋保护层厚度的允许偏差应符合表 15-1 的规定。

表 15-1 结构实体纵向受力钢筋保护层厚度的允许偏差

构件类型	允许偏差/mm
梁	+10,−7
板	+8,−5

注:板类构件应抽取不少于 6 根纵向受力钢筋,每根钢筋选择有代表性的不同部位测量 3 点取平均值。

(4)合格条件。

1)对梁类、板类构件纵向受力钢筋的保护层厚度应分别进行验收。

2)结构实体钢筋保护层厚度验收应符合下列规定:

①当全部钢筋保护层厚度检验的合格率为 90% 及以上时,可判为合格。

②当全部钢筋保护层厚度检验的合格率小于 90% 但不小于 80% 时,可再抽取相同数量的构件进行检验;当按两次抽样总和计算的合格率为 90% 及以上时,仍可判为合格。

③每次抽样检验结果中不合格点的最大偏差均不应大于允许偏差的 1.5 倍。

15.2.2 结构实体钢筋保护层厚度质量检验记录

结构实体钢筋保护层厚度应形成以下质量记录:

(1)表 C5-2-14 结构实体钢筋保护层厚度检测记录;

(2)表 C4-22 结构实体钢筋保护层厚度检测报告。

注:以上表式采用《河北省建筑工程资料管理规程》[DB13(J)/T 145—2012]所规定的表式。

15.3 结构位置与尺寸偏差检验

(1)检验项目。结构位置与尺寸偏差检验项目、允许偏差及检验方法应符合表 15-2 的规定。

表 15-2　结构实体位置与尺寸偏差的允许偏差及检验方法

检验项目		允许偏差/mm	检验方法
柱截面尺寸		+10，−5	选取柱的一边量测柱中部、下部及其他部位，取 3 点平均值
柱垂直度	层高≤6 m	10	沿两个方向分别量测，取较大值
	层高>6 m	12	
墙厚		+10，−5	墙身中部量测 3 点，取平均值；测点间距不应小于 1 m
梁高		+10，−5	量测一侧边跨中及两个距离支座 0.1 m 处，取 3 点平均值；量测值可取腹板高度加此处楼板的实测厚度
板厚		+10，−5	悬挑板取距离支座 0.1 m 处，沿宽度方向取包括中心位置在内的随机 3 点取平均值；其他楼板，在同一对角线上量测中间及距离端端各 0.1 m 处，取 3 点平均值
层高		±10	与板厚测点相同，量测板顶至上层楼板板底净高，层高量测值为净高与板厚之和，取 3 点平均值

(2)检验数量。结构位置与尺寸偏差检验构件的选取应均匀分布，并符合下列要求：
1)梁、柱应抽取构件数量的 1%，且不少于 3 个构件。
2)墙、板应按有代表性的自然间抽查 1%，且不应少于 3 间。
3)层高应按有代表性的自然间抽查 1%，且不应少于 3 间。

(3)检验方法。墙厚、板厚、层高的检验可采用非破损或局部破损的方法，也可采用非破损并用局部破损方法进行校准。当采用非破损方法检验时，所使用的检测仪器应经过计量检验，检测操作应符合相应规程的规定。

(4)合格条件。结构位置与尺寸偏差项目应分别进行验收，并应符合下列规定：
1)当检验项目的合格率为 80% 及以上时，可判为合格。
2)当检验项目的合格率小于 80% 但不小于 70% 时，可再抽取相同数量的构件进行检验；当按两次抽样总和计算的合格率为 80% 及以上时，仍可判为合格。

第四部分 防水与装修工程施工

单元 16 防水工程施工

建筑物渗漏问题是建筑施工较为普遍的质量通病,渗漏不仅扰乱人们的正常生活、工作、生产秩序,而且直接影响到整栋建筑物的使用寿命。由此可见,防水效果的好坏对建筑物的质量至关重要,可以说防水工程在建筑工程中占有十分重要的地位。屋面防水工程和浴厕间防水施工中,应遵循下列规范:

(1)《屋面工程技术规范》(GB 50345—2012);
(2)《屋面工程质量验收规范》(GB 50207—2012);
(3)《建筑地面工程施工质量验收规范》(GB 50209—2010)。

任务 16.1 屋面防水卷材施工

16.1.1 防水卷材施工工艺

(一)施工准备

1. 技术准备

(1)掌握图纸设计要求、细部构造要求和有关施工质量验收规范。
(2)编制施工方案,对作业人员进行书面技术交底。
(3)检查防水施工队伍的资质和作业人员的上岗证件。

2. 材料准备

屋面工程用防水材料的主要性能应符合《屋面工程技术规范》(GB 50345—2012)中附录 B 的规定。屋面防水材料进场检验项目应符合《屋面工程质量验收规范》(GB 50207—2012)附录 A 的要求,并按规定见证取样,进行复试。防水卷材应有产品合格证书和性能检测报告。

(1)高聚物改性沥青防水卷材。

1)取样数量。大于 1 000 卷抽 5 卷,每 500~1 000 卷抽 4 卷,100~499 卷抽 3 卷,100 卷以下抽 2 卷,进行规格尺寸和外观质量检验;在外观质量检验合格的卷材中,任取一卷作物理性能检验。

2)外观质量。高聚物改性沥青防水卷材外观质量,详见表 16-1。

表 16-1 高聚物改性沥青防水卷材外观质量

项目	质量要求
孔洞、缺边、裂口	不允许

续表

项目	质量要求
边缘不整齐	不超过 10 mm
胎体露白、未浸透	不允许
撒布材料粒度、颜色	均匀
每卷卷材的接头	不超过 1 处，较短的一段不应小于 1 000 mm，接头处应加长 150 mm

3)物理性能。高聚物改性沥青防水卷材主要物理性能，见表 16-2。

表 16-2　高聚物改性沥青防水卷材主要物理性能

项 目		指 标				
		聚酯毡胎体	玻纤毡胎体	聚乙烯膜胎体	自粘聚酯胎体	自粘无胎体
可溶物含量 /(g·m⁻²)		3 mm 厚≥2 100 4 mm 厚≥2 900	—	—	2 mm 厚≥1 300 3 mm 厚≥2 100	—
拉力/(N/50 mm)		≥500	横向≥350	≥200	2 mm 厚≥350 3 mm 厚≥450	≥150
延伸率/%		最大拉力时 SBS≥30 APP≥25	—	断裂时 ≥120	最大拉力时 ≥30	最大拉力时 ≥20
耐热度/(℃,2 h)		SBS 卷材 90，APP 卷材 110， 无滑动、流淌、滴落		PEE 卷材 90， 无流淌、起泡	70，无滑动、 流淌、滴落	70，滑动 不超过 2 mm
低温柔度/℃		SBS 卷材−18，APP 卷材−5，PEE 卷材−10			−20	
不透水性	压力/MPa	≥0.3	≥0.2	≥0.4	≥0.3	≥0.2
	保持时间/min	≥30			≥120	

注：SBS 卷材——弹性体改性沥青防水卷材；APP——塑性体改性沥青防水卷材；PEE——高聚物改性沥青聚乙烯胎防水卷材。

(2)合成高分子防水卷材。
1)取样数量。同高聚物改性沥青防水卷材。
2)外观质量。合成高分子卷材的外观质量，见表 16-3。

表 16-3　合成高分子卷材外观质量

项 目	质 量 要 求
折痕	每卷不超过 2 处，总长度不超过 20 mm
杂质	大于 0.5 mm 颗粒不允许，每 1 m² 不超过 9 mm²
胶块	每卷不超过 6 处，每处面积不大于 4 mm²
凹痕	每卷不超过 6 处，每处不大于 7 mm，深度不超过本身厚度 30%；树脂类深度不超过 15%
每卷卷材的接头	橡胶类每 20 m 不超过 1 处，较短的一段不应小于 3 000 mm，接头处应加长 150 mm；树脂类 20 m 长度内不允许有接头

3)物理性能。合成高分子防水卷材的物理性能，见表 16-4。

表 16-4　合成高分子防水卷材主要物理性能

项目		性能指标			
		硫化橡胶类	非硫化橡胶类	树脂类	树脂类(复合片)
断裂拉伸强度/MPa		≥6	≥3	≥10	≥60 N/10 mm
扯断伸长率/%		≥400	≥200	≥200	≥400
低温弯折性/℃		−30	−20	−25	−20
不透水性	压力/MPa	≥0.3	≥0.2	≥0.3	≥0.3
	保持时间/min	≥30			
加热收缩率/%		<1.2	<2.0	≤2.0	≤2.0
热老化保持率 (88 ℃，168 h)	断裂拉伸强度	≥80%		≥85%	≥80%
	扯断伸长率	≥70%		≥80%	≥70%

(3)冷底子油。由 10 号或 30 号石油沥青溶解于柴油、汽油等有机溶剂中而制成的溶液。可用于涂刷在水泥砂浆或混凝土基层上作基层处理剂。

3. 施工机具准备

(1)施工机具。如汽油喷灯、小铁抹子、滚刷、长把滚刷、剪刀、笤帚、细线绳等。

(2)检测设备。卷尺、游标卡尺。

4. 作业条件准备

(1)找平层与突出屋面的结构(如女儿墙、山墙、天窗壁、变形缝、烟囱、出屋面管道根等)相连的阴阳角和基层的转角处，找平层应抹成 $R=50$ mm 光滑顺直的圆弧。

(2)水落口杯周围 500 mm 范围内，排水坡度应不小于 5%，以利排水。

(3)伸出屋面的管道、设备或预埋件等，应在防水层施工前安设完毕。

(4)雨天、雪天、五级风及其以上的天气不应进行施工。

(二)施工工艺流程

屋面卷材防水层施工工艺流程，如图 16-1 所示。

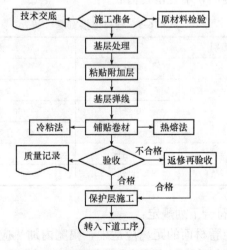

图 16-1　屋面卷材防水施工工艺流程

(三)施工操作要求

1. 基层处理

(1)基层表面应平整,阴阳角处应做成圆弧形,局部孔洞、蜂窝、裂缝应用 1:3 水泥砂浆修补密实,表面应干净,无起砂、脱皮现象,并保持表面干燥。干燥程度可用简易方法检测:将 1 m² 卷材平铺在找平层上,静置 3~4 h 后掀开检查,找平层覆盖部位与卷材上未见水印即可铺设。

(2)涂刷基层处理剂。基层处理剂应与卷材及胶粘剂的材性相容;基层处理剂可采取喷涂法或涂刷法施工,喷涂应均匀一致,不露底,待表面干燥后方可铺贴卷材。

2. 粘贴附加层

待基层处理剂干燥后,先对女儿墙、天沟、水落口、管根、檐口、阴阳角等节点做附加层。阴阳角处增铺 1~2 层相同品质的卷材附加层,宽度不宜小于 500 mm。铺贴在立墙上的卷材高度不小于 250 mm。排汽道、排汽帽必须畅通,分格缝、排汽道上的附加卷材每边宽度不小于 250 mm,必须单面粘贴。

3. 基层弹线

在处理后的基层面上,按卷材的铺贴方向,弹出每幅卷材的铺贴线,保证不歪斜;以后每层卷材铺贴时,同样要在已铺贴的卷材上弹线。

4. 热熔法铺贴 SBS 防水卷材

(1)卷材防水层铺贴顺序和方向应符合下列规定:

1)卷材防水层施工时,应先进行细部构造处理,然后由屋面最低标高向上铺贴。

2)檐沟、天沟卷材施工时,宜顺檐沟、天沟方向铺贴,搭接缝应顺流水方向。

3)卷材宜平行屋脊铺贴,上下层卷材不得相互垂直铺贴。

(2)卷材搭接缝应符合下列规定:

1)平行屋脊的搭接缝应顺流水方向,卷材搭接宽度应符合表 16-5 的规定。

2)同一层相邻两幅卷材短边搭接缝错开不应小于 500 mm。

3)上下层卷材长边搭接缝应错开,且不应小于幅宽的 1/3。

4)叠层铺贴的各层卷材,在天沟与屋面的交接处,应采用叉接法搭接,搭接缝应错开;搭接缝宜留在屋面与天沟侧面,不宜留在沟底。

表 16-5 卷材搭接宽度   mm

卷材类别		搭接宽度
合成高分子防水卷材	胶粘剂	80
	胶粘带	50
	单缝焊	60,有效焊接宽度不小于 25
	双缝焊	80,有效焊接宽度 10×2+空腔宽
高聚物改性沥青防水卷材	胶粘剂	100
	自粘	80

(3)热熔法铺贴卷材应符合下列规定:

1)火焰加热器的喷嘴距卷材面的距离应适中,幅宽内加热应均匀,应以卷材表面熔融至光亮黑色为度,不得过分加热卷材。

2)卷材表面沥青热熔后应立即滚铺卷材，滚铺时应排除卷材下面的空气。

3)搭接缝部位宜以溢出热熔的改性沥青胶结料为度，溢出的改性沥青胶结料宽度宜为8 mm，并宜均匀顺直；当接缝处的卷材上有矿物粒或片料时，应用火焰烘烤及清除干净后再进行热熔和接缝处理。

4)铺贴卷材时应平整顺直，搭接尺寸应准确，不得扭曲。

5)厚度小于3 mm的高聚物改性沥青防水卷材，严禁采用热熔法施工。

5. 冷粘法铺贴合成高分子卷材

(1)合成高分子卷材的铺贴顺序、铺贴方向、搭接宽度同上述"SBS防水卷材"施工。

(2)冷粘法铺贴卷材应符合下列规定：

1)胶粘剂涂刷应均匀，不得露底、堆积。

2)应根据胶粘剂的性能与施工环境、气温条件等，控制胶粘剂涂刷与卷材铺贴的间隔时间。

3)铺贴卷材时应排除卷材下面的空气，并应棍压粘贴牢固。

4)铺贴的卷材应平整顺直，搭接尺寸应准确，不得扭曲、皱折。

5)搭接缝全部粘贴后缝口用密封材料封严，密封宽度不小于10 mm。

6. 蓄水或淋水试验

防水层完成后检验屋面有无渗漏或积水，可在雨后或持续淋2 h以后进行观察。有可能做蓄水检验的屋面，其蓄水时间不应小于24 h。检查屋面有无渗漏水，排水坡度是否合理、排水系统是否畅通、屋面有无积水。

7. 保护层施工

经过蓄水或淋水试验，符合设计和规范要求后，便可以进行保护层施工。

(1)上人屋面。按设计要求做各种刚性保护层(细石混凝土、水泥砂浆、贴地砖等)。保护层施工前，必须做隔离层；刚性保护层的分格缝留置应符合设计要求，当设计无要求时，水泥砂浆保护层的分格面积为1 m^2，缝宽、深度均为10 mm；块材保护层的分格面积18 m^2，缝宽、深度均为15 mm；细石混凝土保护层分格面积不大于36 m^2，缝宽20 mm，分格缝均用沥青砂浆填嵌；保护层分格缝必须与找平层及保温层分格缝上下对齐。

(2)不上人屋面。豆石保护层：防水层表面涂刷氯丁橡胶沥青胶粘剂，随刷随撒豆石，要求铺撒均匀，粘结牢固。

浅色涂料保护层：防水层上面涂刷浅色涂料两遍，如设计有要求按设计要求施工。

16.1.2 卷材防水层施工质量验收标准

屋面工程防水与密封各分项工程每个检验批的抽检数量，防水层应按屋面面积每100 m^{2}抽查1处，每处10 m^2，且不得少于3处；接缝密封防水应按屋面面积每50 m抽查1处，每处5 m，且不得少于3处。

(一)主控项目

(1)防水卷材及其配套材料的质量，应符合设计要求。

检验方法：检查出厂合格证、质量检验报告和进场检验报告。

(2)卷材防水层不得有渗漏或积水现象。

检验方法：雨后观察或淋水、蓄水试验。

(3)卷材防水层在檐口、檐沟、天沟、水落口、泛水、变形缝和伸出屋面管道的防水构造，应符合设计要求。

检验方法：观察检查。

(二)一般项目

(1)卷材的搭接缝应粘结或焊接牢固，密封应严密，不得扭曲、皱折和翘边。

检验方法：观察检查。

(2)卷材防水层的收头应与基层粘结，钉压应牢固，密封应严密。

检验方法：观察检查。

(3)卷材防水层的铺贴方向应正确，卷材搭接宽度的允许偏差为－10 mm。

检验方法：观察和尺量检查。

(4)屋面排汽构造的排汽道应纵横贯通，不得堵塞；排气管应安装牢固，位置正确，封闭应严密。

检验方法：观察检查。

16.1.3　卷材防水层施工质量记录

卷材防水层施工应形成以下质量记录：

(1)表 C2-4　技术交底记录；

(2)表 C1-5　施工日志；

(3)表 G6-12　卷材防水层检验批质量验收记录。

注：以上表式采用《河北省建筑工程资料管理规程》[DB13(J)/T 145—2012]所规定的表式。

任务 16.2　浴厕间涂膜防水施工

16.2.1　涂膜防水施工工艺

(一)施工准备

1. 技术准备

(1)掌握图纸设计要求、细部构造要求和有关施工质量验收规范。

(2)编制施工方案，对作业人员进行书面技术交底。

(3)根据设计要求试验确定每道涂料的涂布厚度遍数及间隔时间。

2. 材料准备

聚氨酯防水涂料是最常用的合成高分子防水涂料，多用于浴厕间防水层。聚氨酯防水涂料的主要性能应符合表 16-6 的规定。聚氨酯防水涂料应有产品合格证书和性能检测报告，并按规定见证取样，进行复试。

聚氨酯防水涂料每 10 t 为一批，不足 10 t 按一批抽样，进行外观质量检验，包装应完好无损，且应标明涂料名称、生产日期、生产厂家、产品有效期。在外观质量检验合格后，做物理性能检验。

表 16-6　合成高分子防水涂料主要性能指标

项目		指　标		
		反应固化型		挥发固化型
		Ⅰ类	Ⅱ类	
固体含量/%		单组分≥80，多组分≥92		≥65
拉伸强度/MPa		单组分，多组分≥1.9	单组分，多组分≥2.45	≥1.5
断裂延伸率/%		单组分≥550，多组分≥450	单组分，多组分≥450	≥300
低温柔性/℃		单组分-40，多组分-35，无裂纹		-20，弯折无裂纹
不透水性	压力/MPa	≥0.3		
	保持时间/min	≥30		

3. 施工机具准备

(1)施工机具。如圆滚刷、油漆刷、称料桶、拌料桶、手提式电动搅拌器等。

(2)检测设备。如卷尺、游标卡尺、检测针等。

4. 作业条件准备

(1)找平层与凸出屋面的结构(如女儿墙、山墙、天窗壁、变形缝、烟囱、出屋面管道根等)相连的阴阳角和基层的转角处，找平层应抹成 $R=50$ mm 光滑顺直的圆弧。

(2)水落口杯周围 500 mm 范围内，排水坡度应不小于 5%，以利排水。

(3)伸出屋面的管道、设备或预埋件等，应在防水层施工前安设完毕。

(4)雨天、雪天和风力在五级及其以上的天气不应进行施工。

(二)施工工艺流程

浴厕间涂膜防水施工工艺流程，如图 16-2 所示。

(三)施工操作要求

(1)基层处理。基层表面应平整，阴阳角处应做成圆弧形，局部孔洞、蜂窝、裂缝应用 1∶3 水泥砂浆修补密实，表面应干净，无起砂、脱皮现象，并保持表面干燥。

(2)配料搅拌。采用双组分涂料时，根据材料生产厂家提供的配合比现场配制，严禁任意改变配合比。将配料按比例计量(过秤)后，放入搅拌容器内，然后放入固化剂，并立即开始搅拌。宜采用电动搅拌器，以便搅拌均匀。每次配料量必须保证在规定的操作时间内涂刷完毕，以免固化失效。

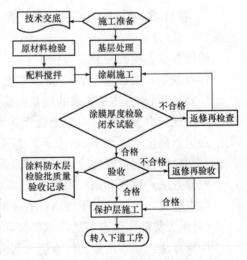

图 16-2　浴厕间涂膜防水施工工艺流程

(3)涂刷施工。

1)涂刷基层处理剂。用刷子用力薄涂，使涂料尽量刷入基层表面毛细孔中，并将基层可能留下的少量灰尘等无机杂质，像填充料一样混入基层处理剂中，使之与基层牢固结合。

2)涂刷附加层。涂料施工前，应先对阴阳角、预埋件、穿墙管等部位进行加强处理，增加一层胎体增强材料，并增涂 2~4 遍防水涂料。

3)应分遍涂刷。可采用棕刷、长柄刷、圆滚刷、橡胶刮板等进行人工涂刷；每次涂刷薄厚均匀一致，在涂刷层干燥后，方可进行下一层涂刷，每层的接槎(搭接)应错开，搭接缝宽度大于 100 mm；涂刷时应遵循"先远后近，先细部后大面"的原则。

4)铺贴胎体增强材料。在两层涂料之间也可铺贴胎体增强材料(玻纤布)，同层相邻的玻纤布搭接宽度应大于 100 mm，上下层接缝应错开 1/3 幅宽。

(4)涂膜厚度检验。防水涂料固化后形成有一定厚度的涂膜，涂膜的平均厚度应符合设计要求，最小厚度不应小于设计厚度的 80%。

防水层完成后做蓄水检验有无渗漏或积水，其蓄水时间不应小于 24 h。检查浴厕间有无渗漏水，排水坡度及排水系统的畅通，有无积水。

(5)保护层施工(同前述"卷材防水层施工工艺"相关内容)。

16.2.2 涂膜防水层施工质量验收标准

浴厕间涂膜防水施工质量验收，应按《建筑地面工程施工质量验收规范》(GB 50209—2010)基层铺设中隔离层的质量标准进行验收。涂料防水层检验批划分：按每一楼层为一检验批，高层建筑每三层为一检验批，每个检验批随机抽查 4 间，不足 4 间，应全数检查。

(一)主控项目

(1)隔离层材料(防水涂料和胎体增强材料)必须符合设计要求和现行国家有关标准的规定。

检验方法：观察检查和检查形式检验报告、出厂检验报告、出厂合格证。

检查数量：同一工程、同一材料、同一生产厂家、同一型号、同一规格、同一批号检查一次。

(2)卷材类、涂料类隔离层材料进入施工现场，应对材料的主要物理性能指标进行复验。

检验方法：检查复验报告。

检查数量：执行现行国家标准《屋面工程质量验收规范》(GB 50207—2012)的有关规定。

(3)厕浴间和有防水要求的建筑地面必须设置防水隔离层。楼层结构必须采用现浇混凝土或整块预制混凝土板，混凝土强度等级不应小于 C20；房间的楼板四周除门洞外应做混凝土翻边，高度不应小于 200 mm，宽同墙厚，混凝土强度等级不应小于 C20。施工时结构层标高和预留孔洞位置应准确，严禁乱凿洞。

检验方法：观察和钢尺检查。

检查数量：每个检验批随机抽查 4 间，不足 4 间，应全数检查。

(4)水泥类防水隔离层的防水等级和强度等级必须符合设计要求。

检验方法：观察检查和检查防水等级检测报告、强度等级测报告。

检查数量：每个检验批建筑地面工程不少于 1 组。

(5)防水隔离层严禁渗漏，排水的坡向应正确、排水通畅。

检验方法：观察检查和蓄水、泼水检验或坡度尺检查及检查验收记录。

检查数量：每个检验批随机抽查 4 间，不足 4 间，应全数检查。

(二)一般项目

(1)隔离层厚度应符合设计要求。

检验方法：观察检查和用钢尺、卡尺检查。

检查数量：每个检验批随机抽查4间，不足4间，应全数检查。

(2)隔离层与其下一层粘结牢固，不应有空鼓；防水涂层应平整、均匀，无脱皮、起壳、裂缝、鼓泡等缺陷。

检验方法：用小锤轻击检查和观察检查。

检查数量：每个检验批随机抽查4间，不足4间，应全数检查。

(3)隔离层表面的允许偏差应符合规范的规定。

检验方法：应按规范规定的检验方法检验。

检查数量：每个检验批随机抽查4间，不足4间，应全数检查。

16.2.3 涂膜防水层施工质量记录

涂膜防水层施工应形成以下质量记录：

(1)表C2-4　技术交底记录；

(2)表C1-5　施工日志；

(3)表G8-9　隔离层检验批质量验收记录。

注：以上表式采用《河北省建筑工程资料管理规程》[DB13(J)/T 145—2012]所规定的表式。

单元 17　门窗工程安装

任务 17.1　木门窗安装

17.1.1　木门窗安装施工工艺

(一)施工准备

1. 技术准备

(1)图纸已通过会审与自审,存在的问题已经解决。

(2)门窗洞口的位置、尺寸与施工图相符,按施工要求做好技术交底工作。

2. 材料准备

(1)门窗框和扇按图纸规格和数量进场,然后分类水平堆放平整,底层应搁置在垫木上。

(2)门窗安装各类五金按图集规格和数量进场。

3. 施工机具准备

(1)施工机具。手电钻、电锤、锯、刨、木工斧、羊角锤。

(2)检测设备。水准仪、水平尺、木工三角尺、吊线坠。

4. 作业条件准备

(1)安装前先检查门窗框和扇有无翘扭、弯曲、窜角、劈裂、榫槽间结合处松散等情况,如有则应进行修理。

(2)门窗框的安装,应在主体工程验收合格、门窗洞口防腐木砖埋设齐备后进行。

(二)施工工艺流程

木门窗安装施工工艺流程,如图 17-1 所示。

(三)安装操作要求

1. 安装门窗框

(1)主体结构完工后,复查洞口标高、尺寸及木砖位置。

(2)将门窗框用木楔临时固定在门窗洞口内相应位置。

(3)用吊线坠校正框的正、侧面垂直度,用水平尺校正框冒头的水平度。

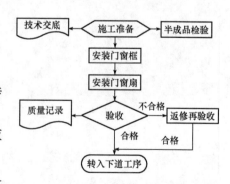

图 17-1　木门窗安装施工工艺流程

(4)用砸扁钉帽的钉子钉牢在木砖上,钉帽要冲入木框内 1~2 mm。

(5)高档硬木门框应用钻打孔,木螺丝拧固并拧进木框 5 mm。

2. 安装门窗扇

(1)量出樘口净尺寸,考虑留缝宽度。确定门窗扇的高、宽尺寸,先画出中间缝处的中线,再画出边线,并保证梃宽一致。

(2)若门窗扇高、宽尺寸过大,则刨去多余部分;修刨时应先锯余头,再行修刨;门窗扇为双扇时,应先作打叠高低缝,并以开启方向的右扇压左扇。

(3)若门窗扇高、宽尺寸过小,可在下边或装合页一边用胶和钉子绑钉刨光的木条。钉帽砸扁,钉入木条内1~2 mm。然后锯掉余头刨平。

(4)平开扇的底边、中悬扇的上下边、上悬扇的下边、下悬扇的上边等与框接触且容易发生摩擦的边,应刨成1 mm斜面。

(5)试装门窗扇时,应先用木楔塞在门窗扇的下边,然后再检查缝隙,并注意窗楞和玻璃芯子平直对齐。合格后画出合页的位置线,剔槽装合页。

3. 安装小五金

(1)所有小五金必须用木螺丝固定安装,严禁用钉子代替。使用木螺丝时,先用手锤钉入全长的1/3,接着用螺丝刀拧入。

(2)铰链距门窗扇上下两端的距离为扇高的1/10,且避开上下冒头,安好后必须灵活。

(3)门锁距地面约高0.9~1.05 m,应错开中冒头和边梃的榫头。

(4)门窗拉手应位于门窗扇中线以下,窗拉手距地面1.5~1.6 m。

(5)门插销位于门拉手下边。装窗插销时应先固定插销底板,再关窗打插销压痕,凿孔,打入插销。

(6)门扇开启后易碰墙,为固定门扇应安装门吸。

17.1.2 木门窗安装质量验收标准

木门窗检验批划分:同一品种、类型和规格的木门窗,每100樘应划分为一个检验批,不足100樘也应划分为一个检验批。

检查数量:木门窗每个检验批应至少抽查5%,并不得少于3樘,不足3樘时应全数检查;高层建筑的外窗,每个检验批应至少抽查10%,并不得少于6樘,不足6樘时应全数检查。

(一)主控项目

(1)木门窗的木材品种、材质等级、规格、尺寸、框扇的线型及人造木板的甲醛含量应符合设计要求。

检验方法:观察;检查材料进场验收记录和复验报告。

(2)木门窗应采用烘干的木材,含水率应符合《木门窗》(GB/T 29498—2013)的规定。

检验方法:检查材料进场验收记录。

(3)木门窗的防火、防腐、防虫处理应符合设计要求。

检验方法:观察;检查材料进场验收记录。

(4)木门窗的结合处和安装配件处不得有木节或已填补的木节。木门窗如有允许限值以内的死节及直径较大的虫眼时,应用同一材质的木塞加胶填补。对于清漆制品,木塞的木纹和色泽应与制品一致。

检验方法:观察。

(5)门窗框和厚度大于50 mm的门窗扇应用双榫连接。榫槽应采用胶料严密嵌合,并应用胶楔加紧。

检验方法:观察;手扳检查。

(6)胶合板门、纤维板门和模压门不得脱胶。胶合板不得刨透表层单板,不得有戗槎。制作胶合板门、纤维板门时,边框和横楞应在同一平面上,面层、边框及横楞应加压胶结。横楞和上、下冒头应各钻两个以上的透气孔,透气孔应通畅。

检验方法:观察。

(7)木门窗的品种、类型、规格、开启方向、安装位置及连接方式应符合设计要求。

检验方法:观察;尺量检查;检查成品门的产品合格证书。

(8)木门窗框的安装必须牢固。预埋木砖的防腐处理、木门窗框固定点的数量、位置及固定方法应符合设计要求。

检验方法:观察;手扳检查;检查隐蔽工程验收记录和施工记录。

(9)木门窗扇必须安装牢固,并应开关灵活,关闭严密,无倒翘。

检验方法:观察;开启和关闭检查;手扳检查。

(10)木门窗配件的型号、规格、数量应符合设计要求,安装应牢固,位置应正确,功能应满足使用要求。

检验方法:观察;开启和关闭检查;手扳检查。

(二)一般项目

(1)木门窗表面应洁净,不得有刨痕、锤印。

检验方法:观察。

(2)木门窗的割角、拼缝应严密平整。门窗框、扇裁口应顺直,刨面应平整。

检验方法:观察。

(3)木门窗上的槽、孔应边缘整齐,无毛刺。

检验方法:观察。

(4)木门窗与墙体间缝隙的填嵌材料应符合设计要求,填嵌应饱满。寒冷地区外门窗(或门窗框)与砌体间的空隙应填充保温材料。

检验方法:轻敲门窗框检查;检查隐蔽工程验收记录和施工记录。

(5)木门窗批水、盖口条、压缝条、密封条安装应顺直,与门窗结合应牢固、严密。

检验方法:观察;手扳检查。

(6)木门窗制作的允许偏差和检验方法应符合表17-1的规定。

表17-1 木门窗制作的允许偏差和检验方法

项次	项目	构件名称	允许偏差/mm		检验方法
			普通	高级	
1	翘曲	框	3	2	将框、扇平放在检查平台上,用塞尺检查
		扇	2	2	
2	对角线长度差	框、扇	3	2	用钢尺检查,框量裁口里角,扇量外角
3	表面平整度	扇	2	2	用1m靠尺和塞尺检查
4	高度、宽度	框	0,-2	0,-1	用钢尺检查,框量裁口里角,扇量外角
		扇	+2,0	+1,0	
5	裁口、线条结合处高低差	框、扇	1	0.5	用钢直尺和塞尺检查
6	相邻梃子两端间距	扇	2	1	用钢直尺检查

(7)木门窗安装的留缝限值、允许偏差和检验方法应符合表 17-2 的规定。

表 17-2　木门窗安装的留缝限值、允许偏差和检验方法

项次	项目		留缝限值/mm		允许偏差/mm		检验方法
			普通	高级	普通	高级	
1	门窗槽口对角线长度差		—	—	3	2	用钢尺检查
2	门窗框的下、侧面垂直度		—	—	2	1	用 1 m 垂直检测尺检查
3	框与扇、扇与扇接缝高低差		—	—	2	1	用钢直尺和塞尺检查
4	门窗扇对口缝		1~2.5	1.5~2	—	—	用塞尺检查
5	工业厂房双扇大门对口缝		2~5	—	—	—	
6	门窗扇与上框间留缝		1~2	1~1.5	—	—	
7	门窗扇与侧框间留缝		1~2.5	1~1.5	—	—	
8	窗扇与下框间留缝		2~3	2~2.5	—	—	
9	门扇与下框间留缝		3~5	3~4	—	—	
10	双层门窗内外框间距		—	—	4	3	用钢尺检查
11	无下框时门扇与地面间留缝	外门	4~7	5~6	—	—	用塞尺检查
		内门	5~8	6~7	—	—	
		卫生间门	8~12	8~10	—	—	
		厂房大门	10~20	—	—	—	

17.1.3　木门窗安装施工质量记录

木门窗安装施工应形成以下质量记录：
(1)表 C2-4　技术交底记录；
(2)表 C1-5　施工日志；
(3)表 G9-5　木门窗安装工程检验批质量验收记录。
注：以上表式采用《河北省建筑工程资料管理规程》[DB13(J)/T 145—2012]所规定的表式。

任务 17.2　塑钢门窗安装

17.2.1　塑钢门窗安装施工工艺

(一)施工准备

1. 技术准备

(1)塑料门窗设计图纸应规定门窗的规格、类型、尺寸、数量、开启方向和五金配件的配置要求。
(2)施工技术交底文件应明确门窗的安装位置、连接方法及其他安装要求。

2. 材料准备

(1)安装的成品门窗框、扇、纱扇和五金配件的品种、规格、型号、质量和数量应符合

设计要求。五金配件齐全,并具有出厂合格证、材质检验报告并加盖厂家印章。

(2)安装材料。连接件、自攻螺钉、尼龙胀管或膨胀螺栓、发泡轻质材料(聚氨酯泡沫等)、建筑防水胶、建筑密封胶、玻璃垫片、塞缝填充物、五金配件等应符合设计要求。

3. 施工机具准备

(1)施工机械。如手枪钻、自攻钻、射钉枪、电锤等。

(2)工具用具。如螺丝刀、木楔、吊线坠、木榔头等。

(3)检测设备。钢卷尺、水平尺、水平管、靠尺、塞尺。

(二)施工工艺流程

塑钢门窗安装施工工艺流程,如图 17-2 所示。

(三)安装操作要求

1. 门窗安装位置弹线

门窗洞口周边的抹灰层或面层达到强度后,按照技术交底文件弹出门窗安装位置线,并在门窗安装线上弹出膨胀螺栓的钻孔参考位置,钻孔位置应与窗框连接件位置相对应。

2. 门窗框装固定片

(1)固定片的安装位置是从门窗框宽和高度两端向内各标出 150 mm,作为第一个固定片的安装点,中间安装点间距应小于或等于 600 mm,并不得将固定片直接安装在中横框、中竖框的挡头上。

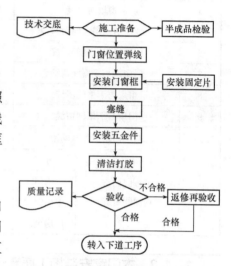

图 17-2 塑钢门窗安装施工工艺流程

如有中横框或中竖框,固定片的安装位置是从中横框或中竖框向两边各标出 150 mm,作为第一个固定片的安装点,中间安装点间距应小于或等于 600 mm。

(2)固定片的安装方法是先把固定片与门窗框成 45°角放入框背面燕尾槽口内,顺时针方向把固定片扳成直角,然后手动旋进 M4.2×16 mm 自攻螺钉固定,严禁用锤子敲打门窗框。

3. 门窗框安装

(1)把门窗框放进洞口安装线上就位,用对拔木楔临时固定。校正正、侧面垂直度,对角线和水平度合格后,将木楔固定牢靠。

防止门窗框受木楔挤压变形,木楔应塞在门窗角、中竖框、中横框等能受力的部位。门窗框固定后,应开启门窗扇,反复检查开关灵活度,如有问题及时调整。

(2)塑料门窗边框连接件与洞口墙体固定应符合设计要求。

(3)塑料门窗底框、上框连接件与洞口基体固定同边框固定方法。

(4)门窗与墙体固定时,应先固定上框,然后固定边框,最后固定底框。

4. 塞缝

门窗洞口面层粉刷前,应首先在底框用干拌料填嵌密实,除去安装时临时固定的木楔,在其他门窗周围缝隙内塞入发泡轻质材料(聚氨酯泡沫等)或其他柔性塞缝料,使之形成柔性连接,以适应热胀冷缩。严禁用水泥砂浆或麻刀灰填塞,以免门窗框架受震变形。

5. 安装五金件

塑料门窗安装五金配件时,必须先在框架上钻孔,然后用自攻螺钉拧入,严禁直接锤击打入。

6. 清洁打胶

门窗安装完毕,应在规定时间内撕掉 PVC 型材的保护膜,在门窗框四周嵌入防水密封胶。

17.2.2 塑钢门窗安装质量验收标准

塑料门窗检验批划分:同一品种、类型和规格的塑料门窗每 100 樘应划分为一个检验批,不足 100 樘也应划分为一个检验批。

检查数量:塑料门窗每个检验批应至少抽查 5%,并不得少于 3 樘,不足 3 樘时应全数检查;高层建筑的外窗,每个检验批应至少抽查 10%,并不得少于 6 樘,不足 6 樘时应全数检查。

(一)主控项目

(1)塑料门窗的品种、类型、规格、尺寸、开启方向、安装位置、连接方式及填嵌密封处理应符合设计要求,内衬增强型钢的壁厚及设置应符合国家现行产品标准的质量要求。

检验方法:观察;尺量检查;检查产品合格证书、性能检测报告、进场验收记录和复验报告;检查隐蔽工程验收记录。

(2)塑料门窗框、副框和扇的安装必须牢固。固定片或膨胀螺栓的数量与位置应正确,连接方式应符合设计要求。固定点应距窗角、中横框、中竖框 150~200 mm,固定点间距应不大于 600 mm。

检验方法:观察;手扳检查;检查隐蔽工程验收记录。

(3)塑料门窗拼樘料内衬增加型钢的规格、壁厚必须符合设计要求,型钢应与型材内腔紧密吻合,其两端必须与洞口固定牢固。窗框必须与拼樘料连接紧密,固定点间距应不大于 600 mm。

检验方法:观察;手扳检查;尺量检查;检查进场验收记录。

(4)塑料门窗扇应开关灵活、关闭严密、无倒翘。推拉门窗扇必须有防脱落措施。

检验方法:观察;开启和关闭检查;手扳检查。

(5)塑料门窗配件的型号、规格、数量应符合设计要求,安装应牢固,位置应正确,功能应满足使用要求。

检验方法:观察;手扳检查;尺量检查。

(6)塑料门窗框与墙体间缝隙应采用闭孔弹性材料填嵌饱满,表面应采用密封胶密封。密封胶应粘结牢固,表面应光滑、顺直、无裂纹。

检验方法:观察;检查隐蔽工程验收记录。

(二)一般项目

(1)塑料门窗表面应洁净、平整、光滑,大面应无划痕、碰伤。

检验方法:观察。

(2)塑料门窗扇的密封条不得脱槽。旋转窗间隙应基本均匀。

(3)塑料门窗扇的开关力应符合下列规定:

1)平开门窗扇平铰链的开关力应不大于80 N；滑撑铰链的开关力应不大于80 N，并不小于30 N。

2)推拉门窗扇的开关力应不大于100 N。

检验方法：观察；用弹簧秤检查。

(4)玻璃密封条与玻璃槽口的接缝应平整，不得卷边、脱槽。

检验方法：观察。

(5)排水孔应畅通，位置和数量应符合设计要求。

检验方法：观察。

(6)塑料门窗安装的允许偏差和检验方法应符合表17-3的规定。

表17-3 塑料门窗安装的允许偏差和检验方法

项次	项目		允许偏差/mm	检验方法
1	门窗槽口宽度、高度	≤1 500 mm	2	用钢尺检查
		>1 500 mm	3	
2	门窗槽口对角线长度差	≤2 000 mm	3	用钢尺检查
		>2 000 mm	5	
3	门窗框的正、侧面垂直度		3	用1 m垂直检测尺检查
4	门窗横框的水平度		3	用1 m水平尺和塞尺检查
5	门窗横框标高		5	用钢尺检查
6	门窗竖向偏离中心		5	用钢直尺检查
7	双层门窗内外框间距		4	用钢尺检查
8	同樘平开门窗相邻扇高度差		2	用钢尺检查
9	平开门窗铰链部位配合间隙		+2，-1	用塞尺检查
10	推拉门窗扇与框搭接量		+1.5，-2.5	用钢尺检查
11	推拉门窗扇与竖框平等度		2	用1 m水平尺和塞尺检查

17.2.3 塑钢门窗安装施工质量记录

塑钢门窗安装施工应形成以下质量记录：

(1)表C2-4 技术交底记录；

(2)表C1-5 施工日志；

(3)表G9-9 塑料门窗安装工程检验批质量验收记录。

注：以上表式采用《河北省建筑工程资料管理规程》[DB13(J)/T 145—2012]所规定的表式。

单元 18　抹灰工程施工

18.1　一般抹灰施工工艺

18.1.1　施工准备

1. 技术准备

(1)审查图纸,制定施工方案,确定施工顺序和施工方法。
(2)对进场材料进行检验和试验。
(3)样板间施工,并组织相关人员鉴定确认。
(4)对操作人员进行技术、安全交底。

2. 材料准备

(1)水泥。32.5级矿渣水泥、普通硅酸盐水泥或复合水泥。水泥应有出厂证明或复试单,进场后应进行强度、安定性复试。
(2)砂。中砂,平均粒径为 0.3~0.6 mm,使用前应过 5 mm 孔径的筛子。不得含有杂质,且含泥量不超过 5%。
(3)石灰膏。应用块状生石灰淋制,必须用孔径不大于 3 mm×3 mm 的筛过滤,并贮存在沉淀池中。熟化时间,常温下一般不少于 15 d;用于罩面灰时,不应少于 30 d。使用时,石灰膏内不得含有未熟化的颗粒和其他杂质。
(4)麻刀。要求柔软、干燥、敲打松散、不含杂质,长度 10~30 mm。

3. 施工机具准备

(1)施工机械。如粉碎淋灰机、砂浆搅拌机、纤维白灰混合磨碎机等。
(2)工具用具。如铁锹、筛子、手推车、扫把、水管、喷壶、小线、粉线袋、钢筋卡子、灰斗、铁抹子、木抹子、塑料抹子、阴角抹子、阳角抹子、刮杠、钢丝刷、排笔等。
(3)检测设备。如卷尺、线坠、靠尺、水平尺、方尺等。

4. 作业条件准备

(1)抹灰前应检查门窗框安装位置是否正确,与墙体连接是否牢固。
(2)混凝土柱表面凸出部分剔平;对结构一般缺陷采用界面剂或素水泥浆进行处理,然后再用 1:3 水泥砂浆分层补平,脚手架眼堵严。
(3)砖墙基层表面的灰尘、污垢和油渍等应清除干净,并浇水湿润。
(4)根据室内高度和抹灰现场的具体情况,提前准备好抹灰高凳或脚手架,架子应离开墙面及墙角 200~250 mm,以便操作。

18.1.2　施工工艺流程

一般抹灰施工工艺流程,如图 18-1 所示。

18.1.3 施工操作要求

1. 基层处理

（1）砖墙面。将墙面、砖缝残留的灰浆、污垢、灰尘等杂物清理干净，用水浇墙使其湿润。

（2）混凝土墙面。用笤帚扫甩内掺水重20%的环保类建筑界面胶的1∶1水泥细砂浆一道，进行"毛化"处理，凝结并牢固粘结在基层表面后，才能抹找平底灰。

2. 找规矩

根据设计图纸要求的抹灰质量等级，按基层表面平整垂直情况，吊垂直、套方、找规矩，经检查后确定抹灰厚度，但每层厚度不应小于7mm。

3. 抹灰饼

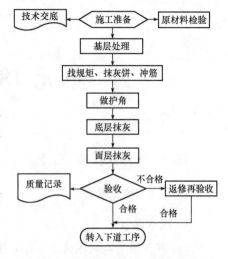

图18-1 一般抹灰施工工艺流程

确定灰饼位置，先抹上灰饼再抹下灰饼，用靠尺找好垂直与平整。灰饼宜用1∶3水泥砂浆抹成50mm见方形状。

4. 墙面冲筋

依照贴好的灰饼，可从水平或垂直方向各灰饼之间用与抹灰层相同的砂浆冲筋，反复搓平，上下吊垂直。冲筋的根数应根据房间的宽度或高度决定，一般筋宽为50mm。冲筋方式可充横筋也可充立筋。

5. 做护角

室内墙面的阳角、柱面的阳角和门窗洞口的阳角，根据抹灰砂浆品种的不同分别做护角。当墙面抹石灰砂浆时，应用1∶3水泥砂浆打底与所抹灰饼找平，待砂浆稍干后，再用1∶2水泥细砂浆做明护角。

护角高度不应低于2m，每侧宽度不小于50mm。门窗口护角做完后，应及时用清水刷洗门窗框上粘附的水泥浆。

6. 底层抹灰

一般情况下冲筋完2h左右就可以抹底灰。抹灰要根据基层偏差情况分层进行。抹灰遍数：普通抹灰最少两遍成活，高级抹灰最少三遍成活。每层抹灰厚度：普通抹灰7~9mm较适宜，高级抹灰5~7mm较适宜，每层抹灰应等前一道的抹灰层初凝收浆后才能进行。

抹灰结束后要全面检查底子灰是否平整，阴阳角是否方正，管道处是否密实，墙与顶（板）交接是否光滑平顺。墙面的垂直与平整情况要用托线板及时检查。

7. 面层抹灰

（1）砂浆面层。面层砂浆配合比一般为1∶2.5水泥砂浆或1∶1∶4水泥混合砂浆，抹灰厚度宜为5~8mm。抹灰前先用适量水湿润底灰层，抹时先薄刮一层素水泥膏，接着抹面层砂浆并用刮杠横竖刮平，木抹子搓毛，待其表面收浆、无明水时用铁抹子压实、溜光。若设计不是光面时，在面层灰表面收浆无明水时还得用软毛刷蘸水垂直于同一方向轻刷一遍，以保证面层灰颜色一致，避免和减少收缩裂缝。

（2）罩面灰膏。当设计为砖墙抹石灰砂浆时，应抹罩面灰膏。罩面灰应两遍成活，厚度约2mm，抹灰前，如底灰过干应洒水湿润。抹罩面灰时应按先上后下顺序进行，再赶光压实,然后用铁抹子收压一遍,待罩面灰表面收浆、稍微变硬时再进行最后的压光,随后用毛刷蘸水将罩面灰污染处清刷干净。

8. 天棚抹灰

抹找平灰前,先用水准仪对顶棚进行测量抄平,然后在顶棚四周的墙面上弹出抹灰控制线,并在顶棚的四周找出抹灰控制点后贴灰饼。然后用铁抹子把拌好的界面剂料浆在混凝土基层上均匀地涂抹一道,接着就抹找平底灰。底灰一般可采用1∶3的水泥砂浆或1∶1∶6的水泥混合砂浆,每层抹灰厚度5~7 mm且应等前一层抹灰初凝收浆后才能进行。每层抹灰结束后应用木抹子搓平、搓毛,最后一层抹完后应按控制线或灰饼用刮杠顺平并用铁抹子收压密实。

18.2 一般抹灰施工质量验收标准

一般抹灰适用于石灰砂浆、水泥砂浆、水泥混合砂浆、聚合物水泥砂浆和麻刀石灰、纸筋石灰、石膏灰等一般抹灰工程的质量验收。一般抹灰工程分为普通抹灰和高级抹灰,当设计无要求时,按普通抹灰验收。

检验批划分:相同材料、工艺和施工条件的室内抹灰工程每50个自然间(大面积房间和走廊按抹灰面积30 m^2 为一间)应划分为一个检验批,不足50间也应划分为一个检验批。

检查数量:室内每个检验批应至少抽查10%,并不得少于3间;不足3间时应全数检查。

18.2.1 主控项目

(1)抹灰前基层表面的尘土、污垢、油渍等应清除干净,并应洒水润湿。

检验方法:检查施工记录。

(2)一般抹灰所用材料的品种和性能应符合设计要求。水泥的凝结时间和安定性复验应合格。砂浆的配合比应符合设计要求。

检验方法:检查产品合格证书、进场验收记录、复验报告和施工记录。

(3)抹灰工程应分层进行。当抹灰总厚度大于或等于35 mm时,应采取加强措施。不同材料基体交接处表面的抹灰,应采取防止开裂的加强措施,当采用加强网时,加强网与各基体的搭接宽度不应小于100 mm。

检验方法:检查隐蔽工程验收记录和施工记录。

(4)抹灰层与基层之间及各抹灰层之间必须粘结牢固,抹灰层应无脱层、空鼓,面层应无爆灰和裂缝。

检验方法:观察;用小锤轻击检查;检查施工记录。

18.2.2 一般项目

(1)一般抹灰工程的表面质量应符合下列规定:

1)普通抹灰表面应光滑、洁净、接槎平整,分格缝应清晰。

2)高级抹灰表面应光滑、洁净、颜色均匀、无抹纹,分格缝和灰线应清晰美观。

检验方法:观察;手摸检查。

(2)护角、孔洞、槽、盒周围的抹灰表面应整齐、光滑;管道后面的抹灰表面应平整。

检验方法:观察。

(3)抹灰层的总厚度应符合设计要求;水泥砂浆不得抹在石灰砂浆层上;罩面石膏灰不

得抹在水泥砂浆层上。

检验方法：检查施工记录。

(4)抹灰分格缝的设置应符合设计要求，宽度和深度应均匀，表面应光滑，棱角应整齐。

检验方法：观察；尺量检查。

(5)有排水要求的部位应做滴水线(槽)。滴水线(槽)应整齐顺直，滴水线应内高外低，滴水槽宽度和深度均不应小于10 mm。

检验方法：观察；尺量检查。

(6)一般抹灰工程质量的允许偏差和检验方法应符合表18-1的规定。

表18-1 一般抹灰的允许偏差和检验方法

项次	项目	允许偏差/mm		检验方法
		普通抹灰	高级抹灰	
1	立面垂直度	4	3	用2 m垂直检测尺检查
2	表面平整度	4	3	用2 m靠尺和塞尺检查
3	阴阳角方正	4	3	用直角检测尺检查
4	分格条(缝)直线度	4	3	用5 m线，不足5 m拉通线，用钢直尺检查
5	墙裙、勒脚上口直线度	4	3	拉5 m线，不足5 m拉通线，用钢直尺检查

注：1. 普通抹灰，本表第3项阴角方正可不检查。
　　2. 顶棚抹灰，本表第2项表面平整度可不检查，但应平顺。

18.3 一般抹灰施工质量记录

一般抹灰施工应形成以下质量记录：

(1)表C2-4　技术交底记录；

(2)表C1-5　施工日志；

(3)表G9-1　一般抹灰工程检验批质量验收记录。

注：以上表式采用《河北省建筑工程资料管理规程》[DB13(J)/T 145—2012]所规定的表式。

单元 19　饰面砖(板)施工

19.1　室内贴面砖施工工艺

19.1.1　施工准备

1. 技术准备

(1)编制内墙贴面砖工程施工方案,并报监理审批。

(2)进行必要的测量放线,并根据测量结果进行深化设计,画出大样图,明确细部做法。

(3)样板间施工,样板间(段)经设计、监理和建设单位检验合格并签字认可后,对操作人员进行施工安全技术交底。

2. 材料准备

(1)水泥。宜用硅酸盐水泥、普通硅酸盐水泥或复合水泥,其强度等级不应低于42.5级,产品质量必须符合现行技术标准规定。

(2)砂。宜选用中砂,平均粒径为 0.3~0.6 mm,砂子应颗粒坚硬、干净,砂中不得含有杂质,且含泥量不应大于3%,用前应过筛。

(3)面砖。表面光洁、方正、平整,质地坚固,其品种、规格、尺寸、色泽应符合设计规定。不得有色斑、缺楞、掉角、暗痕和裂纹等缺陷。

3. 施工机具准备

(1)施工机械。如砂浆搅拌机、切割机、角磨机、电动搅拌器、手提切割机等。

(2)工具用具。如手推车、铁锹、筛子、水桶、灰斗、木抹子、铁抹子、刮杠、小灰铲、托灰板、细线绳、水泥钉、墨斗、红蓝铅笔、棉纱等。

(3)检测设备。如水准仪、水平尺、电子秤、托线板、线坠、钢尺、靠尺、方尺、塞尺等。

4. 作业条件准备

(1)门窗框安装完成,隐蔽部位的防腐、填嵌应处理好,并对门窗框进行保护,防止交叉污染。

(2)管线、盒等安装完毕并经过验收,管道支架根据放线结果安装完成。

19.1.2　施工工艺流程

室内贴面砖施工工艺流程,如图 19-1 所示。

19.1.3　施工操作要求

1. 基层处理

(1)砖墙面。将墙面、砖缝残留的灰浆、污垢、灰

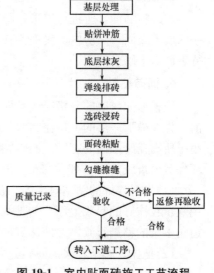

图 19-1　室内贴面砖施工工艺流程

尘等杂物清理干净，用水浇墙使其湿润。

(2)混凝土墙面。用笤帚扫甩内掺水重20%的环保类建筑界面胶的1∶1水泥细砂浆一道，进行"毛化"处理，凝结并牢固粘结在基层表面后，才能抹找平底灰。

2. 贴饼冲筋

(1)根据设计图纸要求的抹灰质量等级，按基层表面平整垂直情况，吊垂直、套方、找规矩，经检查后确定抹灰厚度，但每层厚度不应小于7 mm。

(2)确定灰饼位置，先抹上灰饼再抹下灰饼，用靠尺找好垂直与平整。灰饼宜用1∶3水泥砂浆抹成50 mm见方形状。

(3)依照贴好的灰饼，可从水平或垂直方向各灰饼之间用与抹灰层相同的砂浆冲筋，反复搓平，上下吊垂直。冲筋的根数应根据房间的宽度或高度决定，一般筋宽为50 mm。冲筋方式可充横筋也可充立筋。

3. 底层抹灰

一般情况下冲筋完2 h左右就可以抹底灰。抹灰要根据基层偏差情况分层进行。抹灰遍数：普通抹灰最少两遍成活，高级抹灰最少三遍成活。每层抹灰厚度：普通抹灰7～9 mm较适宜，高级抹灰5～7 mm较适宜。每层抹灰应等前一道的抹灰层初凝收浆后才能进行。

4. 弹线排砖

底子灰六、七成干时按照大样图结合结构实际尺寸进行排砖，原则上应按整砖考虑，横竖向排砖应保证面砖缝隙均匀，符合设计图纸要求，大墙面、柱子和垛子要排整砖，特殊情况下非整砖应排在次要部位(如阴角或窗间墙等处)。在同一墙面上的横竖排列，均不得有小于1/4砖的非整砖。

排砖完成后，应按所排情况在墙面上弹贴砖位置线，然后以事先确定的贴砖基准面，把面砖片临时用砂浆粘贴到墙上作为标准点，用来控制贴面砖的平整度和垂直度。瓷砖粘贴厚度应根据墙面基层情况确定，一般不宜定得太厚，用水泥砂浆粘贴时以5～7 mm为宜。

5. 选砖浸砖

面砖粘贴前，应进行挑选，颜色、规格一致的面砖分别进行码放，且应将其使用在同一面墙上或同一间房内。浸泡面砖时，将面砖清扫干净，放入净水中浸泡2 h以上，取出待表面晾干以备使用。

6. 面砖粘贴

应根据弹(挂)的分格线或粘贴的标准点进行，粘贴时应自下而上分层进行粘贴。粘贴前，先在最下一层的上口控制线处临时固定一个水平的托尺，并固定稳妥，托尺长度应稍小于所贴瓷砖墙面的宽度。面砖粘贴宜用水泥基胶粘剂进行粘贴，也可用掺加水重20%的环保类建筑胶的1∶1水泥细砂浆进行粘贴。

(1)先把拌好的粘结料浆用小灰铲满抹在面砖背面，抹浆厚度以5～8 mm为宜，随后用灰铲在抹好的料浆上面均匀地划槽数道，以利于挤浆、排气，然后再用灰铲刮去面砖四边角多余的粘结料浆，并使抹好的料浆呈梯形状。

(2)把抹好粘结料浆的面砖先立放在托尺上，并使面砖两侧与控制线相迎合，然后由下向上把面砖粘在墙面上，用橡皮锤或灰铲的木柄将面砖敲平、挤实，使其与控制线齐平，随后用灰铲刮掉瓷砖四周挤出的胶浆,并收回到灰桶里继续使用。

(3)贴砖过程中,要随时用靠尺检查平整和垂直情况,及时调整面砖使其灰缝宽窄均匀、一致。面砖粘贴后,要及时用棉纱或软布将面砖表面擦拭干净,经自检应无空鼓、裂纹、裂缝等缺陷。

7. 勾缝、擦缝

面砖粘贴 24 h 后,应按设计要求进行勾缝,勾缝材料的品种、颜色应符合设计规定。当面砖密贴时,要进行擦缝处理。擦缝料可用白水泥进行擦缝。擦缝要深浅一致,不得有遗漏的地方,最后用棉纱或软布将砖面擦拭干净。

19.2 饰面砖施工质量验收标准

检验批划分:相同材料、工艺和施工条件的室内饰面砖工程每 50 间(大面积房间和走廊按施工面积 30 m² 为一间)应划分为一个检验批,不足 50 间也应划分为一个检验批。

检查数量:室内每个检验批应至少抽查 10%,并不得少于 3 间;不足 3 间时,应全数检查。

19.2.1 主控项目

(1)饰面砖的品种、规格、图案颜色和性能应符合设计要求。

检验方法:观察;检查产品合格证书、进场验收记录、性能检测报告和复验报告。

(2)饰面砖粘贴工程的找平、防水、粘结和勾缝材料及施工方法应符合设计要求及现行国家产品标准和工程技术标准的规定。

检验方法:检查产品合格证书、复验报告和隐蔽工程验收记录。

(3)饰面砖粘贴必须牢固。

检验方法:检查样板件粘结强度检测报告和施工记录。

(4)满粘法施工的饰面砖工程应无空鼓、裂缝。

检验方法:观察;用小锤轻击检查。

19.2.2 一般项目

(1)饰面砖表面应平整、洁净、色泽一致、无裂痕和缺损。

检验方法:观察。

(2)阴阳角处搭接方式、非整砖使用部位应符合设计要求。

检验方法:观察。

(3)墙面凸出物周围的饰面砖应整砖套割吻合,边缘应整齐。墙裙、贴脸凸出墙面的厚度应一致。

检验方法:观察;尺量检查。

(4)饰面砖接缝应平直、光滑,填嵌应连续、密实;宽度和深度应符合设计要求。

检验方法:观察;尺量检查。

(5)有排水要求的部位应做滴水线(槽)。滴水线(槽)应顺直,流水坡向应正确,坡度应符合设计要求。

检验方法:观察;用水平尺检查。

(6)饰面砖粘贴的允许偏差和检验方法应符合表 19-1 的规定。

表19-1 饰面砖粘贴的允许偏差和检验方法

项次	项目	允许偏差/mm		检验方法
		外墙面砖	内墙面砖	
1	立面垂直度	3	2	用2m垂直检测尺检查
2	表面平整度	4	3	用2m靠尺和塞尺检查
3	阴阳角方正	3	3	用直角检测尺检查
4	接缝直线度	3	2	拉5m线,不足5m拉通线,用钢直尺检查
5	接缝高低差	1	0.5	用钢直尺和塞尺检查
6	接缝宽度	1	1	用钢直尺检查

19.3 室内贴面砖施工质量记录

室内饰面砖施工应形成以下质量记录:

(1)表C2-4 技术交底记录;

(2)表C1-5 施工日志;

(3)表G9-20 饰面砖粘贴工程检验批质量验收记录。

注:以上表式采用《河北省建筑工程资料管理规程》[DB13(J)/T 145—2012]所规定的表式。

单元 20 地面工程施工

任务 20.1 细石混凝土地面

20.1.1 细石混凝土地面施工工艺

(一)施工准备

1. 技术准备

(1)熟悉图纸,了解水泥混凝土的强度等级。

(2)编制作业指导书,施工前应有详细的技术交底,并交至施工操作人员。

2. 材料准备

(1)水泥。采用普通硅酸盐水泥、矿渣硅酸盐水泥,其强度等级宜采用42.5级。水泥进场时应对其品种、级别、包装或散装仓号、出厂日期等进行检查,并应对其强度、安定性及其他必要的性能指标进行现场抽样检验。

(2)砂。宜采用中砂或粗砂,含泥量不应大于3%,砂要有检验报告,合格后方可使用。

(3)石。采用碎石,粒径不应大于16 mm;含泥量不应大于2%;要有检验报告,合格后方可使用。

3. 施工机具准备

(1)施工机械。如混凝土搅拌机、平板振捣器、地面抹光机等。

(2)工具用具。如手推车、铁锹、筛子、刮杠、木抹子、铁抹子、胶皮水管、铁滚筒、钢丝刷等。

(3)检测设备。如地秤、台秤、水准仪、靠尺、坡度尺、塞尺、钢尺等。

4. 作业条件准备

(1)在四周墙身弹好+500 mm线。

(2)门框和楼地面预埋件、水电设备管线等均应施工完毕并经检查合格。

(二)施工工艺流程

细石混凝土地面施工工艺流程,如图20-1所示。

(三)施工操作要求

1. 基层处理

施工前一天对基层表面进行洒水湿润并晾干,不得有明水;用地面清扫机将基层清理干净。

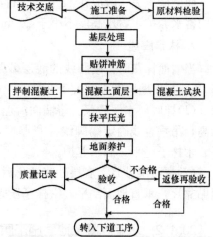

图 20-1 细石混凝土地面施工工艺流程

2. 贴饼冲筋

根据已弹好的面层标高线纵横拉线,用与水泥混凝土相同配合比的细石混凝土抹灰饼,纵横间距 1.5 m,灰饼上标高同面层标高。

面积较大的房间施工时,以做好的灰饼为标准,按条形冲筋,用刮杠刮平,作为浇筑水泥混凝土面层厚度的标准。

3. 拌制混凝土

细石混凝土面层一般采用不低于 C20 的细石混凝土提浆抹光,混凝土应采用机械搅拌,浇捣时混凝土的坍落度应不大于 30 mm。

4. 铺筑混凝土面层

(1)铺设水泥混凝土面层前,在已湿润的基层上刷一道水胶比为 0.4～0.5 的水泥浆,随刷随铺水泥混凝土,避免时间过长水泥浆风干导致面层空鼓。

(2)搅拌好的水泥混凝土铺抹到地面基层上,面层厚度不宜小于 50 mm,用 2 m 长刮杠按已贴灰饼标高刮平,先用平板振动器振捣。然后用滚筒往返纵横滚压。

(3)水泥混凝土面层应一次连续浇筑,不得留置施工缝。大面积水泥混凝土面层应设置纵、横向缩缝,缩缝间距宜为 6 m。

5. 抹平压光

(1)第一遍抹压。先用木抹子揉搓提浆并抹平,再用铁抹子轻压,将脚印抹平,至表面压出水光为止。

(2)第二遍抹压。当面层混凝土开始凝结,地面面层上有脚印但不下陷时,用铁抹子进行第二遍抹压,把凹坑、砂眼填实抹平,不得漏压。

(3)第三遍抹压。当人踩上去稍有脚印,铁抹子抹压无抹痕时,用铁抹子进行第三遍压光。此遍要用力抹压,把所有抹纹压平、压光,达到面层密实、光洁,压光时间应控制在混凝土终凝前完成。

6. 地面养护

面层抹压完一般应在 12 h 后进行洒水养护,并用塑料薄膜或无纺布覆盖,有条件的可采用蓄水养护,蓄水高度不小于 20 mm,养护时间不少于 7 d。

7. 抹踢脚线

当墙面抹灰时,踢脚线的底层砂浆和面层砂浆分两次抹成。踢脚线高度一般为 100～150 mm,出墙厚度不宜大于 8 mm。

(1)抹底层水泥砂浆。将墙面清理干净,洒水湿润,按标高控制线向下量测踢脚线上口标高,吊垂直线确定踢脚线抹灰厚度,然后拉通线贴灰饼,抹 1∶3 水泥砂浆,用刮尺刮平、木抹子搓平,洒水养护。

(2)抹面层砂浆。底层砂浆硬化后,上口拉线粘贴靠尺,抹 1∶2 水泥砂浆,用刮尺板紧贴靠尺,垂直地面刮平,铁抹子压光。阴阳角、踢脚线上口以内用角抹子溜直、压光。

20.1.2 水泥混凝土地面施工质量验收标准

水泥混凝土地面施工质量应遵循《建筑地面工程施工质量验收规范》(GB 50209—2010)的验收标准。

检验批划分:各类面层分项工程的施工质量验收应按每一层次或每层施工段(或变形

缝)作为检验批,高层建筑的标准层可按每三层(不足三层按三层计)作为检验批。

检查数量:各类面层所划分的分项工程按自然间(或标准间)检验,抽查数量应随机检验,不应少于3间;不足3间,应全数检查;其中,走廊(过道)应以10延长米为1间,工业厂房(按单跨计)、礼堂、门厅应以两个轴线为1间计算。有防水要求的建筑地面分项工程施工质量每检验批抽查数量应按其房间总数随机检验,不应少于4间;不足4间,应全数检查。

合格标准:建筑地面工程的分项工程施工质量检验的主控项目,应达到《建筑地面工程施工质量验收规范》(GB 50209—2010)规定的质量标准,认定为合格;一般项目80%以上的检查点(处)符合《建筑地面工程施工质量验收规范》(GB 50209—2010)规定的质量要求,其他检查点(处)不得有明显影响使用,且最大偏差值不超过允许偏差值的50%为合格。凡达不到质量标准时,应按现行国家标准《建筑工程施工质量验收统一标准》(GB 50300—2013)的规定处理。

(一)主控项目

(1)水泥混凝土采用的粗骨料,最大粒径不应大于面层厚度的2/3,细石混凝土面层采用的石子粒径不应大于16 mm。

检验方法:观察检查和检查质量合格证明文件。

检查数量:同一工程、同一强度等级、同一配合比检查一次。

(2)防水水泥混凝土中掺入的外加剂的技术性能应符合国家现行有关标准的规定,外加剂的品种和掺量应经试验确定。

检验方法:检查外加剂合格证明文件和配合比试验报告。

检查数量:同一工程、同一品种、同一掺量检查一次。

(3)面层的强度等级应符合设计要求,且强度等级不应小于C20。

检验方法:检查配合比试验报告和强度等级检测报告。

检查数量:配合比试验报告按同一工程、同一强度等级、同一配合比检查一次;强度等级检测报告按下述规定检查。

1)检验同一施工批次、同一配合比水泥混凝土和水泥砂浆强度的试块,应按每一层(或检验批)建筑地面工程不少于1组。

2)当每一层(或检验批)建筑地面工程面积大于1 000 ㎡时,每增加1 000 ㎡应增做1组试块。

3)小于1 000 m^2 按1 000 m^2 计算,取样1组。

4)检验同一施工批次、同一配合比的散水、明沟、踏步、台阶、坡道的水泥混凝土、水泥砂浆强度的试块,应按每150延长米不少于1组。

(4)面层与下一层应结合牢固,且应无空鼓和开裂。当出现空鼓时,空鼓面积不应大于400 cm^2,且每自然间或标准间不应多于2处。

检验方法:观察和用小锤轻击检查。

检查数量:按《建筑地面工程施工质量验收规范》(GB 50209—2010)规定的检验批检查。

(二)一般项目

(1)面层表面应洁净,不应有裂纹、脱皮、麻面、起砂等缺陷。

检验方法:观察检查。

检查数量:按《建筑地面工程施工质量验收规范》(GB 50209—2010)规定的检验批检查。

(2)面层表面的坡度应符合设计要求,不应有倒泛水和积水现象。

检验方法:观察和采用泼水或用坡度尺检查。

检查数量：按《建筑地面工程施工质量验收规范》(GB 50209—2010)规定的检验批检查。

(3)踢脚线与柱、墙面应紧密结合，踢脚线高度和出柱、墙厚度应符合设计要求且均匀一致。当出现空鼓时，局部空鼓长度不应大于300 mm，且每自然间或标准间不应多于2处。

检验方法：用小锤轻击、钢尺和观察检查。

检查数量：按《建筑地面工程施工质量验收规范》(GB 50209—2010)规定的检验批检查。

(4)楼梯、台阶踏步的宽度、高度应符合设计要求。楼层梯段相邻踏步高度差不应大于10 mm；每踏步两端宽度差不应大于10 mm，旋转楼梯梯段的每踏步两端宽度的允许偏差不应大于5 mm。踏步面层应做防滑处理，齿角应整齐，防滑条应顺直、牢固。

检验方法：观察和用钢尺检查。

检查数量：按《建筑地面工程施工质量验收规范》(GB 50209—2010)规定的检验批检查。

(5)水泥混凝土面层的允许偏差应符合表20-1的规定。

检验方法：按表20-1中的检验方法检验。

检查数量：按《建筑地面工程施工质量验收规范》(GB 50209—2010)规定的检验批和合格标准的规定检查。

表20-1 整体面层的允许偏差和检验方法

项次	项目	允许偏差/mm									检验方法
		水泥混凝土面层	水泥砂浆面层	普通水磨石面层	高级水磨石面层	硬化耐磨面层	防油渗混凝土和不发火(防爆)面层	自流平面层	涂料面层	塑胶面层	
1	表面平整度	5	4	3	2	4	5	2	2	2	用2 m靠尺和楔形塞尺检查
2	踢脚线上口平直	4	4	3	3	4	4	3	3	3	拉5 m线和用钢尺检查
3	缝格顺直	3	3	3	2	3	3	2	2	2	

20.1.3 细石混凝土地面施工质量记录

细石混凝土地面施工应形成以下质量记录：

(1)表C2-4 技术交底记录；

(2)表C1-5 施工日志；

(3)表G8-12 水泥混凝土面层检验批质量验收记录。

注：以上表式采用《河北省建筑工程资料管理规程》[DB13(J)/T 145—2012]所规定的表式。

任务20.2 地板砖地面

20.2.1 地板砖地面施工工艺

(一)施工准备

1. 技术准备

(1)熟悉图纸，了解设计要求和做法，根据图纸尺寸画出施工铺砖大样图。

(2)编写作业指导书,应有详细的技术交底,并交至施工操作人员。

(3)做出样板间,并经各方验收通过。

2. 材料准备

(1)水泥。采用硅酸盐水泥、普通硅酸盐水泥或矿渣硅酸盐水泥。水泥进场时应对其品种、级别、包装或散装仓号、出厂日期等进行检查,并应对其强度、安定性进行复验。

(2)砂。采用中砂或粗砂,含泥量不大于3%。

(3)地板砖的颜色、品种、规格、质量应符合设计要求和相关产品标准的规定。

3. 施工机具准备

(1)施工机械。砂浆搅拌机、手提电锯。

(2)工具用具。手推车、铁锹、扫帚、水桶、铁抹子、刮杠、筛子、橡皮锤、方尺、水平尺等。

(3)检测设备。水准仪、钢尺、靠尺、塞尺、检测锤等。

4. 作业条件准备

(1)基层的混凝土抗压强度达到 1.2 MPa 以上。

(2)室内墙面抹灰做完,墙面上已弹好+500 mm 水平线。

(3)施工前应进行选砖,确保规格、颜色一致。

(二)施工工艺流程

地板砖地面施工工艺流程,如图 20-2 所示。

(三)施工操作要求

1. 基层清理

将基层(找平层)上的杂物清理干净,并用扁铲剔除楼地面超高及落地灰,用钢丝刷刷净浮层。

2. 排砖弹线

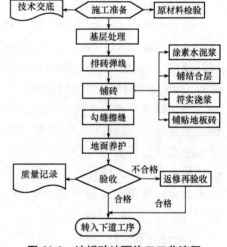

图 20-2 地板砖地面施工工艺流程

根据施工铺砖大样图结合房间具体尺寸,在房间中弹十字控制线,从纵横两个方向排尺寸,并尽量避免使用非整砖。当尺寸不足整砖倍数时,将非整砖用于边角处,横向平行于门口的第一排应为整砖,纵向(垂直门口)应在房间内分中,非整砖对称排放在两墙边处,尺寸不小于整砖边长的1/4。

3. 铺砖

(1)选砖。在铺砌前应对砖的规格尺寸、外观质量、色泽等进行预选。陶瓷地砖还应浸水湿润,晾干后表面无明水时方可使用。

(2)涂素水泥浆。找平层上洒水湿润,均匀涂刷素水泥浆(水胶比为0.4~0.5),涂刷面积不要过大,铺多少刷多少。

(3)铺结合层。铺设 20~30 mm 厚半干硬性水泥砂浆,水泥砂浆结合层配合比宜为1:2.5(水泥:砂)。用木抹子找平、拍实,将地板砖先铺在水泥砂浆结合层上,用橡皮锤均匀敲实,手搬开地板砖检查结合层是否完全符实,如不符实局部找平。半干硬性水泥砂浆应随拌随用,初凝前用完,防止影响粘结质量。

(4)铺贴地板砖。在干硬性水泥砂浆结合层上浇素水泥浆,浇透浇匀(水胶比为0.4~

0.5),用铁抹子轻划数道划痕,将地板砖原位铺回。用橡胶锤均匀敲实即可,边敲击边检查砖边是否符线,地板砖四角是否平齐。

4. 勾缝、擦缝

面层铺贴应在 24 h 内进行擦缝、勾缝工作,并应采用同品种、同强度等级、同颜色的水泥。用浆壶往缝内浇水泥浆,然后用干水泥撒在缝上,再用棉纱团擦揉,将缝隙擦满,最后将面层上的水泥浆擦干净。

5. 养护

铺完砖 24 h 后,进行洒水养护,时间不应少于 7 d。

20.2.2 地板砖地面施工质量验收标准

地板砖地面施工质量应遵循《建筑地面工程施工质量验收规范》(GB 50209—2010)的验收标准。

检验批划分:各类面层的分项工程的施工质量验收应按每一层次或每层施工段(或变形缝)作为检验批,高层建筑的标准层可按每三层(不足三层按三层计)作为检验批。

检查数量:各类面层所划分的分项工程按自然间(或标准间)检验,抽查数量应随机检验不应少于 3 间;不足 3 间,应全数检查;其中,走廊(过道)应以 10 延长米为 1 间,工业厂房(按单跨计)、礼堂、门厅应以两个轴线为 1 间计算。有防水要求的建筑地面分项工程施工质量每检验批抽查数量,应按其房间总数随机检验不应少于 4 间;不足 4 间,应全数检查。

合格标准:建筑地面工程的分项工程施工质量检验的主控项目,应达到《建筑地面工程施工质量验收规范》(GB 50209—2010)规定的质量标准,认定为合格;一般项目 80% 以上的检查点(处)符合《建筑地面工程施工质量验收规范》(GB 50209—2010)规定的质量要求,其他检查点(处)不得有明显影响使用,且最大偏差值不超过允许偏差值的 50% 为合格。凡达不到质量标准时,应按现行国家标准《建筑工程施工质量验收统一标准》(GB 50300—2013)的规定处理。

(一)主控项目

(1)砖面层所用板块产品应符合设计要求和国家现行有关标准的规定。

检验方法:观察检查和检查形式检验报告、出厂检验报告、出厂合格证。

检查数量:同一工程、同一材料、同一生产厂家、同一型号、同一规格、同一批号检查一次。

(2)砖面层所用板块产品进入施工现场时,应有放射性限量合格的检测报告。

检验方法:检查检测报告。

检查数量:同一工程、同一材料、同一生产厂家、同一型号、同一规格、同一批号检查一次。

(3)面层与下一层的结合(粘结)应牢固,无空鼓(单块砖边角允许有局部空鼓,但每自然间或标准间的空鼓砖不应超过总数的 5%)。

检验方法:用小锤轻击检查。

检查数量:按《建筑地面工程施工质量验收规范》(GB 50209—2010)规定的检验批检查。

(二)一般项目

(1)砖面层的表面应洁净、图案应清晰、色泽应一致、接缝应平整、深浅应一致、周边应顺直。板块应无裂纹、掉角和缺棱等缺陷。

检验方法：观察检查。

检查数量：按《建筑地面工程施工质量验收规范》(GB 50209—2010)规定的检验批检查。

(2)面层邻接处的镶边用料及尺寸应符合设计要求，边角应整齐、光滑。

检验方法：观察和用钢尺检查。

检查数量：按《建筑地面工程施工质量验收规范》(GB 50209—2010)规定的检验批检查。

(3)踢脚线表面应洁净，与柱、墙面的结合应牢固。踢脚线高度及出柱、墙厚度应符合设计要求，且均匀一致。

检验方法：观察和用小锤轻击及钢尺检查。

检查数量：按《建筑地面工程施工质量验收规范》(GB 50209—2010)规定的检验批检查。

(4)楼梯、台阶踏步的宽度、高度应符合设计要求。踏步板块的缝隙宽度应一致；楼层梯段相邻踏步高度差不应大于10mm；每踏步两端宽度差不应大于10mm，旋转楼梯梯段的每踏步两端宽度的允许偏差不应大于5mm。踏步面层应做防滑处理，齿角应整齐，防滑条应顺直、牢固。

检验方法：观察和用钢尺检查。

检查数量：按《建筑地面工程施工质量验收规范》(GB 50209—2010)规定的检验批检查。

(5)面层表面的坡度应符合设计要求，不倒泛水、无积水；与地漏、管道结合处应严密牢固，无渗漏。

检验方法：观察、泼水或用坡度尺及蓄水检查。

检查数量：按《建筑地面工程施工质量验收规范》(GB 50209—2010)规定的检验批检查。

(6)砖面层的允许偏差应符合表20-2的规定。

检验方法：应按表20-2中的检验方法检验。

检查数量：按《建筑地面工程施工质量验收规范》(GB 50209—2010)规定的检验批和合格标准的规定检查。

表20-2　砖面层的允许偏差和检验方法　　　　　　　　　　　　　　　　mm

项次	项目	允许偏差	检验方法
		陶瓷锦砖面层、高级水磨石板、陶瓷地砖面层	
1	表面平整度	2.0	用2m靠尺和楔形塞尺检查
2	缝格平直	3.0	拉5m线和用钢尺检查
3	接缝高低差	0.5	用钢尺和楔形塞尺检查
4	踢脚线上口平直	3.0	拉5m线和用钢尺检查
5	板块间隙宽度	2.0	用钢尺检查

20.3.3　地板砖地面施工质量记录

地板砖地面施工应形成以下质量记录：

(1)表C2-4　技术交底记录；

(2)表C1-5　施工日志；

(3)表G8-21　砖面层检验批质量验收记录。

注：以上表式采用《河北省建筑工程资料管理规程》[DB13(J)/T 145—2012]所规定的表式。

单元 21　涂饰工程施工

21.1　内墙涂料施工工艺

21.1.1　施工准备

1. 技术准备

(1)认真熟悉图纸，翻阅引用图集，了解工程做法和设计要求。
(2)施工前对班组进行详细的书面技术交底。

2. 材料准备

(1)涂液、涂料。乳胶漆。
(2)腻子。优先选用成品腻子，腻子材质填料主要有石膏粉、大白粉、滑石粉。

3. 施工机具准备

(1)施工机械。空气压缩机、电动搅拌器。
(2)工具用具。如排笔、棕刷、料桶、铲刀、腻子板、钢皮刮板、橡皮刮板、砂纸、高凳、脚手板、塑料胶带、口罩等。
(3)检测设备。铝合金靠尺、钢直尺、塞尺。

4. 作业条件准备

(1)乳液涂料涂饰工程须在抹灰、吊顶、木装修、地面等工程已完并经验收合格后方可进行。
(2)做好样板间，并经业主和监理鉴定合格，方可大面积进行乳液涂料涂饰工程。

21.1.2　施工工艺流程

内墙涂料施工工艺流程，如图 21-1 所示。

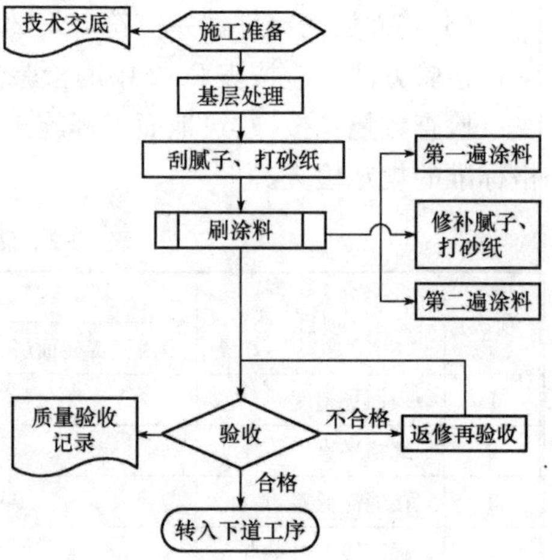

21.1.3　操作要求

1. 基层处理

用铲刀、棕刷清理基层表面尘土、灰渣等；修补抹灰面的孔眼、裂纹、空鼓、缺棱、掉角、松散等缺陷。

图 21-1　内墙涂料施工工艺流程

2. 满刮腻子

腻子要刮平、刮到，并将缺陷部位嵌批平整，力求平整、坚实、干净。厨房、卫生间等多水房间应采用耐水腻子批刮。腻子不宜太厚。

3. 打砂纸

腻子干透后，方可进行砂纸打磨工作。磨砂纸注意掌握好力度，均匀打磨，注意不要将膜层磨穿。保护好棱角，将阴角、节点部位打磨到位，磨完后应打扫干净，并用湿布擦净散落粉尘。

4. 刷涂料

(1)刷第一遍乳液涂料。涂刷前将涂料充分搅拌,并适当加水稀释。涂刷时,其涂制方向和涂刷长短应一致。先边角,后大面,涂膜厚度保持适中,涂刷均匀。

(2)修补腻子、打磨砂纸。进行内墙面涂饰时,涂层干燥后还应复补腻子,并用砂纸磨平。

(3)刷第二遍乳液涂料。施工方法同第一遍。第二遍稍稀,具体掺水量依据生产厂家要求而定。涂刷动作要迅速,上下要刷顺,互相衔接。

21.2 水性涂料涂饰施工质量验收标准

检验批划分:室内涂饰工程同类涂料涂饰的墙面每50间(大面积房间和走廊按涂饰面积30 m^2 为一间)应划分为一个检验批,不足50间也应划分为一个检验批。

检查数量:室内涂饰工程每个检验批应至少抽查10%,并不得少于3间;不足3间时,应全数检查。

21.2.1 主控项目

(1)水性涂料涂饰工程所用涂料的品种、型号和性能应符合设计要求。

检验方法:检查产品合格证书、性能检测报告和进场验收记录。

(2)水性涂料涂饰工程的颜色、图案应符合设计要求。

检验方法:观察。

(3)水性涂料涂饰工程应涂饰均匀、粘结牢固,不得漏涂、透底、起皮和掉粉。

检验方法:观察、手摸检查。

(4)涂饰工程的基层处理应符合下列要求:

1)新建筑物的混凝土或抹灰基层在涂饰涂料前,应涂刷抗碱封闭底漆。

2)旧墙面在涂饰涂料前应清除疏松的旧装修层,并涂刷界面剂。

3)混凝土或抹灰基层涂刷溶剂型涂料时,含水率不得大于8%;涂刷乳液型涂料时,含水率不得大于10%。木材基层的含水率不得大于12%。

4)基层腻子应平整、坚实、牢固,无粉化、起皮和裂缝;内墙腻子的粘结强度应符合《建筑室内用腻子》(JG/T 298—2010)的规定。

5)厨房卫生间墙面必须使用耐水腻子。

检验方法:观察;手摸检查;检查施工记录。

21.2.2 一般项目

(1)薄涂料的涂饰质量和检验方法应符合表21-1的规定。

表 21-1 薄涂料的涂饰质量和检验方法

项次	项目	普通涂饰	高级涂饰	检验方法
1	颜色	均匀一致	均匀一致	观察
2	泛碱、咬色	允许少量轻微	不允许	观察
3	流坠、疙瘩	允许少量轻微	不允许	观察
4	砂眼、刷纹	允许少量轻微砂眼 刷纹通顺	无砂眼、无刷纹	观察

续表

项次	项目	普通涂饰	高级涂饰	检验方法
5	装饰线、分色线直线度允许偏差/mm	2	1	拉5 m线，不足5 m拉通线，用钢直尺检查

(2)涂层与其他装修材料和设备衔接处应吻合，界面应清晰。

检验方法：观察。

21.3 内墙涂料施工质量记录

内墙涂料施工应形成以下质量记录：

(1)表 C2-4　技术交底记录；

(2)表 C1-5　施工日志；

(3)表 G9-25　水性涂料涂饰工程检验批质量验收记录。

注：以上表式采用《河北省建筑工程资料管理规程》[DB13(J)/T 145—2012]所规定的表式。

参考文献

[1] 国家标准. GB 50300—2013 建筑工程施工质量验收统一标准 [S]. 北京：中国建筑工业出版社，2013.
[2] 国家标准. GB 50007—2011 建筑地基基础设计规范 [S]. 北京：中国建筑工业出版社，2011.
[3] 国家标准. GB 50496—2009 大体积混凝土施工规范 [S]. 北京：中国建筑工业出版社，2009.
[4] 国家标准. GB 50201—2012 土方与爆破工程施工及验收规范 [S]. 北京：中国建筑工业出版社，2012.
[5] 国家标准. GB 50202—2002 建筑地基基础工程施工质量验收规范 [S]. 北京：中国建筑工业出版社，2002.
[6] 国家标准. GB 50924—2014 砌体结构工程施工规范 [S]. 北京：中国建筑工业出版社，2014.
[7] 国家标准. GB 50203—2011 砌体结构工程施工质量验收规范 [S]. 北京：中国建筑工业出版社，2011.
[8] 国家标准. GB/T 50214—2013 组合钢模板技术规范 [S]. 北京：中国建筑工业出版社，2013.
[9] 国家标准. GB 50164—2011 混凝土质量控制标准 [S]. 北京：中国建筑工业出版社，2011.
[10] 国家标准. GB/T 50107—2010 混凝土强度检验评定标准 [S]. 北京：中国建筑工业出版社，2010.
[11] 国家标准. GB 50666—2011 混凝土结构工程施工规范 [S]. 北京：中国建筑工业出版社，2011.
[12] 国家标准. GB 50204—2015 混凝土结构工程施工质量验收规范 [S]. 北京：中国建筑工业出版社，2015.
[13] 国家标准. GB 50345—2012 屋面工程技术规范 [S]. 北京：中国建筑工业出版社，2012.
[14] 国家标准. GB 50207—2012 屋面工程质量验收规范 [S]. 北京：中国建筑工业出版社，2012.
[15] 国家标准. GB 50108—2008 地下工程防水技术规范 [S]. 北京：中国建筑工业出版社，2008.
[16] 国家标准. GB 50208—2011 地下防水工程质量验收规范 [S]. 北京：中国建筑工业出版社，2011.
[17] 国家标准. GB 50209—2010 建筑地面工程施工质量验收规范 [S]. 北京：中国建筑工业出版社，2010.
[18] 国家标准. GB 50210—2001 建筑装饰装修工程质量验收规范 [S]. 北京：中国建筑工业出版社，2001.
[19] 行业标准. JGJ 6—2011 高层建筑筏形与箱形基础技术规范 [S]. 北京：中国建筑工业出版社，2011.
[20] 行业标准. JGJ/T 10—2011 混凝土泵送施工技术规程 [S]. 北京：中国建筑工业出版社，2011.
[21] 行业标准. JGJ/T 17—2008 蒸压加气混凝土建筑应用技术规程 [S]. 北京：中国建筑工业出版社，2008.
[22] 行业标准. JGJ 18—2012 钢筋焊接及验收规程 [S]. 北京：中国建筑工业出版社，2012.
[23] 行业标准. JGJ 79—2012 建筑地基处理技术规范 [S]. 北京：中国建筑工业出版社，2012.
[24] 行业标准. JGJ 94—2008 建筑桩基技术规范 [S]. 北京：中国建筑工业出版社，2008.
[25] 行业标准. JGJ 106—2014 建筑基桩检测技术规范 [S]. 北京：中国建筑工业出版社，2014.
[26] 行业标准. JGJ 107—2010 钢筋机械连接技术规程 [S]. 北京：中国建筑工业出版社，2010.
[27] 行业标准. JGJ 120—2012 建筑基坑支护技术规程 [S]. 北京：中国建筑工业出版社，2012.

[28] 行业标准. JGJ 130—2011 建筑施工扣件式钢管脚手架安全技术规范[S]. 北京：中国建筑工业出版社，2011.

[29] 行业标准. JGJ 162—2008 建筑施工模板安全技术规范[S]. 北京：中国建筑工业出版社，2008.

[30] 行业标准. JGJ 166—2008 建筑施工碗扣式钢管脚手架安全技术规范[S]. 北京：中国建筑工业出版社，2008.

[31] 地方标准，DB13(J)/T 145—2012 河北省建筑工程资料管理规程[S]. 石家庄：河北科学技术出版社，2012.

[32]《建筑施工手册(第五版)》编写组. 建筑施工手册[M]. 5版. 北京：中国建筑工业出版社，2012.